目 录

01/ 第一步 阅读指导

01 | 阅读小贴士

02 | 内容梳理

03/ 第二步 阅读训练

03 | 基础知识训练

06 | 主要内容回顾

07 | 口语交际训练

08 | 阅读能力训练

13/ 习题参考答案

第一步

阅读指导

阅读小贴士

《爷爷的爷爷哪里来》的作者贾兰坡以自己参与考古工作的亲身经历，向我们娓娓讲述了关于人类起源的故事。在书中，我们可以跟随作者的脚步，“参观”考古第一现场：寻找遗迹，挖掘遗址，发现遗物，修理、复原人类头骨……在阅读的过程中，我们的心会跟着考古工作者们一起为研究取得突破而激动，为研究受阻而担忧，为“北京人”化石的丢失而悲痛……读着书，我们仿佛也能看到那些化石，跟着考古工作者们回到过去，回到人类诞生的地方……

《爷爷的爷爷哪里来》是一部关于人类起源的科普名著，在阅读时，同学们可以采用以下方法。

1. 书中有许多与古人类学和考古学相关的专业名词和知识点，在阅读时同学们遇到不明白的地方要积极查阅资料或向老师、家长请教。

2. 采用快速阅读和精读相结合的方法，先通读全书，关注重点篇目，把握全书的主要脉络和内容，再对自己感兴趣的部分进行精读和赏析。

3. 体会作品的科学精神，贾兰坡、裴文中、杨钟健等科学家为了考古事业付出了毕生心血，他们克服困难的决心和孜孜不倦的探索精神值得我们学习。

内容梳理

贾兰坡一生勤奋学习，潜心研究，将毕生的心血都献给了我国的古人类学和考古学事业。《爷爷的爷爷哪里来》不仅为我们揭开了人类起源之谜，还让我们了解到一个伟大的科学家是如何诞生的。跟随下面的时光轴，和爸爸妈妈一起回顾一下贾兰坡的科研历程吧！

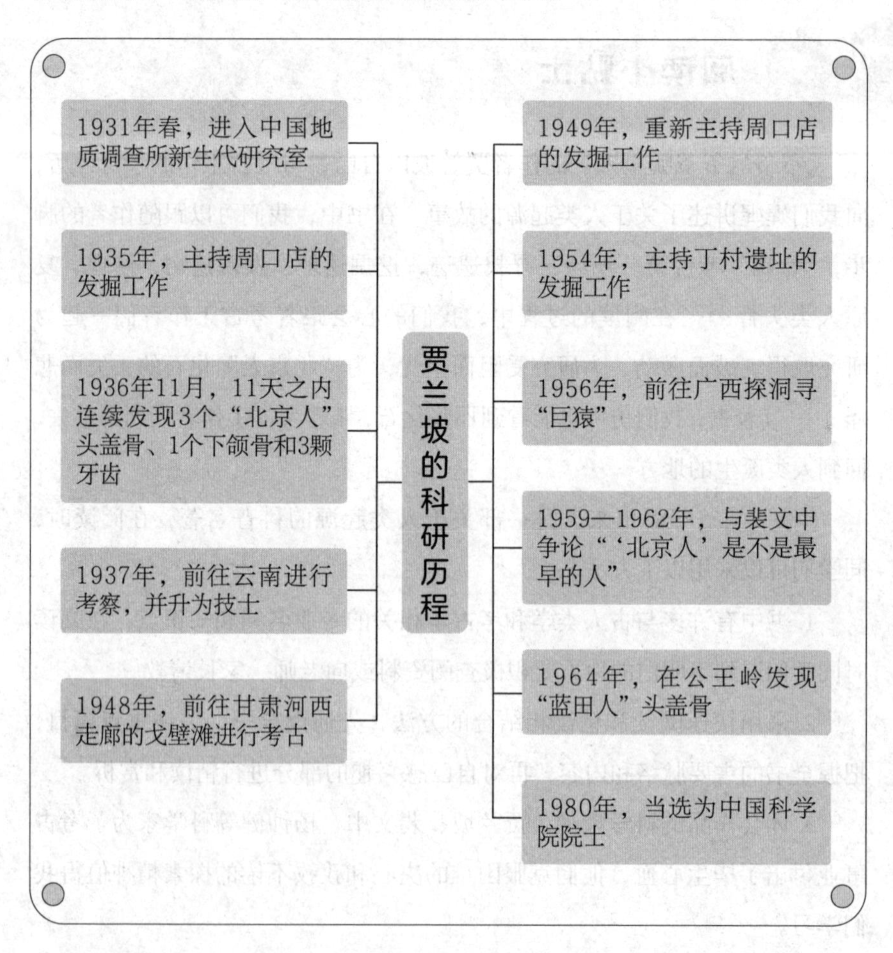

贾兰坡的科研历程
1931年春，进入中国地质调查所新生代研究室
1935年，主持周口店的发掘工作
1936年11月，11天之内连续发现3个“北京人”头盖骨、1个下颌骨和3颗牙齿
1937年，前往云南进行考察，并升为技士
1948年，前往甘肃河西走廊的戈壁滩进行考古
1949年，重新主持周口店的发掘工作
1954年，主持丁村遗址的发掘工作
1956年，前往广西探洞寻“巨猿”
1959—1962年，与裴文中争论“‘北京人’是不是最早的人”
1964年，在公王岭发现“蓝田人”头盖骨
1980年，当选为中国科学院院士

第二步

阅读训练

基础知识训练

习题量: 9　建议用时: 30 分钟　实际用时: ________

训练目标：理解、掌握关键字、词、句，提升语文知识运用能力。

一、写出下列加点字的拼音。

1 这时，女娲（　　）出现了，她取来土和水，抟（　　）成泥，捏（　　）成人，从此世上就有了人。

2 盘古开天辟（　　）地，他用斧头劈（　　）开了天、地，天一天天加高，地一日日增厚，他也一天天跟着长大。

二、辨一辨，再组词。

脊（　　）　剖（　　）　髓（　　）

背（　　）　部（　　）　随（　　）

三、圈出下列词语中的错别字，并在括号内改正。

1 星辰　肋骨　骨骼　私熟　发祥地　（　　）

2 松懈　谩骂　繁殖　扼杀　不屈不饶　（　　）

3 起原　考察　陈列　蜡烛　挖掘　（　　）

四、把下列词语补充完整。

笑容可（　　）　　虚（　　）年华

光（　　）司令　　一（　　）莫展

（　　）风苦雨　　（　　）家荡产

五、根据句意，填到括号里正确的一组词语是（　　）。

1. 我对考古挖掘产生了浓烈的（　　）。
2. 当时的路很窄，路面也没有柏油，下雨天雨水一冲，就变得（　　）。
3. 裴文中没有什么（　　），很少进戏园子和电影院。
4. 我们准备出发去考察的时候，发现车子坏了，真是（　　）。

A. 嗜好　泥泞不堪　兴趣　出师不利

B. 兴趣　出师不利　嗜好　泥泞不堪

C. 兴趣　泥泞不堪　嗜好　出师不利

D. 嗜好　出师不利　兴趣　泥泞不堪

六、写出下列加点字的拼音，再与对应的解释连起来。

抻（　　）　　非常确实

确凿（　　）　　用夯砸实

翌（　　）日　　拉；扯

夯（　　）实　　次日

七、下列句子中关联词的用法正确的一项是（　　）

A. 即使车子着火了，因此我们不得不弃车逃生。

B. 我对待工作虽然认真，但是负责。

C. 如果没有这场争论，我就不会意识到自己的口才不行。

D. 既然闲来无事，所以坐下来翻翻书。

八、下列句子中没有语病的一项是（　　）

A. 小孩子最希望的，因为有灯笼、鞭炮之类的玩意儿。

B. 我们把石头打成圆球，从山上往下滚着玩。

C. 大洞深不可测，不敢进去。

D. 在私塾，我们怕老师挨掸把子。

九、按要求写句子。

1 扩写句子。

他过着原始生活。

2 改变词序，意思不变。

我的家离研究所不远。

3 运用夸张的修辞手法改写句子。

山上的风真大。

4 把双重否定句改成肯定句。

在考古工作上遇到了困难，我们不得不停下来思考一下。

主要内容回顾

习题量：2　建议用时：20分钟

实际用时：＿＿＿＿＿

训练目标：提取关键信息，提升理解能力。

一、回顾读过的内容，按时间顺序给下列句子重新排序，将序号填在句子前面的括号里。

（　　）“我”接手了周口店的发掘工作，发现三个“北京人”头盖骨。

（　　）裴文中在周口店发现了第一个“北京人”头盖骨。

（　　）日寇侵华，“我”南下受阻。

（　　）“北京人”化石丢失。

（　　）裴文中推荐“我”去中国地质调查所应聘练习生。

二、下面图片中的方格是怎么形成的？回顾《狗骨架和两本书》的内容，写一写。

＿＿＿＿＿＿＿＿＿＿＿＿＿＿＿＿＿＿＿＿

＿＿＿＿＿＿＿＿＿＿＿＿＿＿＿＿＿＿＿＿

＿＿＿＿＿＿＿＿＿＿＿＿＿＿＿＿＿＿＿＿

＿＿＿＿＿＿＿＿＿＿＿＿＿＿＿＿＿＿＿＿

＿＿＿＿＿＿＿＿＿＿＿＿＿＿＿＿＿＿＿＿

＿＿＿＿＿＿＿＿＿＿＿＿＿＿＿＿＿＿＿＿

＿＿＿＿＿＿＿＿＿＿＿＿＿＿＿＿＿＿＿＿＿＿＿＿＿＿＿＿＿＿＿＿＿＿＿＿＿＿

＿＿＿＿＿＿＿＿＿＿＿＿＿＿＿＿＿＿＿＿＿＿＿＿＿＿＿＿＿＿＿＿＿＿＿＿＿＿

口语交际训练

习题量: 2　建议用时: 15 分钟

实际用时:________

训练目标　阅读迁移，学以致用，提升语言运用能力。

一、我是小记者。

1936 年 11 月，贾兰坡和他的同事在 11 天之内连续发现了 3 个头盖骨、1 个下颌骨和 3 颗牙齿，这一考古发现震惊了世界学术界，国内和世界各地报纸纷纷登载这一消息。假如你是报社的小记者，将要去周口店采访贾兰坡和他的团队，你会怎样进行采访呢？和爸爸妈妈或小伙伴交流一下，并将采访提纲列在下面吧。

二、我的观后感。

读完《爷爷的爷爷哪里来》，你一定对考古充满了好奇，迫不及待地想去看一看那些珍贵的文物。别着急，你可以利用周末的时间，在爸爸妈妈的带领下去本地的博物馆参观，参观完成后，记得和小伙伴说一说令你印象最深的文物和参观后的感受。

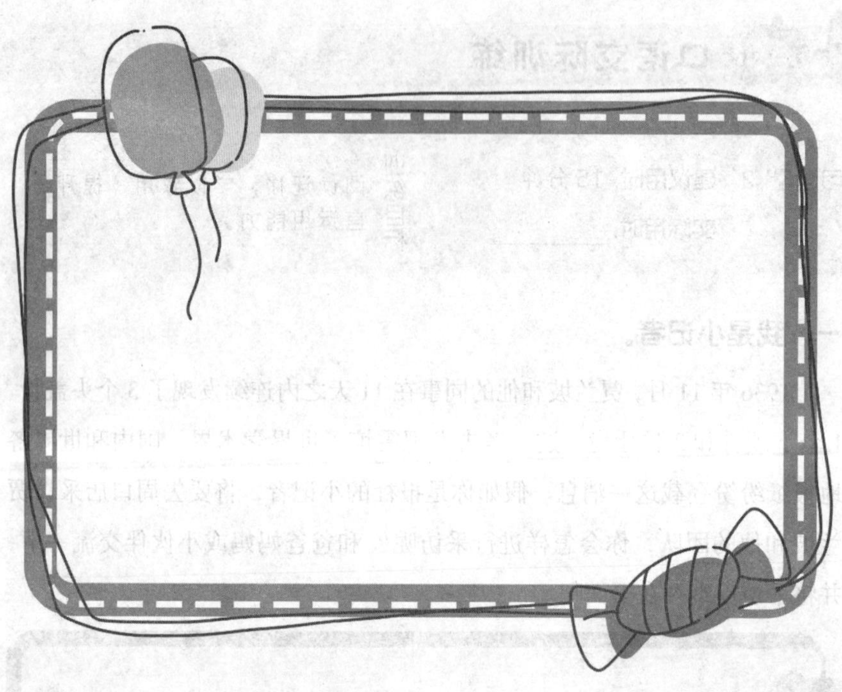

阅读能力训练

习题量: 2

训练目标 把握字、词、句，分析手法，感知人物，品味主题，综合提升理解能力、鉴赏能力、评价能力。

片段一

建议用时: 15 分钟　　实际用时:________

1929年12月2日下午4时，太阳落山了，大家仍在不停地挖着。在离地面十来米深的小洞里更是什么也看不清，只好点燃蜡烛继续挖掘。洞内很小，只能容纳几个人，挖出的渣土还要一筐一筐从洞中往上运。突然一个工人说见到了一个圆东西，裴文中马上下去查看，“是人头骨！”裴文中兴奋地大叫起来。大家见到了朝思暮想的东西，此刻的心情真是难以形容。是马上挖，还是等到第二天早上？裴文中觉得等到第二天时间太长了，便决定当夜把它挖出来。化石一半在松土中，一半在硬土中。裴文中先将化石周围的孔挖空，再用撬棍轻轻将它撬下来，由于头骨受到震动，有点儿破碎，但并不影响后来的黏接。取到地面上，因为怕它再破碎，裴文中脱掉外衣，把它包了起来，轻轻地、一步一步地把它捧回住地。附近的老百姓跑来看热闹，见到裴文中这么小心地捧着它，一再问工人：“挖到了啥？”工人高兴地答道：“是宝贝。”回到住地，裴文中连夜用火盆将它烘干，包上绵纸，糊上石膏，再用火烘，最后裹上毯子一点儿一点儿捆扎好。第二天他派人给翁文灏专程送了信，又给步达生打了电报：“顷得一头骨，极完整，颇似人。”步达生接到电报，欣喜之际还有点儿半信半疑。12月6日裴文中亲自护送，把头骨交到了步达生手中。步达生立即动手修理，当头盖骨露出了真实面目后，步达生高兴到了发狂的地步。他说这是“周口店发掘工作的辉煌顶峰”。

1 从选段中找出下列词语的近义词。

牵肠挂肚——（　　　　）　欢喜——（　　　）

将信将疑——（　　　　）　喧哗——（　　　）

2 选段讲的是裴文中发现＿＿＿＿＿＿＿＿的事。

3 选段中画横线的句子运用了什么描写方法？起到了什么作用？

＿＿＿＿＿＿＿＿＿＿＿＿＿＿＿＿＿＿＿＿＿＿＿＿＿＿＿＿＿＿

＿＿＿＿＿＿＿＿＿＿＿＿＿＿＿＿＿＿＿＿＿＿＿＿＿＿＿＿＿＿

＿＿＿＿＿＿＿＿＿＿＿＿＿＿＿＿＿＿＿＿＿＿＿＿＿＿＿＿＿＿

④ **步达生说这是“周口店发掘工作的辉煌顶峰”，你赞同他的说法吗？为什么？**

____

____

____

____

片段二

建议用时：15 分钟　　实际用时：________

秦岭抬升很快，使它成了（　　），以致有“秦岭之南行船，秦岭之北行车”之说。在它未抬高之前，一些大型哺乳动物可以越过秦岭到达公王岭地区。著名诗人王维在秦岭的终南山之下隐居，当时他的门前还可通舟，现在河水已成细流，一步可以迈过。灞河从前行舟，由于秦岭抬升过速，现在灞河水流很急，已不能行舟，河水一泻而下流向渭河。

仔细观察公王岭出土的头盖骨，可以看到它的外面（　　）。研究者认为是被水冲磨造成的。我认为不是，如果经水冲磨，头骨必然会露出里面的结构，同包子皮破了就会露出馅儿的道理一样。但此人头骨的结构与正常的头骨相比完全不同。在凹凸不平的地方，外面包有一层薄的外壳，里面也是一层薄壳，中间夹着棕孔样的结构。正常的头盖骨，从断破的地方看，内外是两块骨板，中间夹着海绵式的骨松质。公王岭头盖骨表现出的显然是一种病态。是什么病，我不懂。我记得，我小的时候在外祖母家读私塾时，村里有一个人在东北染上了梅毒。听说临死前，他脑壳都塌了下去。当然我没学过病理学，只是联想。无独有偶，1976年、1977年在山西阳高县古城乡许家窑村发现的距今约10万多年前的许家窑人的头骨片中，也有公王岭蓝田人的现象。这是病理现象，还是环境、气候等生活背景影响造成的一种（　　）？看来这也是古人类学研究的课题之一。如果是病态，研究出他的病因、病源，岂不是有了世界上最早的一份“病历”！

1. **将正确的选项填入选段中的括号里。**

   A. 异常现象　　B. 凹凸不平　　C. 南北屏障

2. **选段中画横线的句子运用了什么说明方法？有什么作用？**

3. **第一自然段提及诗人王维隐居时的地理情况有什么作用？**

④读了选段，你是否觉得考古很有趣呢？把你的看法写下来吧。

第二步　阅读训练

基础知识训练

一、

1. wā　tuán　niē

2. pì　pī

二、

脊椎　解剖　精髓

背后　部门　随便

三、

1. 熟→塾

2. 饶→挠

3. 原→源

四、

搠　度　杆

筹　凄　倾

五、C

六、

抻（chēn）→拉；扯

确凿（záo）→非常确实

翌（yì）日→次日

夯（hāng）实→用夯砸实

七、C

八、B

九、

1. 示例：他日出而作，日落而息，就像过着原始生活。

2. 研究所离我的家不远。

3. 示例：山上的风真大，人站在山顶上都要被吹走了。

4. 在考古工作上遇到了困难，我们得停下来思考一下。

主要内容回顾

一、

3　2　4　5　1

二、

略。

口语交际训练

略。

4. 略，言之成理即可。

阅读能力训练

片段一

1. 朝思暮想　欣喜

半信半疑　热闹

2. 第一个“北京人”头盖骨

3. 动作描写。“挖”“撬”“取”“脱”“捧”等一连串动词，加上“轻轻地”“一步一步地”等修饰，刻画出了裴文中的小心翼翼，侧面衬托出他对这个头盖骨的重视，也反映了头盖骨的珍贵无比。

4. 略，言之成理即可。

片段二

1.C　B　A

2. 运用了做比较的说明方法。作用是突出公王岭头盖骨不同于正常头盖骨的特点，给读者留下深刻印象，为考古工作者对它进行深入研究做铺垫。

3. 引用古人资料，论证秦岭的地理情况已经发生了巨大变化。

4. 略，言之成理即可。

计算机与网络
简史
从算盘到社交媒体的故事
〔德〕于尔根·沃尔夫 著
庄亦男 译
COMPUTER
THE STORIES
AND
THE HISTORY
浙江人民出版社

图书在版编目（CIP）数据

浙江省版权局
著作权合同登记章
图字:11-2021-092号

计算机与网络简史 ：从算盘到社交媒体的故事 /（德）于尔根·沃尔夫著 ；庄亦男译. — 杭州 ：浙江人民出版社，2023. 9

ISBN 978-7-213-11109-9

Ⅰ. ①计… Ⅱ. ①于… ②庄… Ⅲ. ①计算机网络－技术史－普及读物②互联网络－技术史－普及读物 Ⅳ. ① TP393-49

中国国家版本馆 CIP 数据核字（2023）第 107796 号

计算机与网络简史：从算盘到社交媒体的故事

JISUANJI YU WANGLUO JIANSHI: CONG SUANPAN DAO SHEJIAO MEITI DE GUSHI

［德］于尔根·沃尔夫 著 庄亦男 译

出版发行：浙江人民出版社（杭州市体育场路 347 号 邮编：310006）
市场部电话：(0571) 85061682 85176516
责任编辑：齐桃丽
特约编辑：涂继文
营销编辑：陈雯怡 张紫懿 陈芊如
责任校对：陈 春 汪景芬
责任印务：幸天骄
封面设计：天津北极光设计工作室
电脑制版：北京之江文化传媒有限公司
印 刷：杭州丰源印刷有限公司
开 本：710 毫米 × 1000 毫米 1/16 印 张：22
字 数：360 千字 插 页：1
版 次：2023 年 9 月第 1 版 印 次：2023 年 9 月第 1 次印刷
书 号：ISBN 978-7-213-11109-9
定 价：88.00 元

如发现印装质量问题，影响阅读，请与市场部联系调换。

序

亲爱的读者们：

在开始阅读之前，请你先想一想，你每天需要和计算机或者其他 IT 技术打多少交道。智能手机或许就放在你触手可及的地方；个人计算机你一定也早已拥有；你家里的某个地方装着无线路由器；你的电视机里可能还隐藏着一部游戏。如今，计算机已经无处不在，我们无法想象没有它的生活会是什么样。

也许你是在这个数字化了的世界中成长起来的，出于好奇拿起了这本书，想看看这些技术都是怎么发展起来的；或者你属于更年长的一辈，想借此回忆一下你所拥有的第一台家用计算机，想再听听 14.4 Kbps 调制解调器的拨号音，回顾一下浏览器大战或者重温你的第一场《砰》（*Pong*）游戏派对。

于尔根 · 沃尔夫可称得上是一位十分活跃的 IT 发展史的见证者：从少年时代开始，他就抄写过杂志上的 BASIC 语言列表，在操场上交换过电子游戏副本，也在用家里的电话线上网时被堵得寸步难行。他对 IT 世界的热情和迷恋一直持续到了今天，在这本书中，他将带你踏上计算机发展史的旅程，在那些最有看头的站点上驻足游览一番。

无论你是像于尔根·沃尔夫一样亲身经历过这段历史，还是像我一样，根本没有见识过前互联网时代的世界是什么样，这些关于计算机的故事都会给你带来极大的乐趣。

最后，请允许我再补充一句：这部作品是经过精心编写、校对和制作的。不过，如果你发现了任何错误或者有任何关于改进的建议，我都非常乐意与你交流，随时欢迎你带来批评和建设性意见。

帕特里夏 · 席瓦尔德

《计算机技术》编辑部

自 序

当我的编辑提出，希望我写一本关于计算机历史的书时，我立即陷入了回忆，怀念起这段我有幸参与其中的历史。我还记得，1987年时，我便拥有了自己的第一台家用计算机——康懋达64（Commodore 64，C64）。当时我只有13岁，用假期打工挣来的钱买了这台被大家称为“面包盒”的机器。因为剩下的钱不够再买5.25英寸的软盘驱动器，于是我买了一个数据磁带机（Datasette）读写装置作为存储设备。有了它，我就能把我的数据、程序、游戏都存在传统的盒式磁带上。虽然数据磁带机加载和存储数据的速度很慢，磁带的卷绕也使整个操作过程相当麻烦，但这些丝毫都不妨碍我乐在其中。我还使用了一个名为Turbo-Tape的程序来加速这个过程。又过了一年，我继续打工存钱，终于得到了一个5.25英寸的软盘驱动器。那个时候，我们还会用磁盘打孔机在磁盘上多开一个小方槽，这样就能够在磁盘的背面进行数据的读写。也就是在这段时间里，我第一次接触到编程。我把一些杂志（比如《快乐计算机》）里几页长的代码列表一行一行打下来，慢慢进入了这个领域。不过需要说明的是，我在这里提到的是BASIC编程语言，而我童年的梦想是用C64汇编语言编程，可惜一直没有实现。在C64上玩的一些游戏，还被我当作盗版软件，拿去学校操场跟人换成别的东西。要知道，不管什么时候，总会有人愿意为黑市生意铤而走险。

后来我又买过一些别的机器，比如辛克莱ZX81（Sinclair ZX81）、阿姆斯特拉特CPC 464（Amstrad CPC 464）、阿米加500（Amiga 500），最后我组装了自己的第一台个人计算机。这在当时简直是火箭一样的装备，花费了我很大一笔钱（而且一年之后它就过时了）。

另外一个对我来说十分特别的时刻，是我在朋友那里通过德国电信的BTX系统（屏幕文本系统），借助声耦合器，用电话听筒第一次建立了网络连接。这便是我初次的“在线”体验了。但是BTX系统还远不是今天的互联网，任何一点细小的干扰都会造成传送失败。不过好在下一代的电话调制解调器解决了这个问题，不再需要声耦合器，下载速率也达到了每秒56千比特。除了总是占线的电话，那30秒的拨号音也成为经典。这段美妙的“旋律”已经永远镌刻在了我的脑海里。如果你还没有听过这种声音，或者想怀旧一番，可以在互联网上搜索“拨号上网音”。

我敢肯定，你也曾积极或者被动地亲历过计算机发展史的某个阶段。在这本书里，你或许会再次遇到自己曾试用过的那些技术，那就不妨趁此怀旧一番。不过，哪怕你并没有在这个数字世界中遨游过，只是对于计算机的简史或者围绕计算机发展的一些事实感兴趣，想了解一下，那么我也诚挚地邀请你走进这本书，和我一起踏上这趟穿越时空的旅行。

不过我要强调一点，这本书并不是计算机的发展全史。为了避免内容过于庞杂，篇幅过于冗长，我主要聚焦在这段历史中几个里程碑式的节点上，不求面面俱到。我将计算机时代（包括前计算机时代）、软件以及互联网的一系列具有重大意义的事件分成若干小的节点，并且尽量保持中立的态度看待它们，竭力避免个人观点的干扰。

这本书分为三个部分，分别是：计算机的历史、软件的历史以及网络的历史。每个部分各自独立，读者可以选取其一阅读而不会造成影响。

我相信每个人都能有所收获。在阅读这本书的过程中，你或许会不断获得启发，产生新的想法，继而去互联网中进行新的尝试或者查找新的文献。然后，我要感谢我的编辑帕特里夏·席瓦尔德，她负责此书的一切相关事务，对这个项目的支持贯穿始终；此外还要感谢这个项目的发起人，阿尔穆特·珀尔。我同样要感谢佩特拉·布罗蒙特，她完成了这本书的校对工作，同时给出了宝贵的建议；感谢英马尔·斯塔佩尔，他作为试读者也贡献了许多有价值的新想法。

最后，希望各位能获得愉快的阅读体验。我一如既往地期待着各位的反馈，请对我畅所欲言。

于尔根·沃尔夫

目 录

第一部分 计算机

第一章 穿越时空之旅 3

1.1 苏美尔人的算盘（公元前 2700 年—公元前 2300 年）……3
1.2 密码棒（scytale）——第一个加密系统（公元前 500 年）……5
1.3 安提基特拉机械装置（约公元前 100 年）……8
1.4 关于加密分析的专题论文（850 年前后）……9
1.5 密码盘（1470 年）……13
1.6 “计算机”一词的诞生（1613 年）……15
1.7 对数表和对数计算尺（1614—1621 年）……15
1.8 第一台计算器（1623 年）……18
1.9 二进制系统（1703 年）……20
1.10 第一个即时通信手段——可视化远距离通信（1791 年）……21
1.11 穿孔卡片系统（1805 年）……22
1.12 差分机——机械计算机（1837 年）……23
1.13 信息 2.0——电报（1832—1837 年）……25
1.14 分析引擎和第一个计算机程序（1833 年）……27
1.15 第一台传真机（1843 年）……29
1.16 布尔代数（1854 年）……30
1.17 第一封垃圾电子邮件（1864 年）……31
1.18 第一次用穿孔卡片进行人口普查（1890 年）……31
1.19 图灵机（1936 年）……33

第二章 第一批计算机 36

2.1 康拉德·楚泽——从 Z1 到 Z4（1938—1941 年）……36

2.2 阿塔纳索夫 - 贝瑞计算机（1942 年） …… 38
2.3 哈佛“马克 1 号”（1943—1944 年）与第一只“虫”（1947 年） …… 39
2.3.1 哈佛“马克 1 号”（1943—1944 年） …… 39
2.3.2 第一只“虫”（1947 年） …… 40
2.4 “巨人”——密码终结者（1943 年） …… 41
2.5 ENIAC（1946 年） …… 42
2.6 晶体管（1947 年） …… 45
2.7 UNIVAC（1951 年） …… 46
2.8 第一款批量生产的 IBM 计算机（20 世纪 50 年代） …… 49
2.8.1 第一个硬盘驱动器（1956 年） …… 50
2.8.2 IBM 1401（1959 年） …… 50
2.8.3 题外话：计算机类型 …… 51
2.9 第一台带有晶体管的计算机（1954 年） …… 53
2.10 PDP-1——第一个工作站（1960 年） …… 53
2.11 IBM System/360（1965 年） …… 55
2.12 第一台台式计算机（1965—1968 年） …… 56
2.13 计算机鼠标（始于 20 世纪 60 年代） …… 57
2.14 批量生产的第一个微处理器（1971 年） …… 58
2.15 施乐奥托（1973 年） …… 59

第三章 个人计算机、苹果计算机以及家用计算机 61

3.1 “第一台”个人计算机（1975 年） …… 61
3.1.1 比尔·盖茨和 Altair …… 63
3.1.2 “第一批”个人计算机中的其他型号 …… 63
3.2 Apple Ⅰ的诞生（1976 年） …… 64
3.3 Apple Ⅱ的出现（1977 年） …… 66
3.4 第一台 IBM 个人计算机（1981 年） …… 68
3.5 家用计算机的黄金时代（1982—1989 年） …… 70
3.6 苹果丽莎和苹果麦金塔（1983—1984 年） …… 78
3.7 康柏公司如何成为市场领导者 …… 81
3.8 微处理器的竞赛 …… 82

第四章 移动计算机登场 86

4.1 笔记本计算机的历史 …… 86
4.1.1 艾伦·凯的动态笔记本构想（20 世纪 70 年代） …… 87
4.1.2 IBM 5100（1975 年） …… 88
4.1.3 奥斯本 1 号——手提箱计算机（1981 年） …… 89
4.1.4 GRiD Compass 1100（1979—1982 年） …… 90
4.1.5 东芝 T1100（1985 年） …… 91
4.1.6 IBM PC Convertible（1986 年） …… 91
4.1.7 苹果 PowerBook 100（1991 年） …… 92
4.1.8 ThinkPad（1992 年） …… 93
4.1.9 ThinkPad 700T（1992 年） …… 93
4.1.10 带锂离子电池的东芝 T3400CT（1994 年） …… 93
4.1.11 苹果 iBook G3（1999 年） …… 94
4.1.12 不同类型的笔记本计算机 …… 95
4.2 手机和智能手机的里程碑（始于 1926 年） …… 96
4.2.1 第一部手机——摩托罗拉 DynaTAC 8000X（1983 年） …… 98
4.2.2 第一部智能手机——IBM Simon（1994 年） …… 99
4.2.3 西门子 S3 的第一条短信（1995 年） …… 100
4.2.4 迷你尺寸计算机——诺基亚 9000 Communicator（1996 年） …… 101
4.2.5 第一部翻盖手机（1996 年） …… 102
4.2.6 智能手机历史上的其他里程碑 …… 103
4.2.7 iPhone 征服世界（2007 年） …… 103
4.3 平板计算机革命 …… 106
4.3.1 动态笔记本构想（再次提及） …… 106
4.3.2 苹果的知识领航员（1987 年） …… 107
4.3.3 GRiDPad（1989 年） …… 107
4.3.4 Palm 公司的 PDA（20 世纪 90 年代） …… 108
4.3.5 （微软）平板计算机（始于 1992 年） …… 109
4.3.6 苹果牛顿 MessagePad（1993 年） …… 111
4.3.7 iPad（2010 年） …… 111

第五章 游戏机 113

5.1 游戏机的里程碑 …… 113
5.1.1 硬接线游戏机（第一代，始于1972年）……113
5.1.2 8位游戏机（第二代，始于1976年）……115
5.1.3 电子游戏大崩溃（1983年）……117
5.1.4 8位游戏机的复活（第三代，1983—1987年）……120
5.1.5 16位游戏机征服市场（第四代，1988—1993年）……122
5.1.6 3D游戏机时代（第五代，1993—1997年）……124
5.1.7 永恒的三方混战：索尼、微软和任天堂（第六代，1998—2005年）……128
5.1.8 电视机前的运动（第七代，2005—2010年）……130
5.1.9 第八代游戏机以及游戏的未来（2010年至今）……130
5.2 掌上游戏机 …… 131
5.2.1 起源（1976年）……131
5.2.2 任天堂Game Boy称霸全世界（1989年）……132
5.2.3 失败的竞争对手（始于1990年）……134
5.2.4 任天堂的又一个得意之作（始于2004年）……136

第二部分 软 件

第六章 操作系统（系统软件）里程碑 141

6.1 第一批操作系统（始于1954年）…… 142
6.2 UNIX的开发（1969年）…… 142
6.3 施乐奥托的Alto OS操作系统（1973年）…… 144
6.4 CP/M——20世纪70年代的市场引领者（1974年）…… 144
6.5 Apple Ⅱ的Apple DOS（1977年）…… 146
6.6 QNX——实时操作系统（1980年）…… 146
6.7 MS-DOS（1981年）…… 147
6.8 苹果丽莎（1983年）…… 149
6.9 麦金塔（1984年）…… 150

6.10 雅达利 ST 的 TOS（GEM）（1984 年） …… 151
6.11 AmigaOS 中的 Amiga-Workbench（1985 年） …… 152
6.12 Windows 1.01 之前的 Visi On（1985 年） …… 153
6.13 X 窗口系统（1983—1991 年） …… 155
6.14 C64 的 GEOS（1985—1986 年） …… 156
6.15 IBM 的 OS/2 系统（1987 年） …… 157
6.16 NeXTStep——OS X 的基础（1988 年） …… 157
6.17 Linux 0.01（1991 年） …… 159
6.18 Windows 3.1（1992 年） …… 160
6.19 Windows NT（New Technology，1993 年） …… 161
6.20 Windows 95（1995 年） …… 161
6.21 “千年虫” …… 163
6.22 Mac OS X（2000 年） …… 164
6.23 Windows XP（2001 年） …… 165
6.24 未来的操作系统 …… 166

第七章 软件集锦 168

7.1 软件——计算机的控制指令 …… 168
7.2 “德国制造”的软件公司 …… 170
7.3 电子表格软件征服办公室（始于 1982 年） …… 171
7.4 文字处理程序（始于 1976 年） …… 174
7.5 PowerPoint 的历史（始于 1986 年） …… 177
7.6 办公软件套件（始于 1985 年） …… 179
7.7 “德国比尔·盖茨” …… 180
7.8 数据库（始于 1966 年） …… 181
7.9 宝兰公司和 Ashton-Tate 公司（始于 1983 年） …… 183
7.10 从免费软件到开源软件（1983 年） …… 186

第八章 编程语言 189

8.1 Plankalkül——未完成的最早的高级语言（1942—1946 年） …… 190
8.2 汇编语言——贴近机器的语言（1948—1950 年） …… 191
8.3 Fortran——白大褂的语言（1957 年） …… 192
8.4 Cobol——终结者 T-800 的语言（1960 年） …… 195

8.5 Lisp——第一种解释型语言（1958 年） 198
8.6 Algol 60 ——终于拥有了一目了然的结构（1958—1963 年） 200
8.7 BASIC——开机，开动（1964 年） 201
8.8 Pascal ——远离意大利面代码（1971 年） 205
8.9 Smalltalk——面向对象（1972 年） 207
8.10 C 语言——铸就传奇（1972 年） 208
8.11 C++ ——包含“类”的 C 语言（1983 年） 210
8.12 Objective-C——苹果的语言（1984 年） 212
8.13 Perl——“瑞士军用电锯”（1987 年） 214
8.14 Python——“瑞士军刀”（1990 年） 215
8.15 Java——不仅仅是一个岛屿（1991—1992 年） 216
8.16 PHP——“人人讨厌 Perl”（1994 年） 218
8.17 JavaScript——“JavaScript 无处不在”（1995 年） 220

第九章　电子游戏和计算机游戏的历史 222

9.1 让我们玩起来吧——第一批游戏 223
9.1.1 第一款电子游戏（1947 年） 223
9.1.2 《大脑伯蒂》（1950 年） 224
9.1.3 *Nim*——火柴游戏（1951 年） 224
9.1.4 第一款电子跳棋游戏（1952 年） 225
9.1.5 EDSAC 上的井字游戏（1952 年） 226
9.1.6 《双人网球》（1958 年） 227
9.1.7 《太空大战》——PDP-1 上的动作游戏（1962 年） 227
9.2 20 世纪 70 年代的里程碑 228
9.2.1 《计算机太空战》（1971 年） 229
9.2.2 《砰》——两线一点征服世界（1972 年） 230
9.2.3 《冒险》——第一款冒险游戏（1975 年） 232
9.2.4 《太空入侵者》（1978 年） 233
9.2.5 《小行星》（1979 年） 234
9.3 20 世纪 80 年代的里程碑 235
9.3.1 《吃豆人》（1980 年） 235
9.3.2 *Rogue*（1980 年） 236
9.3.3 《大金刚》——平台跳跃游戏的里程碑（1981 年） 237

9.3.4 《乌托邦》——第一款即时战略类游戏（1981 年）……239
9.3.5 *M.U.L.E.*（1983 年）……240
9.3.6 《俄罗斯方块》——俄罗斯制造（1984 年）……241
9.3.7 《幽灵》——第一人称射击游戏（1985 年）……243
9.3.8 《超级马里奥兄弟》（1985 年）……243
9.3.9 《国王密使》（1984 年）……245
9.3.10 《精英》——开放世界带来的革命（1984 年）……246
9.3.11 《塞尔达传说》（1986 年）……248
9.3.12 《席德·梅尔的海盗》（1987 年）……249
9.3.13 《疯狂大楼》和 SCUMM 游戏引擎的诞生（1987 年）……250
9.3.14 《模拟城市》——我为自己建一座城（1989 年）……251
9.3.15 《波斯王子》——转描技术制作的动画（1989 年）……253

9.4 20 世纪 90 年代的里程碑……254

9.4.1 《银河飞将》（1990 年）……254
9.4.2 《席德·梅尔的文明》（1991 年）……255
9.4.3 《刺猬索尼克》（1991 年）……256
9.4.4 《德军总部 3D》（1992 年）……256
9.4.5 《神秘岛》——崛起中的 CD 游戏（1993 年）……257
9.4.6 第一人称射击游戏的发展（始于 1993 年）……258
9.4.7 《精灵宝可梦》（1996 年）……260

第三部分 网 络

第十章 互联网的历史 265

10.1 互联网的起源……265

10.1.1 分时系统（20 世纪 50 年代）……266
10.1.2 （D）ARPA（1958 年）……266
10.1.3 阿帕网（Arpanet）（1968 年）……268
10.1.4 第一个“计算机病毒”（1971 年）……269
10.1.5 引入更完善的服务（电子邮件、FTP、Telnet）（1971 年）……271
10.1.6 阿帕网中的第一封垃圾邮件（1978 年）……271

10.1.7 互联网之父 ······272
10.1.8 CSNET、NSFNET 和 DNS（20 世纪 80 年代） ······274
10.1.9 IXP 的诞生（20 世纪 90 年代） ······276
10.2 **万维网的发明** ······276
10.2.1 万维网之父 ······277
10.2.2 ENQUIRE——万维网的前身（1980 年） ······277
10.2.3 万维网的开始（1984—1990 年） ······278
10.2.4 Line Mode 浏览器（1991 年） ······281
10.2.5 万维网上线（1991 年） ······282
10.3 **网络浏览器的历史** ······283
10.3.1 CERN 之外的第一个网络浏览器（1991—1993 年） ······283
10.3.2 从 Mosaic 到网景以及 IE 浏览器（1993—1995 年） ······285
10.3.3 浏览器大战（1995—1998 年） ······287
10.3.4 从网景到火狐（2004 年） ······289
10.3.5 Safari 网络浏览器（以及移动版）（2004 年） ······290
10.3.6 谷歌异军突起（2008 年） ······290
10.3.7 我在德国的网上冲浪经历 ······291
10.4 **可搜索的互联网** ······293
10.4.1 Archie——第一个 FTP 服务器搜索工具（1990 年） ······293
10.4.2 Gopher 的 Veronica 搜索引擎（1991 年） ······293
10.4.3 百花齐放的万维网搜索引擎（1993 年） ······294
10.4.4 谷歌搜索引擎的历史 ······297
10.4.5 谷歌是不可替代的吗？ ······299

第十一章 电子商务简史 301

11.1 **电子商务的开端（始于 1979 年）** ······301
11.2 **万维网带来了真正的电子商务（20 世纪 90 年代）** ······302
11.3 **互联网泡沫的破灭（2000 年）** ······303
11.4 **电子商务的繁荣（始于 2000 年）** ······305
11.5 **亚马逊的故事** ······306

第十二章 社交媒体简史 309

12.1 前万维网时期的社交媒体 …… 309

12.1.1 “计算机系统”PLATO（20 世纪 60 年代） ……309

12.1.2 （计算机）电子公告板系统（1978 年） ……311

12.1.3 Usenet 及其新闻组（1979 年） ……312

12.1.4 IRC（互联网中继交谈）（1988 年） ……313

12.2 万维网社交媒体的里程碑 …… 314

12.2.1 地球村——维护邻里关系（1994 年） ……315

12.2.2 博客——万维网中的日记（20 世纪 90 年代） ……316

12.2.3 ICQ——我找你（1996 年） ……316

12.2.4 第一批网络论坛（20 世纪 90 年代） ……317

12.2.5 SixDegrees.com——第一个真正的社交媒体平台（1997 年） ……318

12.2.6 Friendster、MySpace 和领英（2002—2003 年） ……318

12.2.7 YouTube 和《我在动物园》（2005 年） ……320

12.2.8 从 Facemash 到 Facebook（2003—2006 年） ……321

12.2.9 studioVZ——德国社交媒体平台（2005 年） ……324

12.2.10 从短信服务中诞生的推特（2006 年） ……324

12.2.11 Tumblr（2007 年） ……326

12.2.12 Instagram（2010 年） ……326

12.2.13 微信（2011 年） ……327

12.2.14 Snapchat（2011 年） ……327

12.2.15 Google+（2011 年） ……328

12.2.16 抖音（TikTok）（2016 年） ……328

尾 声：我们会很快变成半机械人吗？机器会统治世界吗？ …… 330

第一部分

计算机

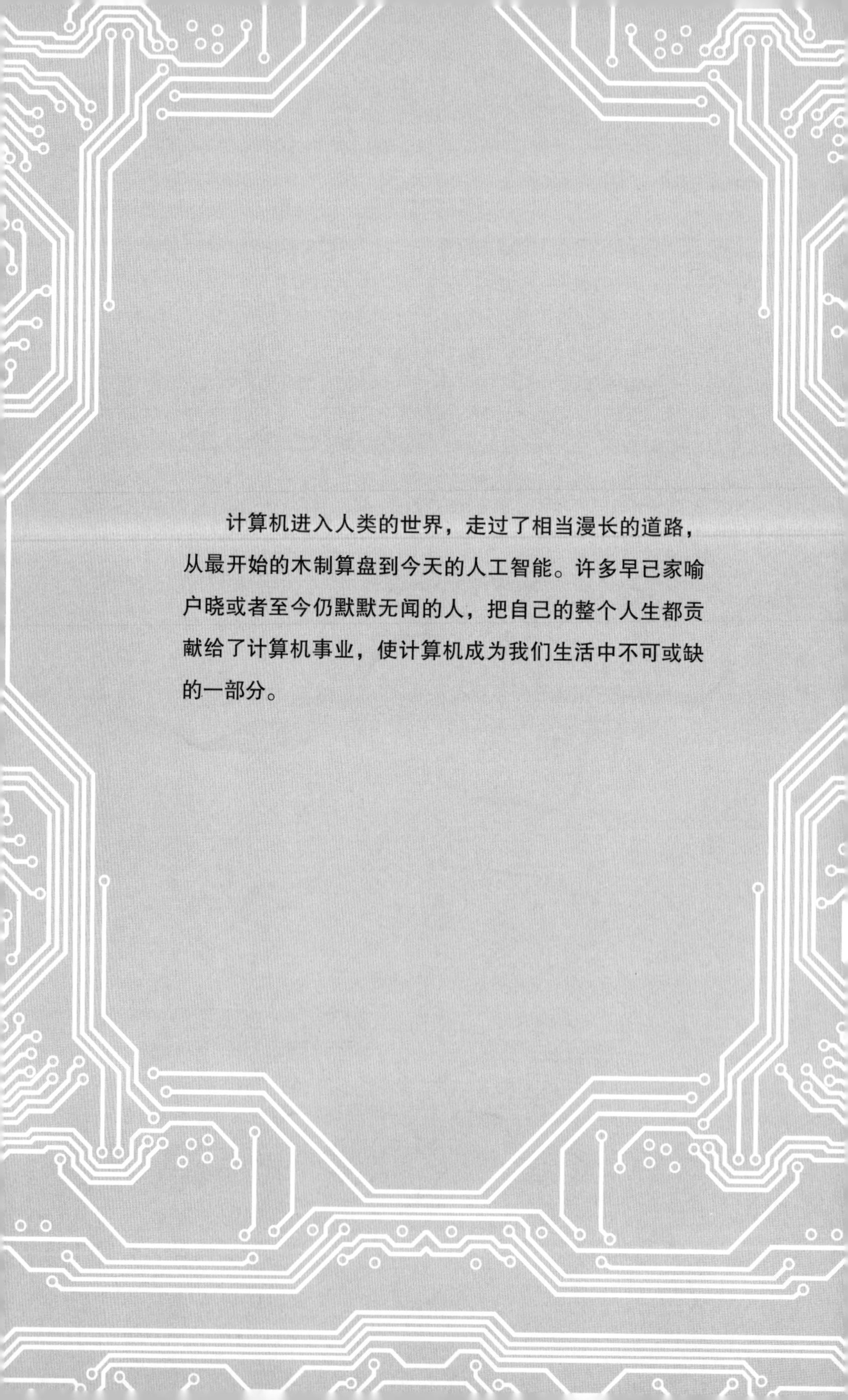

计算机进入人类的世界，走过了相当漫长的道路，从最开始的木制算盘到今天的人工智能。许多早已家喻户晓或者至今仍默默无闻的人，把自己的整个人生都贡献给了计算机事业，使计算机成为我们生活中不可或缺的一部分。

第一章
穿越时空之旅

> 总有一天，女士们会带着她们的计算机在公园中散步，互相说着这样的话：“今天早上，我的小计算机告诉了我一件很有趣的事情。”
>
> ——艾伦·麦席森·图灵

第一批计算机进入人类的世界，其实走过了相当漫长的一段道路，尤其是在当今技术大爆炸的背景下。在这一章里，我将带你踏上一段时间之旅，回顾这段历史中几个里程碑式的节点，它们对科技的发展尤其是对计算机的发展有着举足轻重的意义。不过我得提醒你，这样的里程碑不胜枚举，呈现在你面前的并不是一部包罗万象的计算机前史，而更像是一个由重要发明和发现组成的有趣合集。

这段时间之旅始于公元前 2700 年苏美尔人的算盘，终于艾伦·麦席森·图灵的图灵机——其实它并不是真正的机器。在这段岁月里，许多早已家喻户晓或者至今仍默默无闻的人，把自己的整个人生都贡献给了这项事业，成就了计算机今天的辉煌，使它成为我们生活中不可或缺的一部分。

1.1 苏美尔人的算盘（公元前 2700 年—公元前 2300 年）

计算工具是什么时候出现在相对来说还很短暂的人类历史中的呢？是青铜时代，由美索不达米亚即两河流域（今天的伊拉克与叙利亚北部）那些以狩猎、耕种、捕鱼为生的人们创造出来的。他们在木板上刻出痕迹，用来记录羊群、粮食和鱼的数目。对于个人或者家庭来说，这种计算方法是非常有效的。但是随着新的民族群体的兴起，这些猎人、农夫、渔民必须为整个族群——首先是为他们的国王和王公大臣们承担计算的任务，这种方式就不再适合了。而这个时期，陶匠、铜匠、面包师、地毯织匠、织布匠、宝石匠之间的交易往来非常频繁，因此必须发明出更加有效的方法来计算更大的数额，比如百、千甚至更多。毕竟当时大城市的居住人口已经达到了 50 000—80 000 人，要管理这种数量级人口的各种事务，小木板上的几道划痕是远远不够的。

最古老的计算工具（更确切地说是算盘）便出自这个时代。科学家认为，这个计算辅助工具是在公元前 2700 年至公元前 2300 年由美索不达米亚的苏美尔人发明的。可惜发明者的名字并没有被记录下来，不过我们至少可以确定，从那个时代开始，人类历史上就不缺像楚泽、乔布斯、盖茨那样拥有天才想象力的先驱者，是他们推动着计算机的历史不断前进。不过，最初的算盘看起来与今天的算盘的各种形式和变种完全不同。

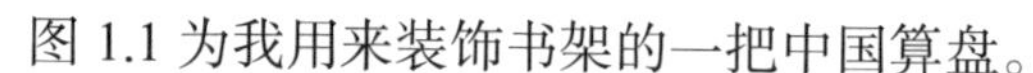
图 1.1 为我用来装饰书架的一把中国算盘。

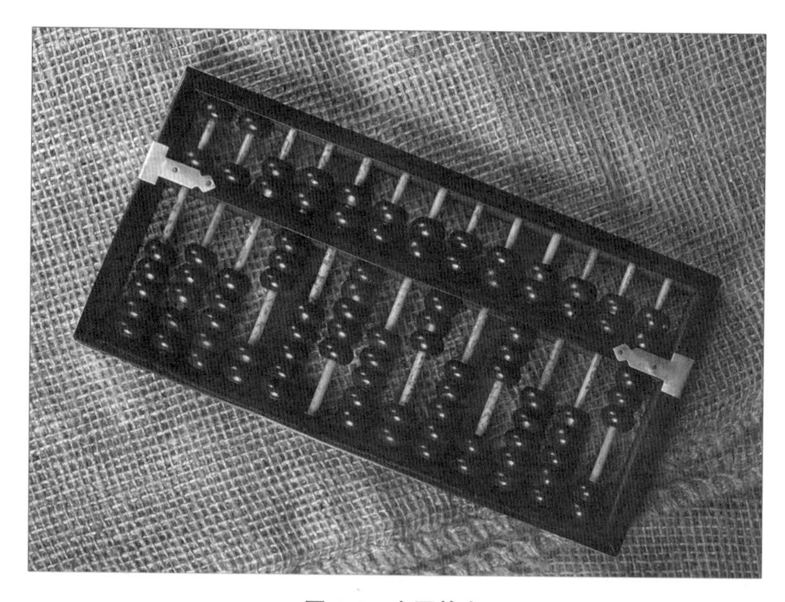

图 1.1　中国算盘

4 000 年前第一批达到批量生产水平的算盘，是由若干块木板或者陶板组成的。它们表面有许多长条，每一条对应着苏美尔人当时使用的六十进制计算体系中的一个数位，基数为 60。这个数字，今天的我们仍旧能在“1 分钟等于 60 秒”“1 小时等于 60 分钟”中看到。计数的时候，会往横向或者纵向排列的对应长条里放上小石块或者芦苇秆，然后分别计算各条中小石块或者芦苇秆所代表的数目，全部加起来就得到了总数。

当时人们还会利用不同的石块来进行计算，凭借石块大小或形状上的区别来区分它们在六十进制计算体系中的数位，而借助于行或列进行的计算显然要可靠得多。

六十进制计算体系的一个简单例子如表 1.1 所列。

表 1.1　六十进制计算体系的一个简单例子

3 600	600	60	10	1
0	0	0	0	0
0		0		0
		0		0
				0
				0
=7 995				

“abacus”这个词来自拉丁语 abacus 以及希腊语 abax。前者差不多是“泥板”或者“木板”的意思；后者，人们猜测它属于闪米特语的词汇，比如希伯来语中的 abaq，表示“尘土”。算盘的前身可能是“画板”，即用手指像笔一样在沙子或者土上画出痕迹。这样，几条平行的线条就能表示六十进制体系，再有足够的石块就行了。

1.2　密码棒（scytale）——第一个加密系统（公元前 500 年）

在信息学中，经常需要对数据进行加密处理，以此将其转换成一种对未获授权者不可读的形式。加密已经成为我们数字生活中不可缺少的一部分，哪怕是 WhatsApp（一款智能移动设备上的即时通信软件）上的简单信息也是经过加密的，因此我们有必要去追溯一下加密的源头。

斯巴达人以高度军事化的生活而闻名，他们拥有当时全希腊训练得最为精良的军队。接下来我们要讲的故事，发生在公元前 395 年，波斯人密谋向斯巴达人发起一场出其不意的进攻。虽然斯巴达人早已在敌方安插间谍，以便适时地通风报信，但是如果派出的信使携带着一封谁都可以读的信，那么风险显然太大，一旦暴露，就会对斯巴达非常不利。好在当时的斯巴达人走在了时代的前列，他们并没有用明文来传递秘密消息。于是，我们所知的最早的加密系统——密码棒便诞生了。

斯巴达人将一条羊皮细带或者任何一种皮质细带螺旋状缠绕在一根木棍上，然后把秘密消息顺着木棍的方向写在皮带上，再把皮带拆下来，由信使送往收信人处。皮带上的信息乍看上去没有任何意义，因为原本连续的字母随着皮带绕圈解开被拆分，绕开的皮带上纵向相接的字母根本不属于同一个单词。比如说“DIEPERSERKOMMEN”[1]，就可能绕在某一直径木棍上而显示成：

D
P
S
K
M
I
E
E
O
E
E
R
R
M
N

写成一行的话就是：

DPSKMIEEOEERRMN

如果这卷皮带落入了敌方之手，他们就只能发现一串按照无意义的顺序排列的字母。

收信人和写信人必须各自持有一根相同直径的木棍，收信人只要把皮带同样螺旋状地缠绕在自己的木棍上（密码棒），就能破解秘密信息了。木棍的直径也就成为整个过程的密钥。每当斯巴达的五督政官向外派遣一位将军，他们总是命人制作两根直径一模一样的木棍，一根保留在自己手中，另一根交给被派遣的将军。这样一来，发信人想要传递给收信人的秘密信息，甚至在自己的队伍里也无法被解读。

移位

用密码棒来加密的方式被称为移位。移位，即对一个文本的

[1] 德语，“Die Perser kommen.”意为波斯人来了。——译者注（除另做说明，下同）

字符在顺序上做出改变，而文本中的所有字符都是被保留的。移位的方式是多种多样的，最简单的版本，就是调转文本或者词语的书写方向。比如有一种常见的移位过程，叫作花园栅栏：

DEESROMNIPREKME

把这行字母写成上下两行：

D E E S R O M N

I P R E K M E

然后一上一下锯齿形地读，得到的文本就变成：DIEPERSER-KOMMEN。

根据希腊历史学家普鲁塔克的记载，凭借密码棒，斯巴达人成功地阻止了波斯人的进攻。令人闻风丧胆的斯巴达将领吕山德就是通过这种加密方式得到了关于波斯人进攻的消息，才赢得了充分准备的机会，最终击退了波斯人。关于使用密码棒的历史记载不止这一条，我相信，这种加密方式在历史进程中使用之频繁，超过了那些已为人熟知的历史学家的记载。

密码棒在那个时代是相当安全的加密方式，几乎没有人可以破解这种加密信息。解读密码棒信息的关键就是一根相应直径的木棍。我们现在重新回到用密码棒加密的文本：

DPSKMIEEOEERRMN

这条信息有 15 个字母，我们也已经知道了它的加密手段（密码棒），但目前它们的排列顺序没有任何意义。现在我们把它分成两栏：

D	O
P	E
S	E
K	R
M	R
I	M
E	N
E	

交替读取左右两栏，就得到了：

DOPESEKRMRIMENE

这样仍旧没有读出任何意义。现在我们把这串字母分成三栏：

D	I	E
P	E	R
S	E	R
K	O	M
M	E	N

再从左往右读这串字母，我们就解开了这段密文：DIEPERSERKOMMEN。不得不承认，这个例子非常简单。但是它能够很好地说明，其实破译密码棒加密信息的方法并不复杂。当然，前提是知晓这种加密过程的运作方式。

1.3　安提基特拉机械装置（约公元前 100 年）

1900 年，潜水者在靠近希腊岛屿安提基特拉海岸线的海底发现了古罗马的沉船残骸。这艘船出自希腊化时代，船身长度超过 50 米，是最大的古代船只之一。沉船事件发生在公元前 70 年到公元前 60 年之间。对船上文物的发掘工作持续了一年多。船上运送的货物非同一般的珍贵，所以这艘船得到了一个名号——“古典时期的泰坦尼克”。

货物中有一团被腐蚀了的金属物，混合着木质箱盒的残片，一开始并没有引起人们的兴趣。1905 年，慕尼黑古典语文学家阿尔伯特·雷姆仔细观察了其中的青铜部分，推测它可能是一种特殊的计算工具的一部分，不过当时他也没有从残片里解读出更多东西。

1950 年，英国历史学家德瑞克·德·索拉·普莱斯更加深入地研究了全部 82 块残片。他用 X 射线和 γ 射线照射这些部件，使得上面的齿轮、铭文以及传动装置的残余都显现了出来。它们在今天看来并没有什么稀奇，但是考虑到这个机械装置的年代（公元前 70 年到公元前 60 年），就不失为一个惊人的发现了。这样一项出自古典时期的高精技术完全不为人所知，同时代也找不出可与之比较的其他物件。它利用齿轮装置来计算太阳系周期所达到的精密程度，直到中世纪晚期才再次出现。我们不禁要问，为什么人类直到中世纪才能重新达到这种技术水平？普莱斯在他的研究中提出了“古典时期的计算机”这样一个概念，并且使这个机械装置闻名全世界。渐渐地，借助一系列的新兴手段，比如计算机断层扫描、特殊摄像机以及用于计算机游戏的表面建模软件，这个机械装置的其他秘密被慢慢解开了。

它在功能上的配置着实令人震撼。虽然至今只完成了部分的复原，但我们已经可以确认，这个机械装置的用途是测定天文现象、季节与节日。它可以计算太阳、月亮及其他在当时已经为人所知的行星的位置，此外还包含标有科林斯月份名称的月亮历、带有日月刻度且标注着古埃及月份名称和巴比伦黄道带符号的太阳历，以及带有月份刻度的日月食周期表。借助这些，人们就可以确定太阳系的运转周期和其他天文现象。从这个装置上，我们看到了古希腊人和巴比伦人智慧的融合，也能对古人在数学与工程学上的成就略窥一斑。

尽管如此，古人发明这个装置的真实意图到今天我们还是不甚明了。科学家对此有许多猜测：它的使用者是水手或者天文学家；统治者有可能用它来预言天文现象，以此证明自己拥有超自然的能力；当时的富裕阶层将它用于消遣。而关于这个装置的发明者，同样找不到任何确凿的证据。围绕着安提基特拉机械装置，还存在许多疑问和未解之谜，一如既往地让人们充满好奇心，激发着人们的想象力，甚至提出阴谋论的也大有人在。如果你想深入了解这个话题，那么我向你推荐乔・马钱特的《解密天国》[1]。这本书虽然也没有找到最终的谜底，但是写得十分扣人心弦，读来让人受益良多。

可以说，在获得新的考古发现之前，安提基特拉岛的机器，这台2 000多年前用一套复杂的齿轮装置计算太阳系周期的机器，就是人类最早的计算机。

1.4　关于加密分析的专题论文（850年前后）

在介绍密码棒的时候，我向你演示了怎样把一段用移位法加密的密文变得可读。这个过程被称为密码分析，它在今天的各种组织中都起到

[1]　原德语书名：*Die Entschlüsselung des Himmels*。

了重要的作用，比如政府借助密码分析，试图破译敌方传输的重要信息。软件工厂或者商业网站运营商也必须面对他人对其产品进行全面密码分析的问题。他们往往有意让黑客尝试突破自己产品或者网页的安全防御，借此找出自身的漏洞，密码员再通过加密来保障信息的安全。因而密码分析员在当今的数字世界中也就显得尤为重要。

所谓密码分析，即在缺乏密钥的情况下把一段密文转换成明文。早在公元 850 年，阿拉伯哲学家肯迪便对这个领域展开了深入的研究。肯迪是一个天赋极高的人，身兼多个头衔，包括哲学家、科学家、数学家、医生、音乐家、作家。他撰写了第一篇关于密码分析的专题论文。在这部篇名为《论解译加密信息》的手稿中，他详细描述了如何破解单字母表替换密码，而这在当时的欧洲是被认为无法破译的。

单字母表替换

你已经了解了移位的加密方式，也就是只对字母的顺序进行调换。而单字母表替换则是把明文中的字母或符号替换成其他字母或符号，比如恺撒加密法就是这类替换中的一种常见方式。简易替换加密，是指把明文中的单个字母按照一张密文字母表一一替换。

如表 1.2 所列，上一行包含明文，下一行则是密文字母表。

表 1.2　简易替换加密

A	B	C	D	E	F	G	H	I	J	K	L	M	N	O	P	Q	R	S	T	U	V	W	X	Y	Z
I	G	K	Z	H	X	E	T	V	B	K	Q	N	O	C	M	J	S	A	R	D	W	P	L	F	U

按照这个加密方式，明文 COMPUTERGESCHICHTE[1] 被加密成了 KCNMDRHSEHAKTVKTRH。只要你用第一行中的字母去替换对应的第二行中的密文字母，就能重新获得明文。恺撒加密法的原理同简易替换加密是相似的，只是加密时用的是一种推移过的字母表。

如表 1.3 所列，上一行包含明文，下一行则是在恺撒加密法中使用的推移过的字母表。

[1]　德语单词，Computergeschichte，意为计算机史。

表 1.3 恺撒加密法

A	B	C	D	E	F	G	H	I	J	K	L	M	N	O	P	Q	R	S	T	U	V	W	X	Y	Z
D	E	F	G	H	I	J	K	L	M	N	O	P	Q	R	S	T	U	V	W	X	Y	Z	A	B	C

COMPUTERGESCHICHTE 通过恺撒加密法被加密成了 FRPSXWHUJHVFKLFKWH。

频率分析

我们再看肯迪的工作，他在自己的手稿中展示了如何借助频率分析这种统计学手段来破译单字母表替换。首先，成功破译的前提是懂得这门语言并且手头握有大量文本。加密的文本越充足，破译信息的可能性就越大。接下来计算密文中单个字母的数量，并记录各字母的出现频率。在这里起关键作用的，便是各个字母在总数中所占的百分比。比如在德语中，字母 E 是最经常使用的。如果在加密的消息中使用最多的是字母 X，那么就可以推测，X 在密文中充当了 E。这里我制作的单字母表替换的例子如下：

Nju PofOpuf, efn ejhjubmfo Opujacmpdl wpo Njdsptpgu, cfsfjufo Tjf efn Jogpsnbujpotdibpt bvt Tdivmf, Tuvejvn, Bscfju pefs Ipccz fjo Foef. PofOpuf fsmbvcu Jiofo Ufyuf, Cjmefs, Afjdiovohfo pefs iboetdisjgumjdif Opujafo boavmfhfo voe ücfstjdiumjdi av pshbojtjfsfo.

这段文字看起来没有任何意义，我们只知道这是一段德语。现在我们使用频率分析来破译这段文字。首先我得到了以下统计结果：

f	o	j	p	u	s	e	i	t	d	v	b	m	c	n	a	h	g	l	w	y	z
32	25	22	17	16	12	10	10	10	9	9	9	8	8	6	5	4	3	1	1	1	1

字母 f 在这里被使用了 32 次，字母 o 为 25 次，字母 j 为 22 次，诸如此类。考虑到德语中使用最频繁的是字母 e，我们就可以把这一段文字中的 f 替换成 e：

... ..e...e, .e. ....e. ...., .e.e..e. ..e .e.

....e, ..., ...e.. ..e. ..... e.. E..e.
..e...e e...... ...e. .e..e, ...e., .e.......e. ..e. ....e
.....e. .....e.e. ... ..e........... .. ..e.e..

我们可以重复这种方法，用德语中使用频率第二高的字母来替换密文中使用频率第二高的字母。在这个例子中，用字母 n 替换字母 o：

... .neN..e, .e. ....en N......... ..n ...., .e.e..en ..e .e.
.n........n...... ... .e, ..., ...e.. ..e. ..... e.n En.e.
.neN..e e...... ..nen .e..e, ...e., .e...n.n..en ..e. ..n...........e
N....en .n...e.en .n. ..e.......... .. ....n...e.en.

现在继续进行，密文中的字母 j 和 p 分别用德语字母表中出现频率第三高和第四高的字母 i 和 o 替代：

.i. OneNo.e, .e. .i.i...en No.i...o.. .on .i..o.o.., .e.ei.en .ie .e.
In.o....ion....o. ... .e, ...i.., ...ei. o.e. .o... ein En.e.
OneNo.e e...... I.nen .e..e, .i...e., .ei..n.n..en o.e. ..n.....i....i..e
No.i.en .n...e.en .n. ..e..i....i.. .. o...ni.ie.en.

如此一来，我们已经可以猜测出若干词语了，剩下的字母不依赖频率分析也可以推断出来。

接下来我凭借频率分析用字母 t 和 r 来替换密文中的 u 和 s：

.it OneNote, .e. .i.it..en Noti...o.. .on .i.ro.o.t, .ereiten .ie .e.
In.or..tion....o. ... .e, .t..i.., .r.eit o.er .o... ein En.e.
OneNote er....t I.nen Te.te, .i...er, .ei..n.n..en o.er .n....ri.t.i..e
Noti.en .n...e.en .n. ..er.i..t.i.. .. or..ni.ieren.

如果频率分析无法进行，我们还可以像玩纵横填字游戏一样猜测词语。比如看到字母组合“o.er”，不妨猜测这个词是“oder”[1]。在我的例子中，就可以用 d 去替换 e。此外还有字母组合“En.e”，补充完整应

[1] 德语常用连词，意为：或者。

该是“Ende”[1]。“.it”可以猜成“mit”[2]，我们就可以用 m 去替换 n。中间含有一个 e 的词往往是“der”“den”“dem”[3]，而首字母为 e 的三个字母的词很有可能是“ein”[4]。如果你试着这么做并且把步骤记录下来，很快就能找到答案。那么我们的下一步，是用 d 替换 e，用 m 替换 n：

Mit OneNote, dem di.it..en Noti...o.. .on Mi.ro.o.t, .ereiten .ie dem
In.orm.tion....o. ... .e, .t.di.m, .r.eit oder .o... ein Ende.
OneNote er....t I.nen Te.te, .i..der, .ei..n.n..en oder ..nd...ri.t.i..e
Noti.en .n...e.en .nd ..er.i..t.i.. .. or..ni.ieren.

我相信，到了这个时候，解码剩下的密文对你来说已经丝毫没有难度了。答案是：

Mit OneNote, dem digitalen Notizblock von Microsoft, bereiten Sie dem
Informationschaos aus Schule, Studium, Arbeit oder Hobby ein Ende.
OneNote erlaubt Ihnen Texte, Bilder, Zeichnungen oder handschriftliche
Notizen anzulegen und übersichtlich zu organisieren.[5]

1.5 密码盘（1470 年）

由意大利建筑师莱昂·巴蒂斯塔·阿尔伯蒂在 15 世纪发明的密码盘，可以算作第一个用来加密和解密的器具。阿尔伯蒂于 15 世纪公布的第一个密码盘如图 1.2 所示，它由内、外两个环组成。固定的外环带有 20 个按顺序排布的大写拉丁字母以及 4 个数字（1、2、3、4）；可转动的内环上写着打乱顺序的小写字母，其中包括几个在外环中没有出现的字母。由于外环只有 20 个字母，不包含 H、J、K、U、W、Y，所以它们将由其他现存的字母替代。

用这种盘来加密明文时，小写字母作为密文字母表，而大写字母用作控制符，表示这个盘必须根据要求重新设置。习惯上，人们会用小写

[1] 德语常用名词，意为：结束。

[2] 德语常用介词，意为：与……一起。

[3] 德语定冠词。

[4] 德语不定冠词。

[5] 德语版微软 OneNote 数字笔记软件广告词。

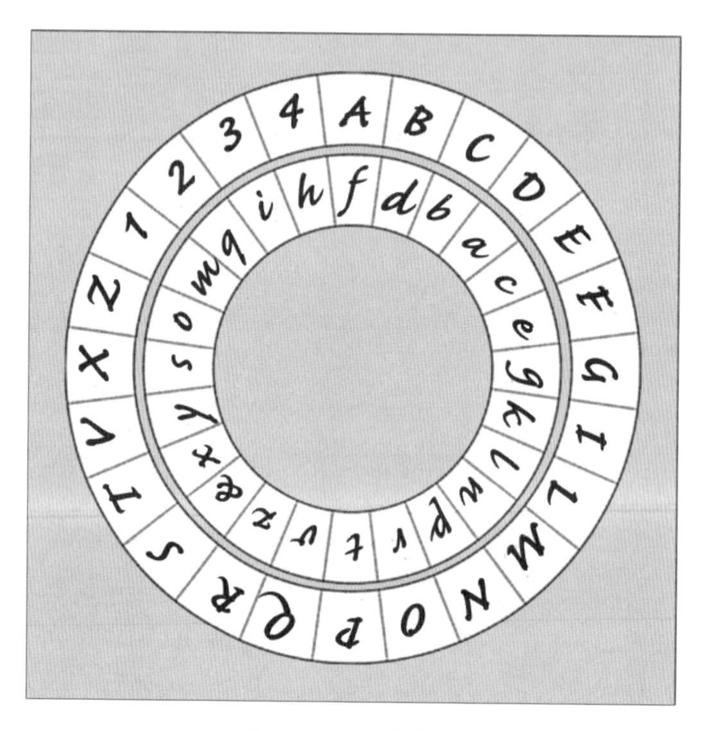

图 1.2　阿尔伯蒂盘

字母 a 去对准给出的各个大写字母，每次得到一张新的密文字母表。用这种方式，单字母表的替换变成了多字母表的替换，就不能够再使用频率分析推导明文，因为每一个密文字母表都需要一个密钥，这些密钥必须被记住，也可以用密码盘的形式保存在身边。

不得不承认，在今天这个时代，如果手中握有密码盘并且知道它的操作方式，那么这种用大写字母来做标记的方法就显得不那么高明了，只要把内环上打乱顺序的字母放到正确的位置上，也就是把字母 a 对应到各个相应的大写字母上，问题就迎刃而解。不过，即便密码盘在本质上是一个非常简单的加密工具，它在诞生之后也被频繁地使用了 5 个世纪之久。

随着时间的推移，新的密码盘不断出现，并且得到了广泛的应用。比如 1861—1865 年美国南北战争时期，就有使用密码盘的记录。

除了圆盘，1850 年还出现了滑尺，确切地说，叫圣西尔滑尺，如图 1.3 所示。圣西尔是它的诞生地——法国知名军校。所谓滑尺，就是一条硬板纸带，上面依次印有 26 个字母，字母下方有一个宽度相同的开口，通过这个开口可以从左往右拉动纸条。纸条上依次写有两遍完整的字母表，字母间隔距离和滑尺上的一样。如此一来，拉动纸条就可以像使用密码盘那样来加密或者解密。因为纸条的长度问题，圣西尔滑尺携带起来略显不便，但是它在读取的时候要比密码盘容易很多。

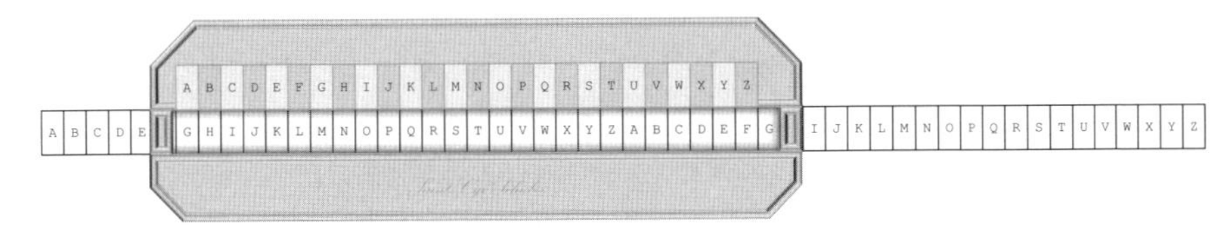

图 1.3　密码盘的一种常用变体：圣西尔滑尺

1.6　“计算机”一词的诞生（1613 年）

“计算机”这个概念源于拉丁语动词“computare”，大意为“合计”。随后产生了英语动词“to compute”，从中派生出了“computer”这个词。如今我们会把这个词和一台处理数据的机器联系在一起。

很少有人知道，在英语中，“computer”在过去是指一种从事辅助工作的职业名称，即在数学家或者其他机构的委托下从事重复的计算工作。比如在 1892 年 5 月 2 日的《纽约时报》里可以找到这样一条招聘启事：诚招一位计算员（computer），须具备代数、几何、三角函数、天文学知识。

曾有一位擅写讽刺文章和幽默小说的英国作家理查德·布拉斯维特，在他 1613 年的手稿《年轻男人的拾遗集》（*The Yong Mans Gleanings*）中使用了“computer”这个词，这是人类历史上的第一次。下面的选段大约是在描述一个精通数学的人：

> 你是什么（人啊）？你的开端在哪里？你是由什么物质构成的？就是你承诺给自己或者你的子孙后代的时日长度。我了解过所有时代最精通计算的人（computer）和有史以来最好的算术家，他把你的所有日子缩减为一个简短的数字：人的日子是三个六十和一个十。[1]

1.7　对数表和对数计算尺（1614—1621 年）

在我成长的年代里，便携式计算机已经出现了，但是我仍然记得，

[1]　原文为英语。

我最喜欢的数学老师每次讲起计算尺和对数表，都会陷入一种怀旧的情绪中。那个时候的我们并不能理解他，总是嫌他啰唆。但如果你是在1950年前出生的，或许就和这些东西打过交道了。因为在那个时代，计算尺或者计算盘，是数学课上、职业教育中，乃至大学里、工作中必不可少的日常计算工具。

它们的起源要追溯到1614年。这一年，约翰·纳皮尔在他名为《奇妙对数规律的说明》[1]的著作中公布了一张自然对数表。约翰·纳皮尔出生在富裕的苏格兰地主莫契斯东男爵家庭，他对数学抱有极大的热情，在这项工作上花费了20年的时间。在他的著作里，能找到30页的说明和90页由他本人计算的对数表。同时我们还要提到一位瑞士天文学家约斯特·比尔吉，早在1603—1611年间，他就在编制类似的对数表，但是直到1620年才决定用德语把它发表出来。

要能够有效地应用对数的规律，还需要一个合适的底数。数学教授亨利·布里格斯意识到了这一点，并且向约翰·纳皮尔提出了几点改进建议。他们商定，使1的对数为0，10的对数为1，这样就得到了以10为底的常用对数。为了向布里格斯致敬，常用对数在1624年被命名为布里格斯对数。

什么是对数表？为什么它有用？

对数表就是以表格的形式展示对数的尾数，一般长达几页。尾数就是一个浮点数中幂数之前的数位（比如在$1.234\,32 \times 10^3$中，1.234 32就是尾数）。发明对数的目的，就在于把复杂的计算转化为简单的计算，比如把乘法转化为加法。

许多计算，比如复杂的开方运算，当时必须借助这样的对数表来完成。在接下来的350年里，直到20世纪70年代，对数表一直在理工科领域以及中小学的数学课堂上发挥着作用。对于测绘工作者、天文学家以及海员来说，对数表也是不可缺少的工具。图1.4所示为1957年出版的书中的5位对数表。

对数概念为机械对数计算尺的发明奠定了基础。布里格斯教授的好友，英国神学家兼数学家埃德蒙·甘特，在1620年产生了把对数表放进直尺的刻度里的构想。关于对数，埃德蒙·甘特之前就做过深入的研究，并且自己撰写了一部关于对数表用于计算正弦和正切的著作《三角学规则》。他发明了第一把对数刻度尺，即甘特刻度尺。

---

[1] 原拉丁语书名：*Mirifici Logarithmorum Canonis Descriptio*。

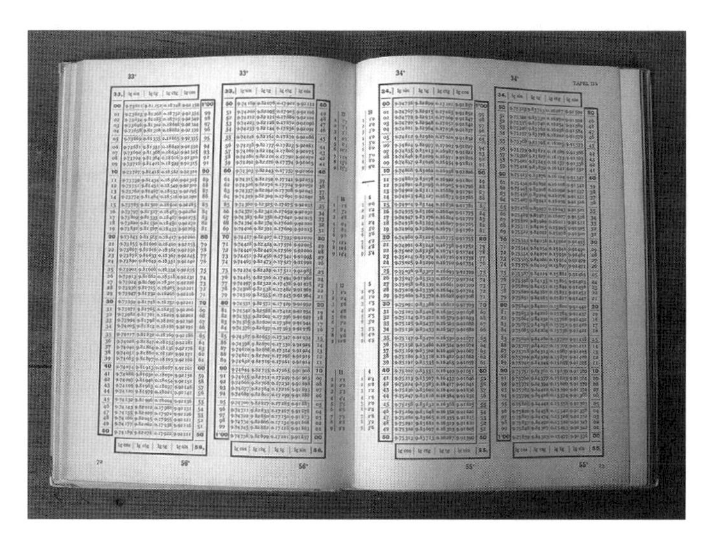

图 1.4　1957 年出版的书中的 5 位对数表

这是一把黄杨木的直尺，大约 60 厘米长，5 厘米宽，正面和反面分别标有对数刻度和十进制刻度。根据甘特的设计，使用刻度尺的同时需要用到一个分规（见图 1.5），这让使用过程颇为烦琐费时。

为了免去使用分规的麻烦，一位热衷数学研究的英国神父威廉·奥特雷德在 1632 年想出了一个解决办法——将两把相同的对数刻度尺并置滑动，这样就可以顺利地进行乘法、除法计算，而不需要使用分规。直到今天，关于对数计算尺发明者的争论还在继续，不过大多数专家倾向于奥特雷德才是计算尺的真正发明者这一观点。

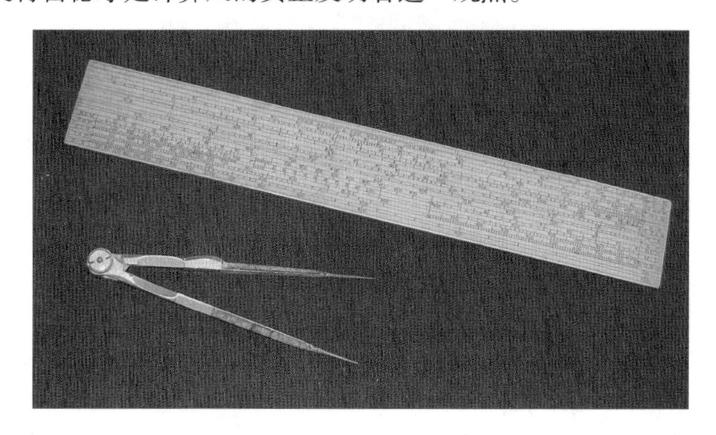

图 1.5　第一把对数计算尺必须配合分规使用

把两条可滑动刻度尺并置的创造性做法，在接下来的时间里一直被沿用，当然也得到了不断发展（见图 1.6），复杂的乘除法运算简化成了加减法运算，并且不用计算，只需测量。

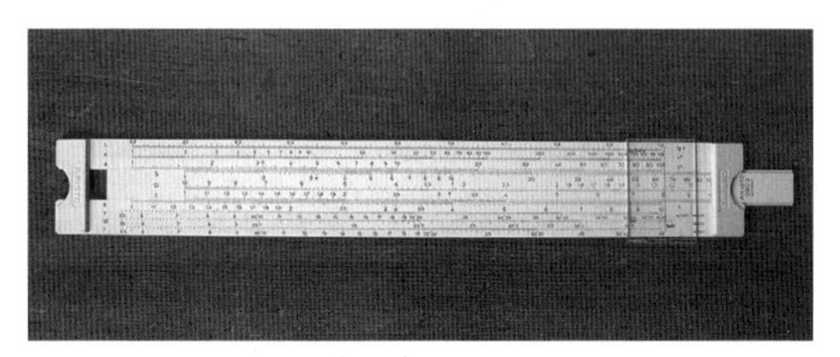

图 1.6　我的旧计算尺

在对数计算尺发明出来之后，对数表仍在继续使用，用于计算尺的准确度无法满足的计算。但是第一台袖珍计算器的引入，突如其来地终结了对数表和计算尺的历史，这让饱受折磨的中小学生们感到如释重负。

1.8　第一台计算器（1623 年）

长久以来，人们都认为是布莱兹·帕斯卡为了帮助身为税务官员的父亲减轻工作负担，在 1640 年发明了第一台带有齿轮的机械计算器。这台加法计算器以帕斯卡林之名广为人知，如图 1.7 所示。不过，用它做减法，需要使用补码，因为那些调节齿轮是不可以回拨的。

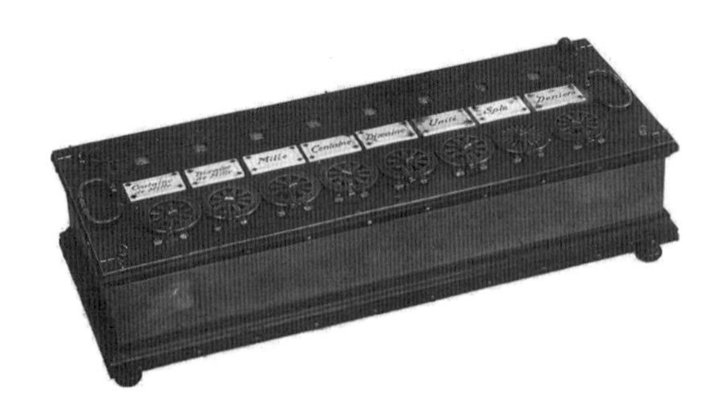

图 1.7　布莱兹·帕斯卡发明的帕斯卡林

直到 1955 年，人们在威廉·契克卡德教授写给好友开普勒的信中， 发现了关于计算钟的描述。契克卡德是天文学家、测绘工作者、数学家，在图宾根大学教授天文学和希伯来语。他在机械方面有着极高的天赋，亲手制作了自己的大部分仪器。他于 1623 年发明的这台计算钟能完成加法和减法计算，并且在计算结果溢出的时候会敲响铃声以示提醒。对于更复杂的乘除法计算，则必须借助纳皮尔计算筹。

契克卡德自己保留了一台这样的机器，并把另一台寄给了他的好友，著名的天文学家约翰内斯・开普勒。遗憾的是，这种机器没有样品流传于世。1960 年，图宾根大学的哲学教授布鲁诺・冯・弗雷塔格－洛林霍夫制造出了一台计算钟的复制模型（见图 1.8）。

第一台可以用来完成四种基本运算且不需要借助其他辅助工具的计算器，是在 1671 年由戈特弗里德・威廉・莱布尼茨发明的。它被称为四则运算阶梯轴计算器（见图 1.9）。

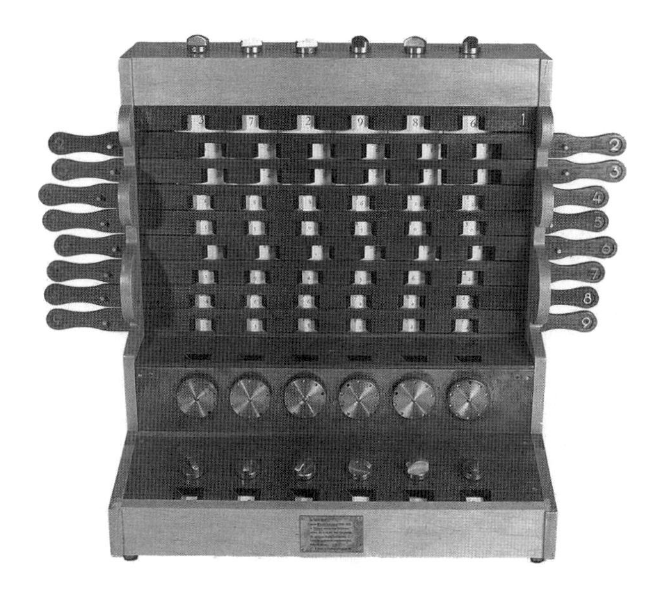

图 1.8　契克卡德计算钟看起来是这个样子的

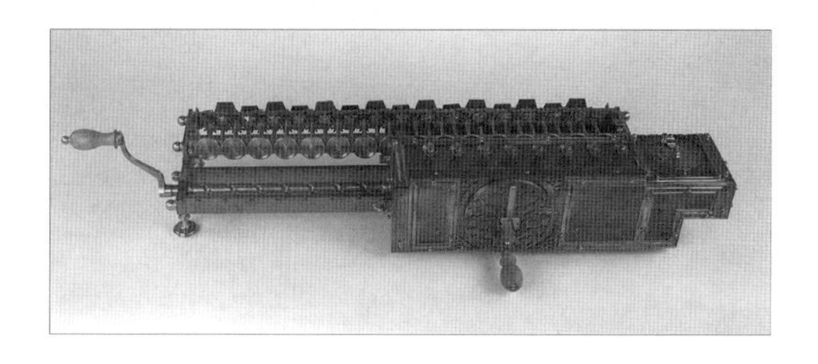

图 1.9　一台仿制的莱布尼茨四则运算阶梯轴计算器

1.9　二进制系统（1703 年）

戈特弗里德·威廉·莱布尼茨在制造他的机械计算器的时候，设定的是十进制系统。由于当时的机械构造十分容易出现错误，他便开始致力于研究另一种数字系统——二进制系统，因为它明显大幅削减了用于表达的数字个数。这种以 2 为基数的二进制系统，只使用 0 和 1 两个数字，使计算器能够在求取答案的机械操作中减少切换开关的次数。

只需要两种状态，分别用 0 和 1 来实现，就可以表示“来”或“去”或者说计算机里的“开”或“关”等状态。图 1.10 展示了开关位置与它所表示的二进制和十进制值。

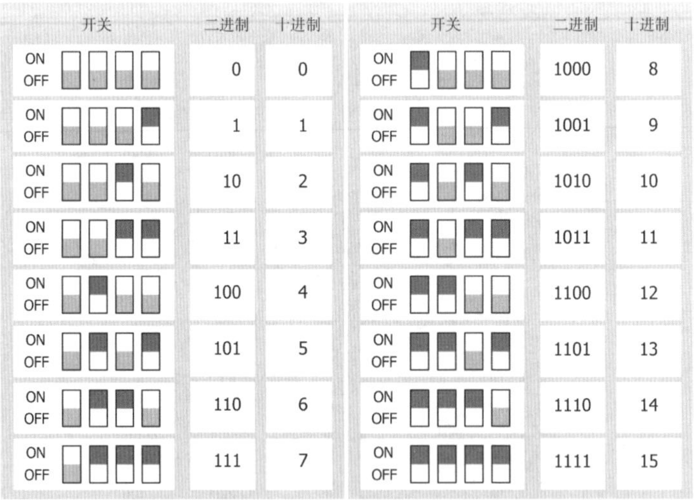

开关	二进制	十进制	开关	二进制	十进制
ON OFF	0	0	ON OFF	1000	8
ON OFF	1	1	ON OFF	1001	9
ON OFF	10	2	ON OFF	1010	10
ON OFF	11	3	ON OFF	1011	11
ON OFF	100	4	ON OFF	1100	12
ON OFF	101	5	ON OFF	1101	13
ON OFF	110	6	ON OFF	1110	14
ON OFF	111	7	ON OFF	1111	15

图 1.10　二进制值 0—15

或许出于精密机械方面的技术欠缺，莱布尼茨最终在他的计算器里使用了十进制系统。尽管如此，他在 1703 年发表的关于二进制及十进制的文章《二进制算法说明》，为 300 年后建立以二进制为基础的计算机世界奠定了坚实的基础。

莱布尼茨虽然不是二进制的发明者，但是他研究出了利用这个系统进行加减乘除计算的规律。这个系统的发明者则被认为是西班牙神职人员胡安·卡拉木埃尔－洛布科维奇，他在 1670 年出版的著作《双头数学，旧与新》中把二进制系统介绍给了整个欧洲。

不过，有新发现表明，二进制系统或许最初在 1050 年起源于中国。

1.10　第一个即时通信手段——可视化远距离通信（1791 年）

用 WhatsApp 等即时通信软件来交换信息，已经是我们生活中司空见惯的交流方式了。发一条消息给地球另一端的爱人，都用不了一秒钟的时间。人类克服空间距离交流沟通障碍的历史，可以追溯到公元前 500 年：古希腊人用依次点燃山顶柴堆的方法传递特洛伊被攻克的消息。这条火焰信号链从特洛伊绵延到迈锡尼，长达 500 千米！另一个例子是在公元前 200 年到公元前 120 年之间，传递信息的工具变成了火炬，即用不同数量的火炬来挨个传递字母。火作为视觉上的信息交流手段，尤其是在战争中，被使用了相当长的时间，一直持续到 18 世纪晚期。

1608 年，望远镜的问世使得人们能够用肉眼辨认远距离的事物。伦敦的罗伯特 · 胡克在 1684 年尝试把字母写在一块板上，借助绳索滑动装置把它架设在桅杆上，远处的接收人就可以用望远镜辨认传递的信息。当然这种形式的可视化远距离通信手段并没有得到广泛应用。

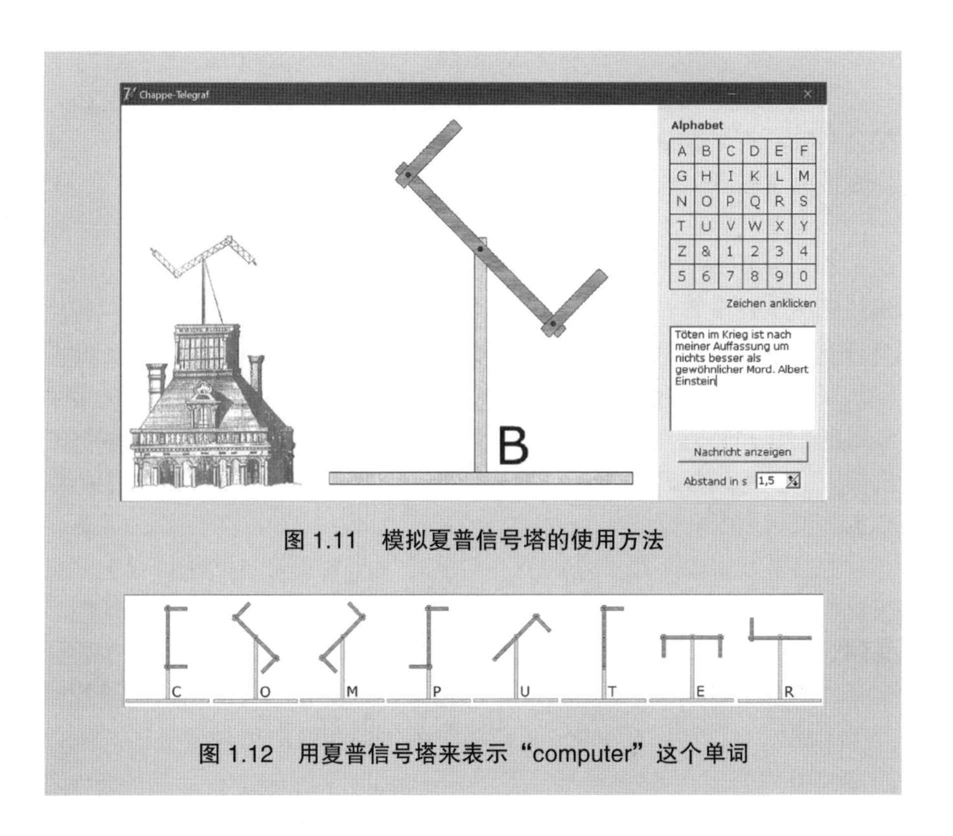

图 1.11　模拟夏普信号塔的使用方法

图 1.12　用夏普信号塔来表示“computer”这个单词

直到 1791 年，法国神职人员兼工程师克劳德・夏普与他的兄弟们合作发明了被称为“速写器”的装置 [后来更名为 Telegraf，即 Telegram（电报）一词的前身]，并在法国国民议会上将它公之于众。他把可旋转的信号臂架设在一根 5 米高的桅杆上，信号臂两端各安装有一根可转动的横木，承载装置的高塔设置在间隔 9—12 千米的视线良好的高岗上。不过这显然意味着，可视化远距离通信非常依赖好的天气和光照条件。1794 年，在巴黎和里尔之间开辟了第一条传递线路，270 千米的距离中共设置了 22 个信号站，一条信息可以在 2 分钟内完成两地之间的传递。

信息臂和两端横木的不同位置，代表了不同的字符。根据横木的位置变化可以区别出 196 个符号。也就是说，夏普相当于发明了一张自己的字符表。

人们除了用它来传送明文信息，也可以借助密码手册传送加密信息。信号发送人将手册中相应的页面和行列信息传递出去，只有手握相同手册的人才能够解读信息。

1.11 穿孔卡片系统（1805 年）

穿孔卡片系统长久以来被用作数据采集、储存和交付的信息载体，是数据处理技术发展的重要组成部分。直到引入磁性介质存储手段，比如磁带或者磁盘，作为存储工具的穿孔卡片才被彻底取代。

历史上对穿孔卡片的首次应用是在 1805 年：法国发明家约瑟夫・玛丽・雅卡尔用一台可用穿孔卡片预先设定织纹的织布机（雅卡尔织布机，见图 1.13）宣布了一次工业技术革命的到来。他把织布机的凸轮辊筒替换成了穿孔卡片，这样就可以织造出任意长度、任意复杂程度的图案。穿孔卡片上储存了待织图案的信息，也就是说，孔洞的有无决定了经线的抬起和降落。在这个意义上，织布机就成了第一架“可编程”的机器，并且它的控制装置是可以更新的，只需更换一张带有新图案的穿孔卡片就可以了。

他的系统促成了很多新的变革。这个发明无疑是自动化进程中的一块里程碑。而雅卡尔在当时也受到了来自行会的强烈抵制，因为他们感受到了手工行业因进步的自动化技术而带来的巨大威胁。看来在某种程度上，如今工业 4.0 的历史进程，也在部分重复着过去的道路。尽管遇到极大的阻力，7 年之后，法国全境雅卡尔织布机的数量还是达到了大约 18 000 台。

图 1.13　雅卡尔织布机是第一架“可编程”的机器

1.12　差分机——机械计算机（1837 年）

早在 17、18 世纪，就已经存在类似帕斯卡林、契克卡德计算钟这样的机械装置，这些机器往往是单件，并且只能完成加法计算或者最多是四则运算。要计算复杂的函数，人们仍旧依赖各种数据表（比如对数表）。由于这些数据表都是手工编制的，差错在所难免。而这些差错导致的运算错误，在制图设计、利息计算、船舶导航方面就可能导致严重后果。

英国人查尔斯·巴贝奇意识到了这些数据表中的错误可能带来的严重问题，意图发明一种机器，可以精确无误地计算出这些数据表中的数据，即所谓的差分机。它包含一个加法器和一个打印部件，可以同时完成数据表的计算和打印。这样的构想，一位名叫约翰·赫尔弗里奇·米勒的黑森州官员，同时也是建筑师与计算机的先驱，早在 1784 年就提出过。不过巴贝奇制造出了第一台机器实物（缺少打印部件，见图 1.14）作为用于展示的原型机。但后续的机器只是停留在了草案设计阶段，巴贝奇始终没有成功制造出一台完整的差分机。他的失败，一部分缘于政府资助的中断，一部分则缘于他的首席机械师。总之这个项目在 1842 年终止了。

但巴贝奇的努力并没有完全白费，瑞典工程师爱德华·舒茨在英国杂志上读到关于巴贝奇研究的文章，受到启发，于1843年成功制造出了一台带有打印部件的差分机。在政府的支持下，爱德华·舒茨和他的父亲乔治·舒茨在之后又制造了一台经过改进的差分机，于1855年送往巴黎展出。此后，差分机经历了一系列的演进，直到1950年在亚历山大·约翰·汤普森那里发展到了最后一个阶段。他把四个差分机固定在一个木架上，让它们互相连接，成为一台全新的机器，用于计算自己的20位对数表。

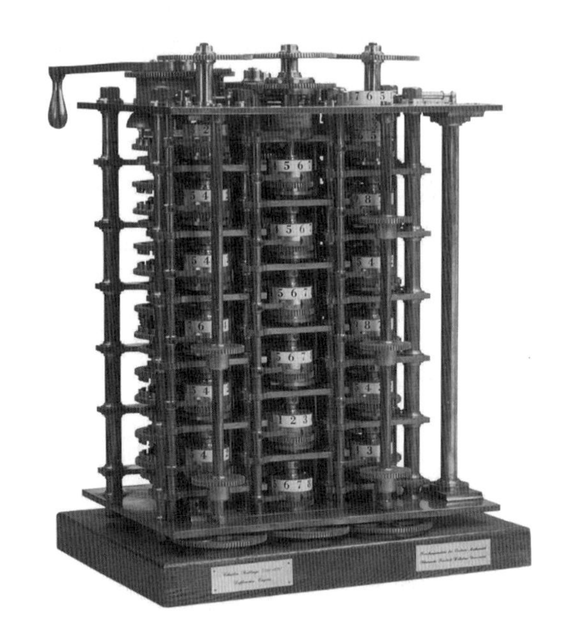

图 1.14　巴贝奇的差分机（复制品）

随着时间的推移，各种各样的差分机纷纷问世，但它们的基本原理并没有改变。在计算过程中，不同的差分机只是在加法器的个数和所处理的十进制数字的位数上有所区别。

用差分机进行对数、三角函数以及其他函数的计算，只能得到近似的答案，所以计算过程与多项式求值非常相似，其结果也会包含误差。因为误差必须维持在一个预先设定的范围内，所以差分机不适合业余者使用，操作它们必须具有深厚的数学知识。

第一批计算机出现之后，差分机（包括对数表）就失去了它们的价值。

1.13 信息 2.0——电报（1832—1837 年）

电报的发展历史并不是单线的，在欧洲、美国和印度，诸多走在时代前列的发明家独立地研究着各种用电来传送信息的方式。可以说，各个大陆都有自己的电报发明史。

西班牙医生和发明家弗朗西斯科·萨尔瓦－卡皮诺便是诸多先驱中的一位。1795 年，他第一次向巴塞罗那科学院介绍了自己关于电报的尝试。1804 年，他制造了一台电解质电报机。这台机器上连接有 26 根尾端有小玻璃管的导线，通过电流对管中的液体做电分解来传递信号。

德国解剖学家、人类学家、古生物学家、发明家塞缪尔·冯·索默林在 1809 年制造了相似的仪器——一台电化学电报机。它通过气体释放（制造气泡）来显示 25 个字母和 10 个数字。简单来说，就是在发送方和接收方各设置 35 个接触点，然后通过闭合发送器的电流回路对水进行电解，接收方相应的接触点处就会产生气泡（见图 1.15）。不过这台仪器从来没有在实际中应用过。

图 1.15 索默林的电报机

1832 年，威廉·爱德华·韦伯和卡尔·弗里德里希·高斯在哥廷根合作设计了一台电磁电报机。他们在城市上空架设了两根铜线，把一条电报从物理研究所传送到了天文台。据说，这第一条电报的成功传送被称作“米歇尔曼来了”（米歇尔曼是研究所的勤杂工）。

1837 年，查理·惠斯顿和威廉·佛勒吉·库克发明出了针式电报机。保尔·路德维西·席林·冯·康斯塔特和格奥尔格·威廉·蒙克虽然在两年前完成了相关的前期工作，但并没有使自己的电报机在实际生活中发挥作用。惠斯顿和库克建造了第一条信号线路，用于伦敦与西德雷顿之间长达 21 千米的大西部铁路线的通信。

那个年代，所有的电报机都有一个共同的缺点：传输都不是以书面形式实现的。与哥廷根的韦伯和高斯有往来的卡尔·奥古斯特·冯·斯坦海尔发明了一台印字电报机。1837 年，他在慕尼黑铺设了一条 5 千米的线路，成功地演示了这台仪器的运作过程。但这台电报机最终并没有投入实际应用。一年之后，斯坦海尔又开始尝试把铁路轨道用作电报线路的输出导线和回路。虽然这次尝试并没有成功，但他从实践中获得了相当重要的知识，即大地可充当电报线路的回路。这样就可以将铺设电报线路所需要的物质耗费缩减一半，为全球范围内引入电报机进一步铺平道路。

最终，塞缪尔·摩尔斯在全球电信通信领域掀起了一场变革。他在 1837 年提出了电磁记录电报机的构想。当时使用的电码仍旧包含 10 个十进制数字，然后借助表格转化为字母。更确切地说，十进制数字被表示为纸张上的锯齿状波纹，这些锯齿表示不同的数字，可以凭借一本电码词典“翻译”成字母。

摩尔斯及其助手不断改进着电报机，终于发明了一种以摩尔斯的名字命名的电码——摩尔斯电码。人们传送的不再是神秘的数字代码，而是三个信号组成的数据：短、长和停顿。1844 年，巴尔的摩和华盛顿之间建造起了一条 60 千米长的线路；1850 年，开始铺设第一批海上线路；到了 1870 年，世界上很大一部分地区已经通过电缆连接了起来。

动手试一试

最为人熟知的一条摩尔斯电码就是呼救信号 SOS，三短三长三短，或者读出来：滴滴滴，哒——哒——哒——，滴滴滴。摩尔斯电码是通过电磁脉冲传递的，脉冲的长短有所区别。长脉冲由横杠表示，短脉冲由点表示。每两次脉冲之间有一个特定长度的停顿。一个点的长度是一个时间单位，一条横杠的长度则是三个时间单位，两个符号之间的停顿也是三个时间单位。这个固定的时间单位是预先设定的。摩尔斯电码在今天仍旧发挥着作用，比如在名为“你好，摩尔斯”的项目中，它被用来帮助严重残障人士实现无障碍的联络交流。

在图 1.16 的帮助下，你一定可以译出以下这条摩尔斯电码。

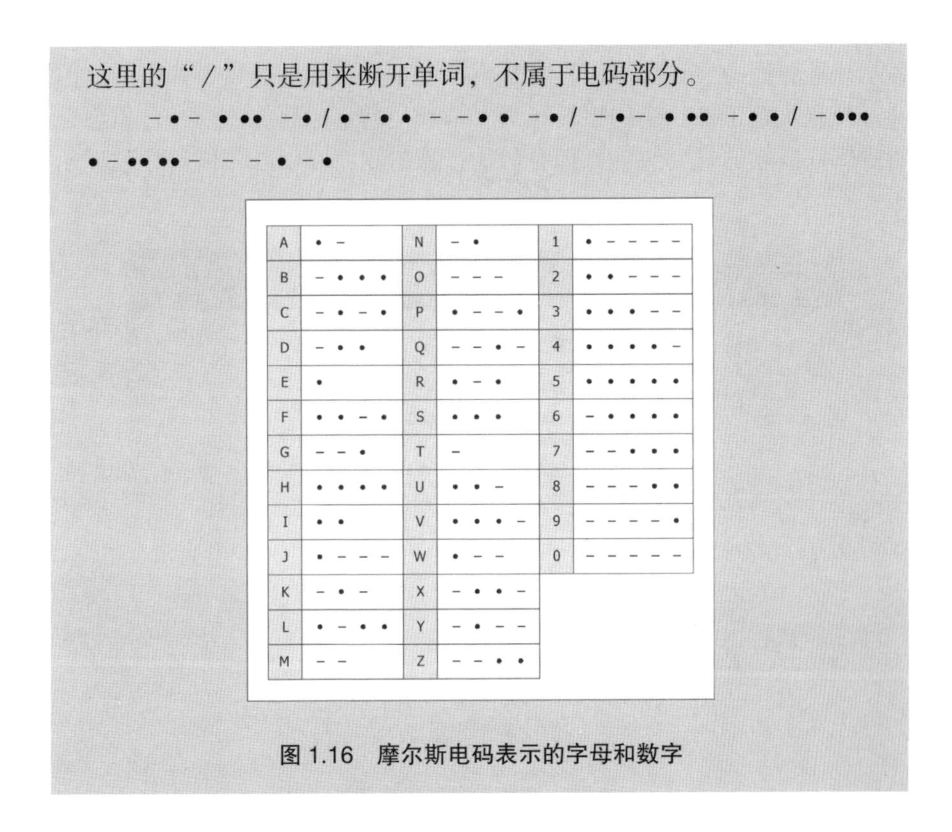

这里的“/”只是用来断开单词，不属于电码部分。

–•– ••• –•/•–•• ––•• –•/ –•– ••• –••/ –•••

•–•• ••– ––•–•

A	•–	N	–•	1	•––––
B	–•••	O	–––	2	••–––
C	–•–•	P	•––•	3	•••––
D	–••	Q	––•–	4	••••–
E	•	R	•–•	5	•••••
F	••–•	S	•••	6	–••••
G	––•	T	–	7	––•••
H	••••	U	••–	8	–––••
I	••	V	•••–	9	––––•
J	•–––	W	•––	0	–––––
K	–•–	X	–••–		
L	•–••	Y	–•––		
M	––	Z	––••		

图 1.16　摩尔斯电码表示的字母和数字

1.14　分析引擎和第一个计算机程序（1833 年）

通过前文，你已经认识了查尔斯·巴贝奇，即差分机的精神之父。其实他从 1833 年起就开始了另一种机器——分析机（分析引擎）的研究，由此奠定了他计算机先驱的声名。这种机器与现代的计算机已经有了不少相似之处：加减乘除运算可以在任意顺序中执行；存储装置（被巴贝奇称作仓库“store”）和运算装置（被巴贝奇称作工厂“mill”）是两个独立的组成部分，类似于现代计算机的内存和处理器。

这台机器可以借助穿孔卡片来编程，就像法国发明家约瑟夫·玛丽·雅卡尔用穿孔卡片控制织布机一样。巴贝奇在他的构想中也考虑到了条件分支，这样根据一次计算中间结果的不同就会走出不同的路径。它的存储装置可以储存 100—1 000 个 50 位的十进制数，相当于今天的 1.6—20 千字节。

这台机器由蒸汽机驱动，含有 55 000 个部件。所有部件装配完成的话，应为 19 米长、3 米高。从我的表达上你或许已经意识到了这种机器从来没有被真正制造出来，尽管巴贝奇从 1834 年到他去世的 1871 年间不断改进着他的设计构想。也就是说，由于在研发差分机上的失利，巴贝奇没有执着于把这个构想转化为实物。但后世的研究表明，分析引擎的构想是成立的。而与其原理类似的计算机则要到 100 年之后才被发明出来。

图 1.17　分析引擎的模拟程序

第一位程序员

与巴贝奇的分析引擎紧密相关的，有一位名为阿达·洛芙莱斯的女性，原名奥古斯塔·阿达·拜伦，她便是世界上第一位程序员。少年时期的阿达就对机械怀有极大的热情。17 岁的时候，她在一次聚会上结识了当时还在研究差分机的巴贝奇，由此开始了与他多年的密切交流。在巴贝奇的建议下，阿达把关于其分析引擎的法语文章翻译成了英语，并且在文中添加了许多细节性批注。她同时也意识到，这种机器在制作数据表之外还可以用来解决很多其他问题。在她补充的注解中，最著名的一条被称为注解 G。在这条注解中，她用图表方式描述了计算伯努利数的运算步骤（见图 1.18）。这可以被看成使用形式语言进行程序编写，由此赋予了她“历史上第一位程序员”的称号。

然而某些计算机学家和历史学家认为，她不能算作世界上首位程序员，因为她的所谓程序其实并不包含编程的重要元素，比如分支和子函数。而在巴贝奇的个人记录中，已经找到了最早的关于机器程序的笔记。1979 年，美国国防部用 Ada 这个名字命名了一种新的编程语言。

Diagram for the computation by the Engine of the Numbers of Bernoulli. See Note G. (page 722 et seq.)

Number of Operation.	Nature of Operation.	Variables acted upon.	Variables receiving results.	Indication of change in the value on any Variable.	Statement of Results.	Data. $^{1}V_1$ (1)	$^{1}V_2$ (2)	$^{1}V_3$ (n)	Working Variables. $^{0}V_4$	$^{0}V_5$	$^{0}V_6$	$^{0}V_7$	$^{0}V_8$	$^{0}V_9$	$^{0}V_{10}$	$^{0}V_{11}$	$^{0}V_{12}$	$^{0}V_{13}$	Result Variables. $^{1}V_{21}$ B_1 in a decimal fraction.	$^{1}V_{22}$ B_3 in a decimal fraction.	$^{1}V_{23}$ B_5 in a decimal fraction.	$^{0}V_{24}$ B_7
1	×	$^{1}V_2 \times {}^{1}V_3$	$^{1}V_4, {}^{1}V_5, {}^{1}V_6$	$\{^{1}V_2 = {}^{1}V_2;\ ^{1}V_3 = {}^{1}V_3\}$	$= 2n$	...	2	n	2n	2n	2n											
2	−	$^{1}V_4 - {}^{1}V_1$	$^{2}V_4$	$\{^{1}V_4 = {}^{2}V_4;\ ^{1}V_1 = {}^{1}V_1\}$	$= 2n-1$	1	...	...	2n−1													
3	+	$^{1}V_5 + {}^{1}V_1$	$^{2}V_5$	$\{^{1}V_5 = {}^{2}V_5;\ ^{1}V_1 = {}^{1}V_1\}$	$= 2n+1$	1	...	...	...	2n+1												
4	÷	$^{2}V_5 \div {}^{2}V_4$	$^{1}V_{11}$	$\{^{2}V_5 = {}^{0}V_5;\ ^{2}V_4 = {}^{0}V_4\}$	$= \frac{2n-1}{2n+1}$	...	...	...	0	0	...	...	...	...	...	$\frac{2n-1}{2n+1}$						
5	÷	$^{1}V_{11} \div {}^{1}V_2$	$^{2}V_{11}$	$\{^{1}V_{11} = {}^{2}V_{11};\ ^{1}V_2 = {}^{1}V_2\}$	$= \frac{1}{2} \cdot \frac{2n-1}{2n+1}$	...	2	...	...	...	...	...	...	...	...	$\frac{1}{2} \cdot \frac{2n-1}{2n+1}$						
6	−	$^{0}V_{13} - {}^{2}V_{11}$	$^{1}V_{13}$	$\{^{2}V_{11} = {}^{0}V_{11};\ ^{0}V_{13} = {}^{1}V_{13}\}$	$= -\frac{1}{2} \cdot \frac{2n-1}{2n+1} = A_0$	...	...	...	...	...	...	...	...	...	...	0	......	$-\frac{1}{2} \cdot \frac{2n-1}{2n+1} = A_0$				
7	−	$^{1}V_3 - {}^{1}V_1$	$^{1}V_{10}$	$\{^{1}V_3 = {}^{1}V_3;\ ^{1}V_1 = {}^{1}V_1\}$	$= n-1\ (=3)$	1	...	n	...	...	...	...	...	...	n−1							
8	+	$^{1}V_2 + {}^{0}V_7$	$^{1}V_7$	$\{^{1}V_2 = {}^{1}V_2;\ ^{0}V_7 = {}^{1}V_7\}$	$= 2+0 = 2$	...	2	...	...	...	...	2										
9	÷	$^{1}V_6 \div {}^{1}V_7$	$^{3}V_{11}$	$\{^{1}V_6 = {}^{1}V_6;\ ^{0}V_{11} = {}^{3}V_{11}\}$	$= \frac{2n}{2} = A_1$	...	...	...	...	...	2n	2	...	...	...	$\frac{2n}{2} = A_1$						
10	×	$^{1}V_{21} \times {}^{3}V_{11}$	$^{1}V_{12}$	$\{^{1}V_{21} = {}^{1}V_{21};\ ^{3}V_{11} = {}^{3}V_{11}\}$	$= B_1 \cdot \frac{2n}{2} = B_1 A_1$	...	...	...	...	...	...	...	...	...	...	$\frac{2n}{2} = A_1$	$B_1 \cdot \frac{2n}{2} = B_1 A_1$	......	B_1			
11	+	$^{1}V_{12} + {}^{1}V_{13}$	$^{2}V_{13}$	$\{^{1}V_{12} = {}^{0}V_{12};\ ^{1}V_{13} = {}^{2}V_{13}\}$	$= -\frac{1}{2} \cdot \frac{2n-1}{2n+1} + B_1 \cdot \frac{2n}{2}$	...	...	...	...	...	...	...	...	...	...	......	0	$\left\{-\frac{1}{2} \cdot \frac{2n-1}{2n+1} + B_1 \cdot \frac{2n}{2}\right\}$				
12	−	$^{1}V_{10} - {}^{1}V_1$	$^{2}V_{10}$	$\{^{1}V_{10} = {}^{2}V_{10};\ ^{1}V_1 = {}^{1}V_1\}$	$= n-2\ (=2)$	1	...	...	...	...	...	...	...	...	n−2							
13	−	$^{1}V_6 - {}^{1}V_1$	$^{2}V_6$	$\{^{1}V_6 = {}^{2}V_6;\ ^{1}V_1 = {}^{1}V_1\}$	$= 2n-1$	1	...	...	...	...	2n−1											
14	+	$^{1}V_1 + {}^{1}V_7$	$^{2}V_7$	$\{^{1}V_1 = {}^{1}V_1;\ ^{1}V_7 = {}^{2}V_7\}$	$= 2+1 = 3$	1	...	...	...	...	...	3										
15	÷	$^{2}V_6 \div {}^{2}V_7$	$^{1}V_8$	$\{^{2}V_6 = {}^{2}V_6;\ ^{2}V_7 = {}^{2}V_7\}$	$= \frac{2n-1}{3}$	...	...	...	...	...	2n−1	3	$\frac{2n-1}{3}$									
16	×	$^{1}V_8 \times {}^{3}V_{11}$	$^{4}V_{11}$	$\{^{1}V_8 = {}^{0}V_8;\ ^{3}V_{11} = {}^{4}V_{11}\}$	$= \frac{2n}{2} \cdot \frac{2n-1}{3}$	...	...	...	...	...	...	...	0	...	...	$\frac{2n}{2} \cdot \frac{2n-1}{3}$						
17	−	$^{2}V_6 - {}^{1}V_1$	$^{3}V_6$	$\{^{2}V_6 = {}^{3}V_6;\ ^{1}V_1 = {}^{1}V_1\}$	$= 2n-2$	1	...	...	...	...	2n−2											
18	+	$^{1}V_1 + {}^{2}V_7$	$^{3}V_7$	$\{^{2}V_7 = {}^{3}V_7;\ ^{1}V_1 = {}^{1}V_1\}$	$= 3+1 = 4$	1	...	...	...	...	...	4										
19	÷	$^{3}V_6 \div {}^{3}V_7$	$^{1}V_9$	$\{^{3}V_6 = {}^{3}V_6;\ ^{3}V_7 = {}^{3}V_7\}$	$= \frac{2n-2}{4}$	...	...	...	...	...	2n−2	4	...	$\frac{2n-2}{4}$	...	$\left\{\frac{2n}{2} \cdot \frac{2n-1}{3} \cdot \frac{2n-2}{3} = A_3\right\}$						
20	×	$^{1}V_9 \times {}^{4}V_{11}$	$^{5}V_{11}$	$\{^{1}V_9 = {}^{0}V_9;\ ^{4}V_{11} = {}^{5}V_{11}\}$	$= \frac{2n}{2} \cdot \frac{2n-1}{3} \cdot \frac{2n-2}{4} = A_3$	...	...	...	...	...	...	...	...	0	...							
21	×	$^{1}V_{22} \times {}^{5}V_{11}$	$^{0}V_{12}$	$\{^{1}V_{22} = {}^{1}V_{22};\ ^{0}V_{12} = {}^{2}V_{12}\}$	$= B_3 \cdot \frac{2n}{2} \cdot \frac{2n-1}{3} \cdot \frac{2n-2}{3} = B_3 A_3$	...	...	...	...	...	...	...	...	...	...	0	$B_3 A_3$	......	......	B_3		
22	+	$^{2}V_{12} + {}^{2}V_{13}$	$^{3}V_{13}$	$\{^{2}V_{12} = {}^{0}V_{12};\ ^{2}V_{13} = {}^{3}V_{13}\}$	$= A_0 + B_1 A_1 + B_3 A_3$	...	...	...	...	...	...	...	...	...	...	......	0	$\{A_0 + B_1 A_1 + B_3 A_3\}$				
23	−	$^{2}V_{10} - {}^{1}V_1$	$^{3}V_{10}$	$\{^{2}V_{10} = {}^{3}V_{10};\ ^{1}V_1 = {}^{1}V_1\}$	$= n-3\ (=1)$	1	...	...	...	...	...	...	...	...	n−3							
Here follows a repetition of Operations thirteen to twenty-three.																						
24	+	$^{4}V_{13} + {}^{0}V_{24}$	$^{1}V_{24}$	$\{^{4}V_{13} = {}^{0}V_{13};\ ^{0}V_{24} = {}^{1}V_{24}\}$	$= B_7$	...	...	...	...	...	...	...	...	...	...	......	......	......	......	......	......	B_7
25	+	$^{1}V_1 + {}^{1}V_3$	$^{1}V_3$	$\{^{1}V_1 = {}^{1}V_1;\ ^{1}V_3 = {}^{1}V_3;\ ^{5}V_6 = {}^{0}V_6;\ ^{5}V_7 = {}^{0}V_7\}$	$= n+1 = 4+1 = 5$; by a Variable-card. by a Variable card.	1	...	n+1	...	...	0	0										

图 1.18　阿达·洛芙莱斯编制的用来计算伯努利数的表格

1.15　第一台传真机（1843 年）

1979 年德国联邦邮政引入传真服务的时候，我刚好 5 岁。但谁要是认为传真机是 20 世纪的技术，那他就大错特错了。传真技术甚至在摩尔斯电码之前就问世了！1843 年，苏格兰钟表匠亚历山大·贝恩为他的复写电报机申报了专利。借助这个仪器，图纸或者手稿就可以通过电流以黑白的形式传送。我们可以这样说，他发明了世界上第一台传真机。几年之后，1847 年，弗雷德里克·科利尔·贝克维尔改进了这台仪器，他把有待传送的画面绷紧在旋转的滚筒上，由一根金属针逐块扫描；这根金属针与一个电探测头相触，就把相应的双向脉冲发送到了接收器；接收器也通过相似的方式完成记录过程。

1865 年首次出现了商用传真服务，实现了巴黎与里昂之间的远程复印，即传真（见图 1.19）。不过这里使用的传真电报机，是意大利物理学家乔瓦尼·卡塞利的专利。他的机器建立在电化学过程的基础上，图像信息是一行一行通过电报线路传送的。

后续的一个重要贡献是德国物理学家亚瑟·科尔在 1902 年发明的图像电报，借助这个机器就可以通过电话线传送图像。这种形式的传送自 1908 年起被警察局用于发布通缉照片，后来广泛应用于报纸编辑。

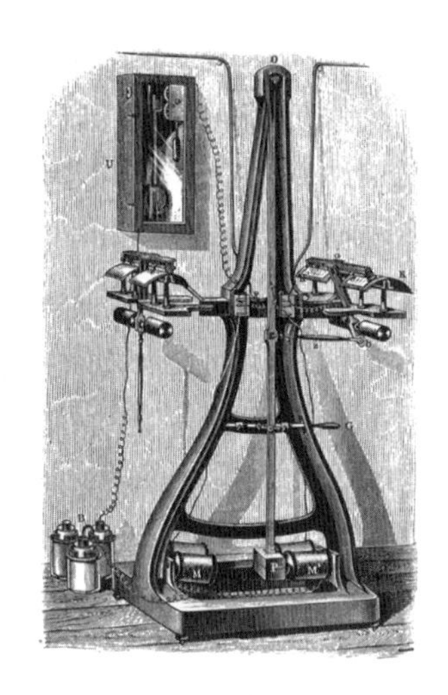

图 1.19　第一台商用传真电报机（pantelegraph）

1.16　布尔代数（1854 年）

布尔运算符“AND”“OR”“NOT”，是如今计算机编程和数据库查询中不可缺少的运算符号。少了它们，人们甚至无法用谷歌完成一次简单的检索。可以说，布尔运算符或者说整个布尔算法为计算机奠定了基础。简单来说，布尔逻辑就是把数学语言的结构转化成自然语言。当然，也可能需要把一些简单的命题组合起来。许多程序语言在今天仍然使用一种布尔值的数据类型，它经常被直接称为布尔（Bool）类型，可以赋予真值（true）或者假值（false）。在二进制运算系统中也会使用布尔逻辑。

在信息学的理论基础上，我们可以凭借布尔代数来检验陈述的逻辑、计算开关电路，以及更好地理解集合论。

英国数学家乔治·布尔被称作布尔代数之父，他在 1847 年发表了逻辑学著作《逻辑的数学分析》，后又在 1854 年发表了他最重要的著作《思维规律研究》。他的个人经历说来也尤其令人印象深刻，因为他完成小学学业之后就再没有接受过其他教育。他的父亲是鞋匠，母亲则是一名管家。他的父亲十分爱好数学，经常给儿子布尔上课。布尔对语言也特别感兴趣，自学了希腊语、法语、德语。他 14 岁的时候翻译了古希腊诗人麦莱阿格罗斯的一首作品，却被指责为剽窃，因为没有人相信，一个 14 岁的孩子有能力完成这样深刻透彻的翻译。在他的父亲停止经营自己的作坊之后，布尔不得不为全家人的生计而奔忙，16 岁便开始担任一份助理教师的工作。19 岁时，他开设了自己的学校，并且在图书馆钻研各种伟大数学家的著作。凭借在数学研究上取得的成果，从来没有读过大学的他在 1848 年被任命为数学教授。遗憾的是，布尔在 49 岁时因为感冒高烧而英年早逝。

布尔所做的研究当然后继有人，英国和德国逻辑学家们不断改进发展着他的理论。不过这些研究在前期一直处于默默无闻的状态，直到 1936 年，就读于麻省理工学院电气工程专业的克劳德·香农，未来的美国数学家和电气工程学家，才在他的硕士毕业论文《对继电器和开关电路中的符号分析》（*A Symbolic Analysis of Relay and Switching Circuits*）中，把布尔代数用于数字电路的设计。

这项研究是对布尔代数发展的重大突破。

1.17 第一封垃圾电子邮件（1864 年）

在日常生活中，我们每天都暴露在大量不受欢迎的垃圾邮件中。好在这些邮件大多会被过滤至垃圾邮件存放处。想象一下，如果垃圾邮件产生于 19 世纪，你会不会感到十分惊讶？第一封为人所知的垃圾邮件是在 1864 年通过电报发送的。一个信使向英国政客们送交了一份电报。政客们拿到这条可能有关国家大事的消息，或许还抱着十分慎重的态度开始阅读，结果却发现这只是加布里埃尔先生牙医诊所发来的关于接待时间的通知：

> 加布里埃尔先生，牙科医生，卡文迪什广场哈雷街 27 号。10 月之前，加布里埃尔先生在哈雷街 27 号的专业问诊时间为 10 点到 17 点。

其中一位收信人对这条不受欢迎的广告消息感到十分愤怒，甚至还给《泰晤士报》的编辑写了一封投诉信，并被刊登了出来。

1.18 第一次用穿孔卡片进行人口普查（1890 年）

我在 1.11 节已经提到了 1805 年发明的穿孔卡片，法国发明家约瑟夫·玛丽·雅卡尔用它驱动一台可编程的织布机。不过，这个设计原理真正进入实际应用的正轨，应该从美国企业家工程师赫尔曼·霍尔瑞斯把它用于数据处理算起，所以他被认为是电子数据处理的先行者。

当时霍尔瑞斯在美国国家专利局和统计局工作。1880 年，美国开展了一次人口普查，每个美国公民的全部特征信息都要记录在数据表上。这次人口普查进行了 7 年，工作人员才完成所有的数据汇总。霍尔瑞斯在与一位统计死亡率的官员交谈之后受到了启发，发明了一台能把汇总过程自动化，从而简化人工操作的机器。此处他用到的便是穿孔卡片系统。他还从列车员身上找到了灵感，他们在车票的不同位置打孔，以这种形式记下旅客的性别、肤色等特征，用来防止不合规定使用车票的现象。

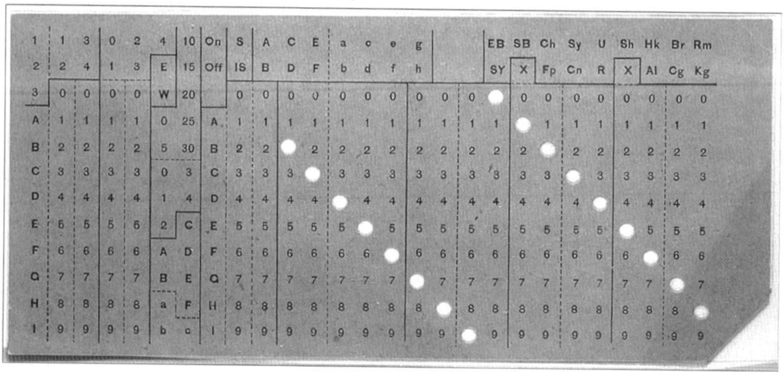

图 1.20　霍尔瑞斯的穿孔卡片

和织布机的穿孔卡片系统不同，霍尔瑞斯的卡片并不用来控制整个系统，而是用来记录信息，让这些信息通过电子识别被机器获取。为了实现这个过程，他使用了事先经过标准化的穿孔卡片，用以储存每个人的不同信息和特征，每个居民备有一张卡片。针对每一个具体的特征，卡片上都存在两种情况，即设有穿孔（回路闭合）或者没有穿孔（回路打开）。通过电流脉冲，穿孔卡片连同上面储存的个人数据就可以被读取汇总。

1890 年，这个系统投入了实际应用（见图 1.21）。美国的居民人数当时为 6 300 万，虽然比起 1880 年的人口普查数目大大地增加，但是整个数据评估在当年年底就完成了。1896 年，霍尔瑞斯成立了 TMC 公司生产制表机器，把他的系统租借给其他国家用于人口普查。1911 年，霍尔瑞斯以 1 210 万美元出售了 TMC，与另外两家公司合并成立了计算机制表记录的 CTR 公司。1924 年，公司改名为国际商业机器公司，简称

“IBM”。

提到这个名字，你或许就不感到陌生了，IBM是当今在硬件、软件、信息技术服务业中均处于领先地位的企业，同时也是最大的咨询公司之一。

图1.21 赫尔曼·霍尔瑞斯设计的机器

1.19 图灵机（1936年）

1936年12月12日，英国数学家艾伦·麦席森·图灵发表了他的论文《论可计算数及其在判定性问题上的应用》。他在文中描述了一种通用的计算机器，只需要三个操作步骤，这台机器就能掌握所有的基础运算。它就是人们所说的“图灵机”，在后世被认为是信息科学中最重要的基石之一。在图灵的文章发表之后没过几年，康拉德·楚泽制造出了第一台“图灵完备”的机器——Z3。

判定性问题

有趣的是，图灵在他的论文中混进了一个德语词“Entscheidungsproblem”（判定性问题）。这是因为，在第二次世界大战前关于数学的论文经常是用德语撰写的。这个概念的源头要追溯到戈特弗里德·莱布尼茨，早在17世纪他就开始研发能够计算出数学问题的真值的机器。1928年，大卫·希尔伯特和威廉·阿克曼用“判定性问题”这个词提出了一个挑战，简单来说就是寻求一种算法，能够对作为输入的一个逻辑表达式进行判定，并且用“是”或“否”来回答。德语词“判定性问题”直接出现在了大卫·希尔伯特的论文标题中：《数理逻辑中的判定性问题》《希尔伯特的判定性问题》。

在长达36页的论文中，图灵并没有去描述一台真正的机器，而是完成了一种理论构建，他没有制造出任何实物。

他的“机器”拥有一个无限空间的存储器。他把这个存储器描述为一条无限长度的带子，上面可以写入符号，也可以删去。这条带子从右往左无限地移动，带子上的每一个单独区域由一个读写头触发。这个读写头能够读取区域中的内容，也可以写入符号，并且任何时候都可以左右移动。控制读写头的每一个处理指令始终取决于当前所处的一个特定状态，而处理过程本身则通过一个控制程序来设定，如图1.22所示。

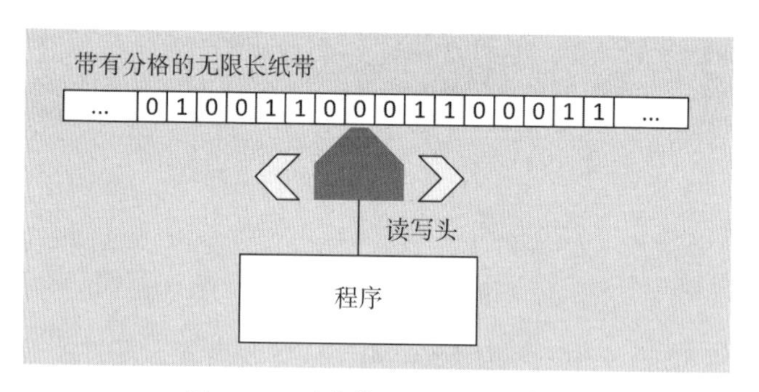

图1.22　对单带图灵机器的图解

我不想过多地在理论计算机学里纠缠，只用最简单的话来解释一下：人们可以通过这个简单的理论机器执行任意一种算法。本质上这个机器就是一小组可执行的程序，用于一种输入转化成一种输出。它的运行原则是，读取一个单独的符号，给出另一个符号作为回答，正因为如此简单、如此基础，它可以应用于任何一种思维过程，并不仅仅限于计算机学。

什么是算法？

一个算法在根本上就是基于一个解题方案对于一个问题所进行的解答，在解题的每一步中，输入数据都转化为输出数据。

以这种方式，就可以给一台计算机在无限的方程式上编程，前提是能够发明出一种方法来描述这些方程式。就像康拉德·楚泽说的那样，人们在一台计算机上运行一个合适的程序，计算机就成了“用来解决特定问题的大脑”。

第二章
第一批计算机

毫无疑问，我可以被列入先驱的行列，我也不反对你把我看作计算机的发明者，只要你心里清楚，计算机的发明者不可能只有一位。除我之外，当然还有许多人，我只是幸运地让我的计算机先运转了起来。

——康拉德·楚泽

2.1 康拉德·楚泽——从 Z1 到 Z4（1938—1941 年）

任何一个与计算机打过密切交道的人，一定听说过康拉德·楚泽这个名字。他是德国土木工程师、发明家以及企业家，被认为是第一台可运行的计算机 Z3 的发明者。虽然与他同一个时期也有其他的发明者提出了相似的构想，成功制造出了类似的机器，但是楚泽被认为是第一台完全自动化的、程序控制的、可自由编程的、可进行二进制浮点计算的计算设备之父。

1935 年，楚泽完成了他的工程师学业，开始在亨舍尔飞机制造公司担任静力学分析岗位。但他很快就离开了公司，于 1936 年在自己父母的公寓里组建了一个发明工作坊，开始研制 Z1。在 1937 年的某篇日记中，他写道："自从大约一年前以来，我一直在研究机械大脑的思维。"1938 年，他制造出了自己的第一台机械大脑——计算机 Z1。Z1 可以进行加减乘除以及开方的运算，可以把十进制数字和二进制数字进行互相转化。对这些数字的展现方式采用的是半对数的，也就是说，坐标系统里只有一条轴是对数坐标轴。与同时代的其他计算机不同，楚泽的计算机已经运用了二进制而不是十进制。它包含一个输入和输出组件、一个运算单元、一个存储单位和一个用来读取穿孔胶片上程序的程序单元。

不过由于制造工艺在精确性上的欠缺，Z1 并不是非常可靠，机械的零部件经常会卡住。于是他把容易发生故障的机械部件替换成了电磁继电器，于 1939 年完成了 Z2。一年之后，他向位于柏林的德国航空研究所展示了 Z2，技术负责人对这项技术极其感兴趣，立即表示将资助 Z3 的开发研制。

在自己新成立的工程事务所——楚泽机械制造工程事务所，楚泽终于完成了 Z3 的全部工作，并于 1941 年在德国航空研究所的代表面前演示了 Z3 计算机。这是一台完全自动化的计算机，包含了二进制浮点数运算单元、存储器以及一个由电话继电器组成的中央处理单元。Z3 由此被认为是人类历史上第一台运转良好的计算机。

Z3 可以用来为计算编程，但是条件跳转及程序循环仍然无法达成，所以这台计算机看起来并不是图灵完备的计算机。不过它的发明和使用从来也不是建立在图灵构想的基础上的。直到 1998 年，有研究证明，只需凭借一些简单的技巧，比如把穿孔胶带黏合成一个回环，Z3 同样可以完成这些操作。所以 Z3 是名副其实的第一台图灵完备的计算机。查尔斯·巴贝奇的分析引擎虽然也满足这些条件，但是如我们大家所知的那样，它始终没有被成功制造出来。不过，遗憾的是，Z3 并没有用于任何重要的实际目的，在第二次世界大战期间，这台机器于 1943 年在空袭中被炸毁。

楚泽没有中断他的工作，继而研发了 Z4。为了防止机器再因战争而被毁坏，他的助手想出了一个绝妙的主意：暂时用 V4 而不是 Z4 来标注这台机器，从而让人误以为这是毁灭性杀伤武器。在这样的伪装下，机器被安全运送到了哥廷根。从那里开始，Z4 几经周折，最终安置在阿尔高的欣特斯坦一个储存马料的仓库里。

第二次世界大战之后，Z4 被租借给了苏黎世大学，因为大学提供的资金并不足以购买这台机器。Z4 因此成为全球范围内第一台投入商业使用的计算机。在那个时代，它也是欧洲范围内唯一一台运行良好的计算机。Z4 在苏黎世大学一共效力了 5 年。楚泽以这台机器为根基，于 1949 年在欣费尔德的诺伊基兴，与哈罗·施图肯和阿尔弗雷德·埃克哈德共同创建了新公司——楚泽股份有限公司。1956 年，楚泽股份有限公司开始批量生产计算机 Z11。1964 年，楚泽股份有限公司被布朗勃法瑞公司接管。1967 年，西门子有限公司买下其公司 70% 的股份。同年，楚泽退出公司。两年之后，西门子公司买下了剩下的股份，楚泽股份有限公司的名称被弃用。至此，楚泽股份有限公司一共生产了 251 台计算机。

康拉德·楚泽的成功历程着实令人惊叹，尤其是考虑到他和其他发明家比如莱布尼茨、帕斯卡或者巴贝奇等天才数学家不同，他“只是”一个土木工程师，同时也是一个艺术家，在绘画方面极有天赋。他还以演员、作家、舞台设计师、城市规划师等不同身份做过各种尝试。此外值得一提的是，楚泽是在对巴贝奇的两台机器完全不知情的情况下制造了自己的计算机，事后他才从美国专利局得知了巴贝奇的发明。他们各自的计算机之间最大的差异是：巴贝奇的机器在十进制下工作，而楚泽的机器是在二进制下工作的。

当然，在那个时代，康拉德·楚泽并不是唯一想用自己的机器来实现制造计算机的理想的人，美国和英国都在进行计算机的研发工作。虽然各个发明者之间都没有沟通，但是他们都在制造非常相近的东西。而第二次世界大战可以说是加速了计算机的发展进程。接下来我将简单介绍一下这些早期计算机中的几个例子。在表 2.1 中你可以看到它们各自特征之间的比较。

表 2.1 第一批计算机概览

计算机	国家	制造年份	浮点计算	二进制	电子化	可编程	图灵完备
Z3	德国	1941	√	√		√	√
阿塔纳索夫贝瑞计算机	美国	1942		√	√		
巨人	英国	1943		√	√	部分	√
哈佛“马克 1 号”	美国	1943—1944				√	√
Z4	德国	1946	√	√		√	√
Z4	德国	1950	√	√		√	√
埃尼阿克	美国	1946			√	部分	√
埃尼阿克	美国	1950			√	√	√

2.2 阿塔纳索夫 – 贝瑞计算机（1942 年）

当楚泽在德国研发自己的计算机的时候，匈牙利移民后裔、数学家兼物理学家约翰·文森特·阿塔纳索夫也没闲着。他在 1937—1941 年间任职于爱荷华州立大学，正在研究一款尚未命名的机器——同样基于二进制，设计用于求解线性方程组。面对由多个方程式以及同样个数的未知数组成的方程式组，当时的人们只能用卡尔·弗里德里希·高斯发明的方法来寻求答案，这往往要耗费许多时间和脑细胞。1939 年，阿塔纳索夫和克利福特·爱德华·贝瑞合作开发出了一台样机，向大学证明了这个构想的可行性。他们从学校获得了资金，开始着手制造一台写字桌大小的真正计算机。1942 年，他们完成了制造工作，这台电子真空管计算机可以同时处理 29 个线性方程式，所以它是第一台电子数字计算机。

这台计算机包含多个滚筒，每一个上面排布了 1 600 个电容器，可以存放30个长度为50位的二进制数。数据的写入、更新、读取以及加减法运算由311个电子真空管控制。另有一个滚筒把十进制数转化为二进制数。数字通过穿孔卡片输入，然后由一张电打孔的纸储存。但是这台机器并不能自由编程且需要一定的手动操作，所以它还不属于图灵完备的现代计算机范畴。

在1942年制造工作完成之后，这两位发明家不得不因为加入战争而离开大学，他们的计算机也因此被人遗忘了十多年。约翰·文森特·阿塔纳索夫和克利福特·爱德华·贝瑞的研究直到20世纪60年代才为人所知，因为这个时候爆发了一场专利之争：阿塔纳索夫的计算机与ENIAC，究竟哪个是第一台自动电子数字计算机？1973年，地方法院做出了有利于ABC的判决。ABC，即阿塔纳索夫贝瑞计算机的缩写，直到1966年，这台计算机才被冠以这个名称。

2.3　哈佛“马克1号”（1943—1944年）与第一只“虫”（1947年）

2.3.1　哈佛“马克1号”（1943—1944年）

哈佛“马克1号”，也被称为ASCC（Automatic Sequence Controlled Calculator），即全自动化循序控制计算机，是在1943—1944年间由马萨诸塞州剑桥哈佛大学的霍华德·哈撒韦·艾肯与几位IBM的工程师共同开发的。艾肯同时发明了BCD编码，即用二进制数表示十进制数，不过这种码在今天已经完全退出了历史舞台。这台机器在第二次世界大战中也扮演了一个重要角色。由于这台计算机在弹道学方面有实用价值，1944年约翰·冯·诺依曼为曼哈顿计划所编写的原子弹内爆模拟程序就属于在这台机器上运行的第一批程序。难以想象，如果当时德国没有在1945年5月8日宣布无条件投降，历史将如何改写。美国会把1945年8月投在日本的原子弹投向德国吗？

霍华德·哈撒韦·艾肯深入研究了查尔斯·巴贝奇的构想以及他的分析引擎，从他的成果中获得诸多启示，他相信自己有能力完成他未竟的事业。不过还是楚泽捷足先登，制造出了第一台可自由编程的数字计算机。但是由于第二次世界大战的缘故，楚泽处于相对孤立的境地，他的发明在当时鲜有人知。所以“马克1号”和它的后续系列对计算机技术发展起到了更大的推动作用。

哈佛“马克1号”有着巨大的体积，重达数吨，长约16米，整台机器一共由 76 万个机电元件组成。数据输入依靠读取穿孔纸带，输出依靠穿孔机，之后改进成了电子打字机。1998 年，哈佛“马克 1 号”被证明是图灵完备的。在 1947—1948 年间，艾肯设计开发了另一台继电器计算机“马克 2 号”；1949 年，在美国海军的委托下，“马克 3 号”问世；1952 年，他又为美国空军开发了“马克 4 号”。每一次的版本更新，都意味着核心技术的改进。

曼彻斯特“马克 1 号”

哈佛“马克 1 号”不能与曼彻斯特“马克 1 号”混淆起来，后者是在曼彻斯特由弗雷德里克·卡兰·威廉姆斯和汤姆·基尔伯恩发明的。由于计算机的理论基础是建立在艾伦·麦席森·图灵的构想之上的，所以当时曼彻斯特大学十分希望趁图灵在校任教期间能拥有一台这样的设备。原型机最初被称为小型实验机，在后续开发中更名为曼彻斯特“马克 1 号”。费朗蒂公司在曼彻斯特“马克 1 号”的基础上推出了费朗蒂“马克 1 号”，这台在 1951 年发售的机器是第一台商业化量产的计算机。有趣的是，玛丽·李·伍兹和康威·伯纳斯 – 李夫妇参与了曼彻斯特“马克 1 号”的研发工作，而他们的儿子蒂姆·伯纳斯 – 李后来发明了超文本标记语言 HTML，成为万维网的奠基人。

2.3.2 第一只“虫”（1947 年）

参与“马克 2 号”研发的还有格蕾丝·赫柏。她在哈佛“马克 1 号”的研发阶段就已经参与了数学计算，并领导了“马克 2 号”的研发工作。1947 年，在一次机器故障中，她发现一只蛾子在继电器里死去。于是格蕾丝·赫柏在她的操作记录中写道：“第一次在实际案例中发现虫子”，并把那只死去的昆虫粘在了旁边（见图 2.1）。用“虫”来表示错误在当时其实并不新鲜，工程师们在过去的那个世纪里已经会这么说了。之后再遇到功能故障的时候，格蕾丝·赫柏就总会说自己正在“抓虫”。

今天 IT 界普遍用“虫”这个概念指代程序错误，用“抓虫”来指代排除程序错误。格蕾丝·赫柏在公开宣布退休之后没多久，又被政府召回，因为她的重要性，人们认为其实在难以替代。事实上，她到了 80 岁高龄才真正从工作岗位上退下来。这位女士的巨大贡献，显然不仅仅是使“虫”这个概念家喻户晓。她一生获得了 90 余项嘉奖和 40 余个荣誉博士头衔。1992 年的新年之夜，她在睡眠中与世长辞，没有达成自己最后的目标——进入新世纪。

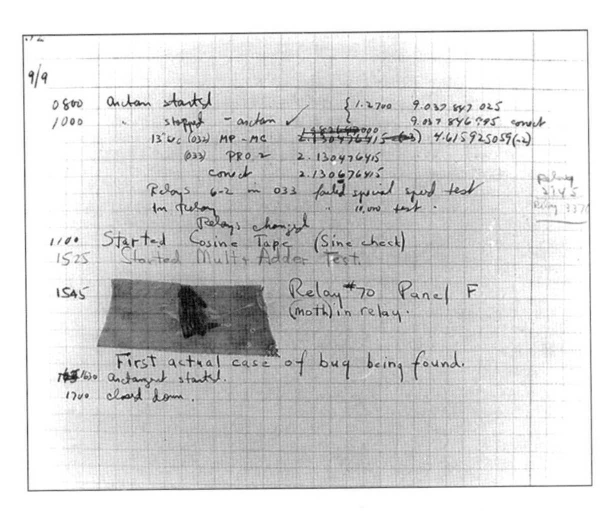

图 2.1　计算机史上的第一只“虫”是在哈佛“马克 2 号”里发现的

2.4　“巨人”——密码终结者（1943 年）

不能不提的还有电子管计算机——“巨人”，第二次世界大战期间由英国研发，专门用于破解德国军队的加密信息。所以英国的第一台计算机也是服务于军事目的的。希特勒用洛伦兹系统来加密信息，这个系统要比传奇的恩尼格玛密码机更为优越。但是英国利用一次机会，成功地破解了洛伦兹系统。一个德国信息传递员在 1941 年把一条 4 000 个字母的消息用一模一样的密码先后传送了两遍。密码解析人员牢牢地抓住了这个“马脚”，凭借第二次传送中省略的几个字母，推测出了洛伦兹系统的工作原理。

1943 年，数学家麦克斯・纽曼和工程师托马斯・弗劳尔斯在伦敦研究中心发明了计算机“巨人”，它由 1 500 个真空管组成，可以在 1 秒钟之内处理 5 000 个符号。1944 年，诺曼底登陆前夕，含有 2 400 个真空管的“巨人”二代开始投入运行（见图 2.2）。英国先后建造了 10 台“巨人”机器。艾伦・麦席森・图灵也参与了合作。这款计算机在几个小时之内就能够破解洛伦兹密码，在这之前却需要耗费几个星期。在至关重要的诺曼底战役中，盟军借助“巨人”获得确切消息：敌人对突袭诺曼底没有任何预计。这使得第二次世界大战的进程缩短了大约 4 个月。不过“巨人”仍旧算不上真正的计算机。根据它在性能上的潜力推测，它确实可以算是在图灵构想的基础上制造的一台通用计算机器，但它只被专门用于解码任务而不能自由编程，所以称不上是完备的计算机。

皇家海军女子勤务队

当时有许多来自皇家海军女子勤务队的女性，与数学专家一起参与了解码的工作。所有参与工作的人员在长达几年的时间里必须在私人生活中对自己的工作守口如瓶。

图 2.2　密码终结者——1943 年的“巨人”

战争结束后，这些机器全部被拆毁，情报人员对此也保持缄默。直到 1970 年，“巨人”的存在才被公之于众。1990 年，前军情五处的工作人员、工程师托尼 · 塞尔为布莱切利园的国家计算机博物馆复制出了一台“巨人”计算机。2000 年，英国政府解密了图灵关于“巨人”二代的档案。

2.5　ENIAC（1946 年）

ENIAC（Electronic Numerical Integrator and Computer，电子数字积分器与计算机）是一台拥有超大体积的计算机，能够填满一个 170 平方米的空间。这台机器的制造目的是在第二次世界大战期间为美军服役，用于完成复杂的炮弹弹道轨迹的计算。在这之前，这些工作虽然也是由“computer”完成的，但这里的“computer”指的是受过良好的数学和理科教育的女性计算员，她们依靠简单的计算工具来完成这些复杂的计算。当时绝大多数男性正在欧洲或者太平洋战场直接参与战争，而军事上同时也需要更多的人力来承担计算任务，由此诞生了 ENIAC。

战争结束后，1946 年，美国军方委托宾夕法尼亚大学制造完工的机器交付使用。可以想象，由 40 个 270 厘米高的部件组成，包含将近 18 000 个真空管、1 500 个继电器、70 000 个电阻、10 000 个电容器，这样一台机器运行起来是一副多么壮观的景象。它的耗电量也是惊人的，据说，ENIAC 一启动，整个费城的灯光都要随之跳动。这个庞然大物自然耗资甚巨，也只有在委托人是美国军方的情况下，这个项目才可能成为现实。它的设计者，物理学家约翰·莫奇利和工程师约翰·普雷斯伯·埃克特均来自宾夕法尼亚大学。

和阿塔纳索夫贝瑞计算机一样，这台计算机已经使用了电子真空管，所以计算效率明显高于楚泽的 Z3。后者虽然看起来拥有更现代的结构，但是它仍旧使用电磁继电器。尽管 ENIAC 仍旧使用传统的十进制系统，而 Z3 使用了今天通行的二进制系统，但 ENIAC 被视作世界上第一台可编程的电子计算机。

ENIAC 与 ABC 之争

1973 年，经历了一场旷日持久的诉讼，法庭最终判定，阿塔纳索夫贝瑞计算机是历史上第一台电子计算机。法庭认为有事实表明，莫奇利在 1941 年拜访阿塔纳索夫期间，有充足的时间研究阿塔纳索夫贝瑞计算机，因而极有可能从中获取了相当多的“灵感”。

军方在极端保密的情况下挑选出了六位女性，来完成 ENIAC 极为烦琐的编程工作。由于 ENIAC 不具备指令存储器，编程通过不断地旋转旋钮和接插电线来完成，这种形式的编程很容易让人联想到电话接线。它的输入方式则仍旧采用在当时十分普遍的穿孔卡片。

计算机史上的女性

女性的功绩和贡献往往湮没在历史中，六位为 ENIAC 编程的女程序员的事迹，同样直到1986年才为人知晓。凯西·克莱曼[1]在查找资料的时候突然在关于ENIAC的照片中看到了女性的身影，她们显然不是作为模特出现在这台机器旁边的。1997年，凯瑟琳·安东内利、弗朗西丝·比拉斯、珍·巴迪克、贝蒂·霍尔伯顿、露丝·泰特尔鲍姆、马琳·梅尔泽这六位女程序员因为她们的功绩获登国际科技女性名人堂。我们可以说，第一批真正的程序员其实是女性。

由于这台计算机在第二次世界大战之后才制造完成，所以它面临着新的计算需求。关于核武器的计算就成了它的当务之急，后被誉为“原子弹之父”的罗伯特·奥本海默也间接参与其中。

遗憾的是，这台机器相对来说十分容易出错，一旦18 000个真空管中有一个失效，就不得不耗费大量时间查找错误，而这在开机和关机的时候又颇为常见。为了解决问题，人们阻断了部分超规格的电子管，并且不再频繁关闭机器。不过这个27吨的“巨人”所能达到的计算效率，在当时的条件下着实令人震撼。20个小时的手动计算在这台机器上用30秒时间就能完成。1947年，在冯·诺依曼构想的基础上，ENIAC被改进成具备指令存储器的计算机，交付给阿伯丁弹道研究实验室。通过改装，这台计算机的速度虽然变慢了一些，但是省去了通过换插来执行的烦琐编程过程，总的来说是提高了运算速度。1955年，ENIAC最终被关闭。

冯·诺依曼结构

现代计算机的构架应该追溯到匈牙利裔美国数学家约翰·冯·诺依曼在1945年所做的理论性准备工作，即所谓冯·诺依曼结构（见图2.3）。这是所有现代计算机的制造构架。根据约翰·冯·诺依曼的构想，程序和有待处理的数据被存放在一个可修改的存储器里，这样程序就可以根据所依赖的逻辑进行跳转。

冯·诺依曼结构是建立在控制器、运算器和存储器基础上的。康拉德·楚泽虽然在他的第一台机器上已经运用了这个模式，但是约翰·冯·诺依曼对这一原理进行了科学上、数学上的深入研究。

[1] 法律及信息行业从业者凯西·克莱曼，创立了ENIAC程序员项目，旨在讲述六位女性为ENIAC编程的不为人知的故事。

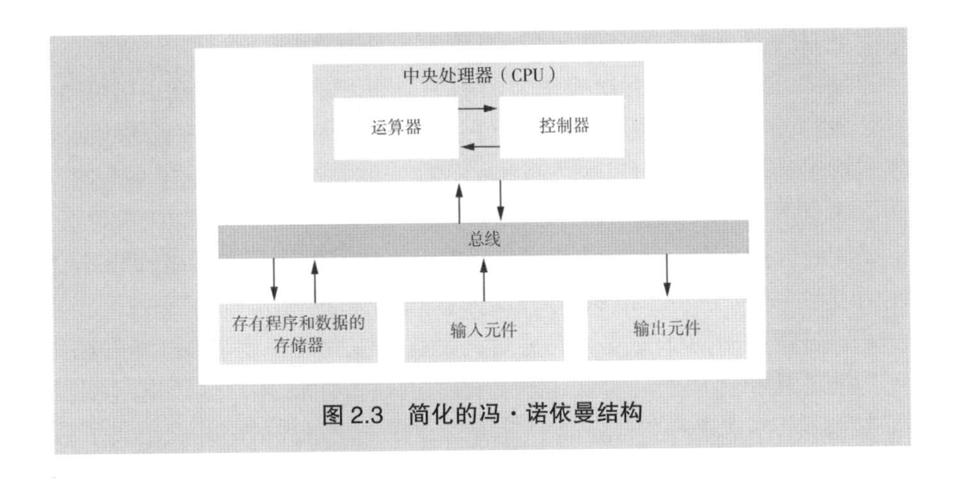

图 2.3　简化的冯·诺依曼结构

“旋风”计算机（1945—1952 年）

我还想简短介绍一下“旋风”计算机。第二次世界大战期间，麻省理工学院（MIT）受到委托，为美国海军的飞行员开发一种飞行模拟设备，于是便产生了第一台具有实时数据处理功能的计算机。它的体积同样可以填满一个大厅，分别采用显示器（阴极射线管）和光敏输入装置作为输出、输入设备。“旋风”项目是 20 世纪 40 年代末最昂贵的计算机项目，每年的预算高达 100 万美元，需要投入 175 名工作人员。到了冷战期间，这个计划获得了更多的资助。

2.6　晶体管（1947 年）

计算机史上的里程碑，也不总是由计算机制造者或者理论家设立的。我们不能忽略那些用于计算机的微小部件的发明者。一个非常重要的构筑部件就是晶体管。简单来说，晶体管就是一个接通、控制、增强电流的电子部件。这类晶体管如今可以在每一台计算机、电视、收音机、电话机以及其他许多电器里找到，可以说就不存在哪个电子设备里没有这个部件。把晶体管和布尔代数的法则相结合，这个部件就完全可以应用于处理器和存储系统，从而掀起一场新的计算机革命。

查尔斯·巴贝奇在他的计算机里使用了拉杆、齿轮和蒸汽动力，楚泽和艾肯使用的是继电器，ENIAC 则装备了性能上优越得多的电子真空管。而晶体管相对真空管的优势是：它的耗电量更少，相应地就产生更少的热量；另外它的接通速度更快，对震动也不是那么敏感；更重要的是，晶体管要小得多。

晶体管的基础是由物理学家约翰·巴丁、威廉·肖克利以及沃尔特·布拉顿于1947年在茉莉山的贝尔实验室夯实的。基于对锗这种新发现材料的研究，他们发现了晶体管效应，并制造出了第一支双极型晶体管（见图2.4），促使电子器件向微型化迈出了第一步，以此宣布了电子管时代的落幕，此前电子管一直被用于放大电信号。晶体管的三位发明者在1956年因此而获得了诺贝尔物理学奖。

另一股推动晶体管发展的力量，是化学家戈登·蒂尔在1954年用更具强度和稳定性的硅替代了较为敏感的锗。1958年，美国电气工程师杰克·基尔比进一步完善了晶体管，他在一块单独的芯片上集成了多个晶体管、二极管和电阻。这样的芯片，随着时间的推移，变得越来越小，性能却越来越强大。而在当今的处理器里，一个芯片上可以容纳数十亿个晶体管。

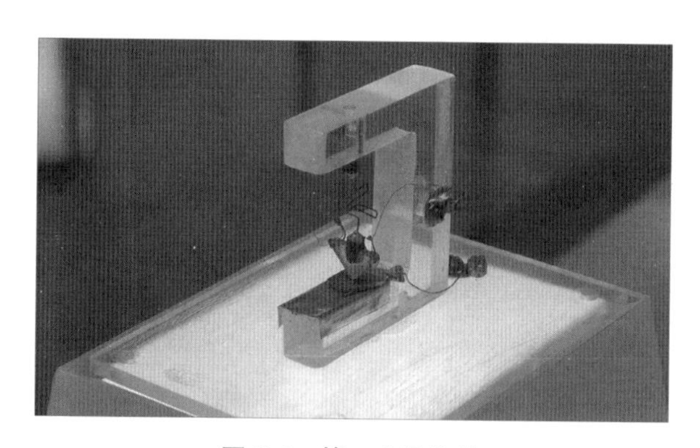

图2.4　第一支晶体管

2.7　UNIVAC（1951年）

“电子计算机在未来不会再有什么用武之地了”，第二次世界大战之后持这样观点的人不在少数。市场上处于领先地位的大公司对制造办公用计算机也并没有表现出很大兴趣。但ENIAC的两位发明者，约翰·普雷斯伯·埃克特和约翰·莫奇利，却毫不怀疑这种电子计算设备具有更为广阔和普遍的应用领域：除了科学与技术领域，这样的设备同样可以满足经济与管理方面的需求。

约翰·普雷斯伯·埃克特和约翰·莫奇利在成功地制造了ENIAC之后，宾夕法尼亚大学收回了ENIAC的所有专利权。埃克特和莫奇利离开了大学，组建了埃克特-莫奇利计算机公司，计划生产能在多个领域投入使用的计算机。直到1951年，他们的第一台UNIVAC（Universal Automatic Computer，通用自动计算机）才研发完成，可见通向美国第一台商用计算机的道路并没有那么平坦。在此期间，他们还为位于加利福尼亚的诺斯罗普航空公司建造了一台大型计算机——BINAC（Binary Automatic Computer，二进制自动计算机）。不过至今仍旧没有人确切知道，诺斯罗普航空公司用它来完成什么样的工作。多个消息表明，虽然这台计算机通过了各种测试，但是它在诺斯罗普航空公司的运转并不顺利。

"UNIVAC 1号"的第一个客户是美国人口统计局。埃克特和莫奇利受到官方委托，为美国人口普查制造一台合适的计算机，订单金额是30万美元。这台计算机由5 200个真空管和18 000个晶体二极管组成，重量为13吨。UNIVAC在技术上的革新在于，它没有使用穿孔卡片，而是首次使用磁带来存储输入和输出数据，以及作为缓冲储存器。这种做法立刻成为那个年代新生计算机的标配。为了兼用传统的穿孔卡片，它借助一个转换器实现了穿孔卡片与磁带之间的互相转换。此外它还配备了一台用于磁带的备份设备及一台高速打印机（对于当时来说）。如此一来，人们就可以通过磁带的卷绕实现数据的提取或者处理，计算机就不再只是一台计算设备，而成为一个信息处理系统。在相当一段时间内，UNIVAC就是计算机的代名词。图2.5所示为UNIVAC 9400。

图2.5　UNIVAC 9400

注：图中场地背景为陶努斯的凯尔克海姆（Kelkheim，Taunus）计算机博物馆技术中心29号展室。

1952年，UNIVAC使得计算机的历史与总统选举有了交集。当时的人们预计到，在艾森豪威尔与史蒂文森之间将会有一场势均力敌的较量，所以打算先用刚刚问世的UNIVAC来预测选举结果，于是UNIVAC吸引了所有人的关注。在用了清点结果的5%—6%的数据对它进行了编程之后，它十分明确地预言，艾森豪威尔将以明显优势获胜。这与选民们猜测的恰好相反，他们相信史蒂文森会赢得选举。UNIVAC 便成了大众眼里毫无意义的愚蠢机器，没有人再把它的预言当回事。结果，最后的统计结果证明，UNIVAC 的预言完全正确，所有质疑的声音顿时消失。这台计算机一下子变得万众瞩目，被赋予了不可取代的重要性。

UNIVAC 取得了巨大的成功，它由 46 个部分组成，其中 1 块在 1956 年被送往德国。1950 年，埃克特－莫奇利计算机公司被武器及办公用品制造商雷明顿兰德公司接管，在其运营下继续出售 UNIVAC。

计算机用磁带（1952 年）

现在终于讲到了我间接经历过的技术阶段了，也就是磁带驱动器和磁带。用于 UNIVAC 的磁带驱动器被称作 UNISERVO，凭借它，人们第一次把数据和程序储存在磁带上并通过磁带加载到计算机上。但是 UNIVAC 并没有为它所使用的磁带确立标准，这一点由 IBM 在 1952 年实现了，背后的功臣是机械工程师詹姆斯·魏登哈默尔与工程师瓦尔特·布斯里克。他们合作研发的磁带驱动器 IBM 726 作为外围设备，被用于大型计算机 IBM 701。所有后续其他磁带驱动系统，都与 IBM 的技术相兼容。第一卷用于 IBM 726 的磁带有 720 米长，1.25 厘米宽，在 7 个磁道上储存数据。这样一个功能强大的“储物柜”，可以存储 1.4 兆字节的信息。

磁带技术的源头其实可以追溯到更早的时候，即 20 年前录音磁带的问世。1927 年，弗里茨·波弗劳姆在一条纸带上涂抹了可磁化的金属涂层，制造出了最早的磁带。对于这种操作，他并不陌生，因为他曾受烟草公司的委托，从铜漆里提炼出一种具有耐久性的涂层用于烟斗的烟嘴。1928 年，他为此项发明申请了专利。当时他还没有制造出一台适用于播放磁带的机器，在展示发明的时候，他手动撕开纸带又重新黏合，同样成功地反复播放出了上面的录音，只在黏合处出现了轻微的咔嗒声。在此之前，人们使用的是钢丝，而扁平的磁性纸带更适合卷绕，可以明显延长播放的时间。又过了几年时间，AEG 公司才对此项技术产生了兴趣，制造出了录音机以及功能更加优越的磁带。这个时候所用的材料，是涂有可磁化氧化铁涂层的赛璐珞带，它在 1935 年的无线电展览会上被成功地介绍给了公众。

我拥有的第一台（家用）计算机是 C64，由于剩下的钱不够再买一个软盘驱动器，磁带就成为我所拥有的第一个存储介质。我把我的数据和游戏都储存在了这个叫作 Datasette 的设备上，后面我会在第三章里更详细地介绍家用计算机的情况。

2.8　第一款批量生产的 IBM 计算机（20 世纪 50 年代）

IBM 的历史可以追溯到赫尔曼·霍尔瑞斯在 1896 年制造的计算机，它通过穿孔卡片来实现数据采集和统计。相关内容我在 1.18 节已经做过介绍。这个公司在当时还叫作制表机器公司。1911 年，制表机器公司与其他几家公司合并，成立了计算机制表记录公司，专营穿孔卡片、制表机、商用秤及计时设备。1924 年，托马斯·约翰·沃森在这家公司的基础上成立了 IBM，并且使它一路攀上了世界顶尖的位置。

IBM 很快意识到，销售计算机和销售钟表、秤或者其他东西有很大的区别。比机器本身更重要的是服务。因此，IBM 在销售和租赁计算机的同时，往往会签订一份维护合同。这项服务能够保障 IBM 的产品得到规律的维护，从而保持令人满意的运转状态。

IBM 真正把重心转向计算机是在第二次世界大战之后。起初市场上一直只有计数器和加法计算器。1946 年，基于打孔机的电子管计算机 IBM 604 问世。这款机器的后继产品就已经具备了一个运算器和 1 400 个电子管，并且借助一块仪表盘来控制。为了满足用户对大量程序的需求，穿孔卡片被用于编程，1949 年出现了卡片编程电子计算器。不过这些都还算不上现代意义上的计算机，如果先不考虑哈佛“马克 1 号”的话。

图 2.6　IBM 650 成为第一款批量生产的计算机

直到大型计算机 IBM 650 的问世，IBM 才真正彻底转型为计算机公司，通过计算机获得的利润首次超过了销售计时设备和穿孔卡片机器带来的盈利。在 1953—1962 年之间，共有 2 000 台 IBM 650 面世，它成为世界上第一款批量生产的计算机。在这款计算机上，可以借助系统内存进行简单的编程，它使用的依旧是双五进制编码的十进制，也就是说编码由一个二进制部分和一个五进制部分组成，因为那个时候人们还在使用不同的编码形式。IBM 在这里使用的是 IBM 650 码。随着时间的推移，不同的编码才开始标准化（比如 BCD 码）。IBM 650 不仅适用于科研领域，同时也考虑到了传统制表机用户的需求。1952 年底交付上市的大型计算机 IBM 701，则是以科研目的为导向的。随着这款机器的面世，IBM 宣布完成了向纯电子计算机的过渡。对于商业客户来说，IBM 650 仍然是合适的选择。到了 1953 年，又出现了主要为商业用途而研发的 IBM 702。

2.8.1　第一个硬盘驱动器（1956 年）

随着计算设备的效率越来越高，需要处理的数据量也越来越大，通过穿孔卡片系统存储和检索数据的传统方式就显得越来越吃力，于是 IBM 的存储开发实验室在 1952 年应运而生。1956 年，实验室在雷诺・约翰逊指导下制造的第一个硬盘驱动器，作为计算机 IBM 305 RAMAC 的组成部分进入了公众的视野。磁盘存储系统 RAMAC 是 Random Access Method of Accounting and Control（计算和控制的随机访问方法）的缩写。IBM 305 是第一款配备硬盘的商用计算机。这个硬盘有 2 台冰箱那么大，重达 1 吨，大约可以储存 3.75 兆字节。硬盘内部含有 50 块直径为 61 厘米的铝盘，上面覆盖着一层磁性物质。磁盘以每分钟 1 200 转的速度旋转，存取时间为 0.6 秒。

2.8.2　IBM 1401（1959 年）

1959 年，IBM 推出大型计算机 IBM 1401（见图 2.7），进一步巩固了自己在计算机市场的领先地位。这款机器当时被售出了 12 000 台，这样的数字在那个时代堪称惊人。1965 年，IBM System/360 大型计算机问世前，IBM 1401 的系统始终是当时最成功的数据处理系统。

IBM 1401 的诞生就是为了取代 IBM 407 等制表机。用户很快也认识到了这种模块化系统的优势，因为它可以适应各种操作要求和应用。这款计算机几乎在每个行业都找到了用武之地，并逐渐取代了旧的穿孔卡片设备。它所包含的重要革新包括一个晶体管处理器、一个具有可变字长且容量从 1 400 个至 16 000 个字符可选的磁芯存储器。数据的输出和输入则依赖快速穿孔卡片读卡器和打孔器、快速打印机、新的磁带和磁盘单元以及 1965 年引入的可移动磁盘存储器组。

图 2.7 IBM 1401

注：左侧是穿孔卡片单元，中间是中央单元，右侧是打印机。

2.8.3 题外话：计算机类型

由于这里多次使用了“大型计算机”一词，我想在此简要介绍一下计算机的各种类型。要把这些术语区分清楚，并不是一件容易的事。

超级计算机

性能特别强大的计算机被称为超级计算机。这类计算机通常具有大量并行工作的处理器，可以使用共享的外围设备以及共享的系统内存。超级计算机主要应用于不同领域的科学计算，例如生物学、化学、地质学、航空航天、医学、天气预报、气候研究、军事以及物理学。它们首先用于模拟，所需的运算性能是和任务的复杂程度成正比的。最快的超级计算机会被列入每半年更新一次的全球超级计算机 TOP 500 榜单。截至发稿时，日本 RIKEN 计算科学中心的富岳以绝对优势位居榜单之首。

而来自巴登－符腾堡州的 Hawk 由惠普公司制造，是德国最快的超级计算机。这种超级计算机的性能以每秒浮点操作数（缩写为 FLOPS）为衡量标准。富岳能够达到 415.5 PFLOPS（每秒千万亿次浮点运算）。我们可以来看一个比较：1941 年的楚泽 Z3 每秒钟可以处理 2 次加法，大约相当于 2 FLOPS。

大型计算机

大型计算机（也称为主机）是一种大规模的计算机系统，其功率远远超出个人计算机，通常也超出了经典的服务器系统。前文所介绍的 IBM 650 和 IBM 1401 就是这样的大型计算机。与超级计算机相比，它们的运算性能并不起决定性作用，更重要的是能够可靠地处理大量数据、交易或公司的关键数据。这样的大型计算机通常可以同时处理来自不同用户的各种访问。相比之下，超级计算机则是为单一用户设计的。大型计算机的典型应用领域是银行、保险公司、公共管理部门和其他大型公司。服务器集群是大型计算机的一个新兴应用领域。

小型计算机

小型计算机（通常被称为工作站）与个人计算机非常相似。但确切地说，工作站是一种功能特别强大的办公计算机，常用来处理音频和视频数据，也可服务于技术与科学性的目的。此类计算机在图形性能、计算能力、存储空间和多任务处理方面通常高于平均水平，并且也经常用于服务器领域。如今它们还被越来越多地用来为电影和电视制作计算机动画。不过，由于今天的个人计算机同样具有相当强大的功能，工作站和 PC 之间的界限就变得越来越模糊。同时，“PC”和“工作站”这两个术语被越来越频繁地混淆使用，甚至在不知不觉中被当成了同义词。一些制造商甚至试图使用“工作站”这个词来宣传他们的 PC，以突显其功能强大。

微型计算机

微型计算机（通常被称为个人计算机、PC、台式计算机或办公计算机）是今天最常见的计算机，已经走进了千家万户，笔记本计算机和一体机都包括在其中。这种计算机的主要用途是实现用户与应用程序的互动。典型的个人计算机包含桌面环境（操作系统）以及各种用于图形处理、编程环境、办公领域的程序，并且可以与网络连接。

单板计算机（single-board computer）

树莓派（Raspberry Pi）所代表的所谓单板计算机也很受欢迎，这款迷你计算机原本是为了让孩子们熟悉技术和编程而开发的。事实上它经常充当玩家们的媒体中心、机器人控制器、NAS（network attached storage，网络附加存储）或复古游戏机。而新一代的单板计算机现在也被用作台式计算机的替代品。所以，可以毫不夸张地说，在今天单板计算机纤小的体积背后，隐藏着一台真正的个人计算机。

2.9　第一台带有晶体管的计算机（1954 年）

在晶体管发明之后，下一个合乎逻辑的步骤显然是用它们替代计算机里笨重的真空管。晶体管能够大幅降低耗电量，产生的热量微乎其微，而它最大的优点就是显著提高了可靠性。

20 世纪 50 年代，有两台建立在晶体管基础上的计算机，以极高的抗干扰性、可靠性以及更快的速度，预示了计算机新时代的到来。一台是由美国空军贝尔研究实验室开发并于 1954 年完成的 TRADIC（TRansistorized Airborne Digital Computer，晶体管化的机载数字计算机）。它有 10 358 个锗二极管和 684 个晶体管。另一台计算机是麻省理工学院林肯实验室在 1955 年研发的 TX–0（Transistorized Experimental Computer Zero，晶体管化实验计算机零号）。它于 1956 年投入使用，是传奇的“旋风”计算机的继任机型，第一代“旋风”计算机还没有使用晶体管技术。

TX–0 后来变得更加知名，是因为它在 1958 年被移交给麻省理工学院的电子研究实验室，这个实验室在 20 世纪 60 年代对人工智能和黑客文化的兴起起到了极大的推动作用。

2.10　PDP–1——第一个工作站（1960 年）

1960 年，IBM 作为当时世界上最大的计算机制造商，面临着新的竞争对手：DEC（Digital Equipment Corporation，数字设备公司）的工程师肯·奥尔森和哈伦·安德森交付了世界上第一台“小型计算机”——配有键盘和屏幕的 PDP–1（见图 2.8）。

早在 5 年前，肯·奥尔森就制造了第一台基于晶体管的计算机 TX–0，以及继任机型 TX–2。TX–2 的主要特点之一是用户可以通过屏幕实现人机互动。

图 2.8　PDP–1 被认为是第一台“小型计算机”

奥尔森和安德森创立了 DEC 公司，并打算制造一台带有晶体管和显示器、类似 TX–2 的计算机。他们的研发成果 PDP–1（Programmed Data Processor 1，程序数据处理机 1 号）在 1960 年进入市场。所谓“小型计算机”，是相对于 20 世纪 60 年代的其他机器来说的，实际上 PDP–1 仍然有 2 台冰箱那么大。这台计算机的运转速度虽然不如当时最新的 IBM 计算机那么快，但它的成本只有 IBM 计算机的几分之一，基础配置的售价为 12 万美元。到 1969 年为止，DEC 公司一共生产了 53 台 PDP–1。它包含 2 700 个晶体管和 3 000 个二极管。带有六角形外壳的圆形显示器使它的外观显得相当特别。

PDP–1 的一个里程碑式运用由史蒂夫·拉塞尔和麻省理工学院的学生们完成，他们用它开发了世界上第一款多人视频计算机游戏《太空大战》。

在 PDP–1 这个成功的开端之后，DEC 开发了许多其他型号的机器，这些型号在市场上均占有一席之地，使 DEC 成为第二大计算机制造商。PDP–8 是其中最成功的小型机，售出超过 5 万台。这个型号做了一次非常有趣的创新尝试：所有组件都通过一条总线相互连接，因此处理器与内存和各个功能部件之间的通信是通过一组公共信号线进行的。1965 年，DEC 凭借 PDP–10 进入大型机市场。到 1986 年，它已经拥有超过

10 万名员工。但是进入微型计算机和工作站的时代之后，公司很快就走了下坡路。1998 年，DEC 被康柏收购。而康柏自身则在 2002 年被惠普兼并。

2.11 IBM System/360（1965 年）

IBM 于 1965 年推出的大型机 System/360，简称“S/360”，可谓在计算机的演进中向前迈进了一大步。S/360 涵盖了一整个大型计算机系统家族，它具有模块化结构并且支持不同的计算机设备（见图 2.9）。IBM 总共提供了 14 种不同型号的大型计算机以及 40 个外围设备，而且这些计算机是可扩展的，用户可以根据需求增强计算机的功能。更具开创性意义的是，用户升级计算机之后，它的程序可以与所有计算机型号兼容。而在这之前，人们必须为每台计算机重新编写新的程序。

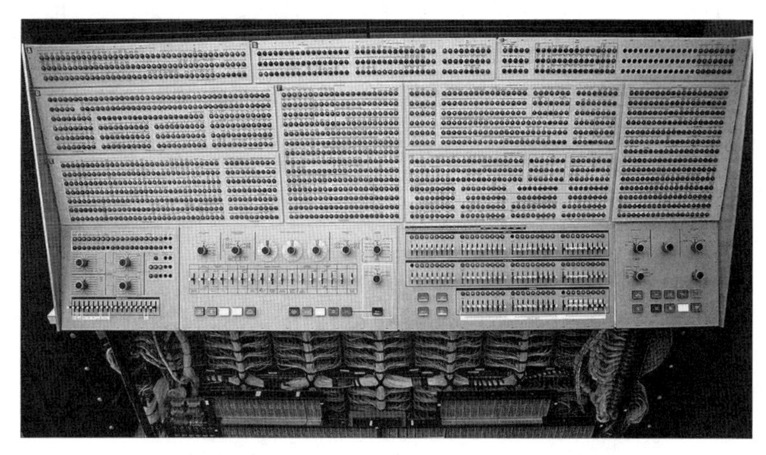

图 2.9 IBM System/360 系列之一（91 型号）

在不同计算机上运行相同的程序，这个概念一经产生便引领了一股风潮，S/360 系列的开创性还不限于此。它引入了多任务操作，即多个程序可以同时在内存中运行。这在今天并没什么特别，但在当时是十分新奇的。除了这些为即将到来的计算机时代开辟道路的创新之举，IBM 显然还将大型计算机提升到了一个新的技术层面。这款计算机的速度是之前最快的 IBM 机器的 2 倍，并且首次使用了 8 位字节，系统内存升级到了（对于当时来说）相当惊人的 500 KB。

这个项目得以成功实施，我们首先必须向当时的 IBM 老板小汤姆·沃森致敬。他沿着父亲的方向，走出了更宽广的道路。因为这是一个风险极高的项目，为此 IBM 不得不“全力以赴”。小沃森为该项目投资了 50 亿美元，而当时 IBM 的年营业额仅为 32 亿美元，所以它是有史以来最昂贵的计算机系统之一。我们完全无法想象小汤姆·沃森当时是凭借多大的魄力迎难而上的，但是他做出的决定是正确的，S/360 取得了巨大的成功。在推出 S/360 之后，IBM 不得不让计算机的生产线在接下来的两年内全天候运行，以便赶上订单的进度，要知道我们这里谈论的是大型机，每台价格在 13 万美元到 550 万美元之间。

S/360 大型机系列一直生产到 1977 年才退出市场。

2.12 第一台台式计算机（1965—1968 年）

在这一点上应该注意的是，讨论哪台计算机可以被视为第一台台式计算机可能会很费力，我也无法百分百地保证我给出的答案的正确性。史蒂夫·乔布斯在 1995 年接受丹尼尔·莫尔的采访时说：“我在惠普公司看到了我的第一台台式计算机，它被称为 9100A（见图 2.10）。这是世界上第一台台式计算机。”

图 2.10 HP 9100A 被史蒂夫·乔布斯称为第一台台式计算机

HP 9100A 在广告中也常被称为个人计算机，但实际上这种计算机与我们今天在日常生活中所见的个人计算机关系相对较小。

惠普自己并没有使用“计算机”这个词，而是将它称为“电子计算器”。不过，与其他只能通过穿孔卡片来实现运算的计算器相比，这台配备了一个键盘和一个小屏幕（更确切地说是示波器）的计算器已经初具个人计算机的雏形了。正如史蒂夫·乔布斯在采访中所说，这台设备也给了他相当大的启发。HP 9100A 的价格在当时并不算低，大约为 4 900 美元。它拥有一个内部核心存储器，即使在设备关闭后，程序和数据也不会丢失，用户可以输入程序并将它们保存在小磁卡中。这个构想其实是从好利得公司的 Programma 101 复制而来的，惠普因此在法庭上被判支付 90 万美元给好利得。

Programma 101 是好利得公司在 1965 年推出的，也就是说早于 HP 9100A 三年上市，所以它也应当被视为可编程袖珍计算器和个人计算机的先驱。

2.13　计算机鼠标（始于 20 世纪 60 年代）

连接用户和计算机的最重要工具可能就是鼠标了。虽然鼠标的雏形早在 20 世纪 60 年代就出现，但直到 1984 年才在苹果公司的麦金塔计算机上取得了技术上的突破，此后便开始了加速进化。1961 年，美国计算机专家和发明家道格拉斯·卡尔·恩格尔巴特一定在他的笔记本里画过某种设备的设计图，这是一种能让人与阴极射线管显示器（以及计算机）互动起来的设备。根据其他资料的记载，他曾把这个设备描述为“人类思想的延伸”，并用“指针”这个词来称呼它。类似于光笔或游戏操纵杆之类的指示设备虽然已经存在，但这些设备在日常使用中往往并不方便。请注意，我们现在谈论的仍旧是大型计算机时代。1964 年，供职于恩格尔巴特增强研究中心的首席工程师比尔·英格利希制造出第一个鼠标原型。这个设备具有一个木制外壳，并安装有一个滚轮，以此控制它在屏幕上的移动。当时有一位员工表示，这个设备看起来就像一只老鼠，于是“鼠标”这个名称一直流传到了现在。1968 年，英格利希向专业人士展示了他的鼠标，并使它作为显示系统 X-Y 位置指示器于 1970 年获得专利。当时 NASA 也对鼠标产生了兴趣，但他们很快就意识到，它不能在失重状态下使用。

德律风根和它的鼠标

甚至在恩格尔巴特展示他的鼠标之前，德国的德律风根公司，更准确地说是该公司的雷纳·马勒布赖恩就已经制造出了一种由滚球控制的“鼠标”。这个设备是为空中交通管制员发明的，用于在大型雷达屏幕上标记飞机位置，不过它只是大型计算机 TR440 的配套设备。而这款计算机由于数量相当有限（每台计算机售价 1 500 万德国马克），也就几乎没有人有机会看到这款鼠标。

计算机鼠标这个设计很快就无人问津了，直到施乐帕克研究中心为施乐奥托计算机开发图形用户界面时才再次被采用。施乐奥托是第一个采用图形界面的工作站，它的界面可以通过一个计算机鼠标（三键鼠标，见图 2.11）控制。施乐奥托的价格对于普通人来说显然过高，但它包含的许多创意对于未来的个人计算机和史蒂夫·乔布斯未来的苹果麦金塔计算机都具有很大的启发性。乔布斯在 1984 年使用鼠标作为输入设备，与图形界面“丽莎”结合，实现了新的突破。我将在 2.15 节和 3.6 节分别讲述施乐奥托以及苹果麦金塔计算机、苹果丽莎的故事。

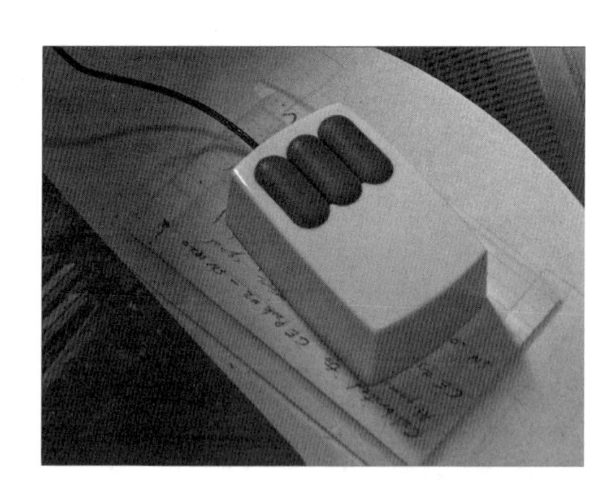

图 2.11　施乐奥托的三键鼠标

2.14　批量生产的第一个微处理器（1971 年）

第一个投入批量生产的处理器是英特尔公司于 1971 年推出的英特尔 4004。这是一个 4 位微处理器，所有组件都集成在一个芯片上。当时的英特尔还是一家小公司，它从日本 Busicom 公司得到了 4004 处理器的订单，打算制造一种复杂但灵活的计算机芯片组。第一台配备 4004 处理器的电子计算机是 1971 年的 Busicom 141–PF 型号，售价大约为 1 600 德国马克。除此之外，这种芯片还计划用于自动取款机和收银机。

起初，订单中并没有要求将微芯片连同所有组件都集成在一个芯片上，只是要求制造计算机芯片。正是英特尔的工程师马尔西安·霍夫提出了“把一台计算机浓缩在一块芯片上”的构想。这样的芯片还应该是普遍适用的，不再只针对一种应用目的进行定制。Busicom 当时同意了这个提议，并积极参与了微芯片的开发。最后他们成功研制出一种极小的芯片，可以容纳 2 300 个晶体管，时钟频率为 108 kHz。突然之间，原来必须用填满房间的计算机才能完成的运算，现在只需要一枚指甲大小的芯片！

当时，英特尔已从 Busicom 公司争取到了向其他不与之竞争的客户提供微处理器的权利。不过，在那个时候还没有人能预计英特尔的微芯片在计算机历史上会扮演什么样的角色。Busicom 在 1973 年宣布破产。这在之前，英特尔已经从 Busicom 手中买回了 4004 处理器的专利权。

2.15　施乐奥托（1973 年）

在向个人计算机过渡的过程中，施乐奥托可以算是最重要的计算机型号之一了（见图 2.12）。1973 年，它诞生在施乐帕克研究中心。它本

图 2.12　施乐奥托

质上还不是个人计算机，而是工作站，零售价为 4 万美元，目标群体也并非普通消费者。尽管如此，这台计算机还是为下一代个人计算机在许多方面奠定了基础。

这款计算机的技术配备着实令人眼前一亮。由德州仪器开发的处理器主频为 5.8 MHz，主存为 128KB，可扩展至 512KB。此外，它还包含一个 2.5 MB 的可移动硬盘驱动器，在当时堪称容量惊人。直立显示器的设计也相当有趣，可惜这种设计没有在之后的个人计算机中保留下来。整台设备大约与一台小型冰箱大小相当。

不过，真正为未来个人计算机的发展指明方向的，是由计算机鼠标（见图 2.11）控制的图形用户界面、可以将多台计算机联网的以太网网络接口，以及面向对象的编程技术。这些新技术都被史蒂夫·乔布斯用在了他的苹果麦金塔计算机上。他在个人计算机占领市场且 Apple Ⅱ销量暴跌之后，曾亲自带着他的员工一起访问施乐帕克研究中心，为技术革新寻找灵感。比尔·盖茨之后也同样试图在这个孕育了众多重要构想的地方寻求启示。

从这个角度来看，施乐帕克研究中心本可以凭借其创新成为下一个 IBM。但是苹果的史蒂夫·乔布斯和微软的比尔·盖茨显然更快地采取了行动，也更清楚如何营销他们的概念。尽管施乐帕克研究中心后来起诉苹果公司，而同时苹果也起诉了微软，但这些诉讼都在法庭上被驳回。

第三章
个人计算机、苹果计算机以及家用计算机

看起来我们似乎已经达到了计算机技术的极限，即使我们谨慎地使用这样的表述——这些话往往在五年后就会听起来相当愚蠢。

——约翰·冯·诺依曼

3.1 “第一台”个人计算机（1975 年）

1975 年，美国杂志《大众电子》在封面上刊登了一张计算机的照片，并且花了好几页的篇幅来介绍它。这台叫作 Altair 8800 的机器可以被认为是世界上第一台个人计算机（见图 3.1）。它没有屏幕、键盘和只读存储器，作为计算机套件以 395 美元的价格出售。虽然把它组装起来仍需要一定的技巧和时间，但是人们在家中拥有一台个人计算机的梦想终于成为现实。Altair 8800 运行的是英特尔的 8080 处理器，8 位处理器上集成了 6 000 个晶体管，时钟频率为 2 MHz。设计合理的总线系统和预留的插槽，为 Altair 后续的扩展提供了空间。由于当时的总线系统（这里是 S-100 总线）是公开的，不久之后就出现了第一批制造商，为其提供了各种扩展设备，这种做法也引来了类似计算机制造者的竞相效仿。

总线系统

简单来说，个人计算机中的总线系统（或者总线）就是连接多个功能部件之间的电气线路网络。这些组件之间的数据传输通过总线系统来实现。Altair 8800 的 S-100 总线是第一款成为行业标准的总线，直到 1985 年，它仍是多家制造商生产制造的对象。

输入方式，Altair 采用的是用于逐位编程的拨动开关，而输出则是通过闪烁的发光二极管。启动机器之后，你可以利用软盘驱动器（可选配置）等外部存储设备来运行操作系统（CP/M 作为命令行操作系统）、各种程序或编程环境（Altair BASIC），也可以通过连接终端设备进行输出。从这样的描述中很容易看出，这款计算机其实是一个适合计算机极客的组装套件，用户需要在上面进行不少操作，而不仅仅是简

单开机就用。

图 3.1　带有软盘驱动器的传奇计算机 Altair 8800

这个套件的发明者是埃德·罗伯茨，他联手斯塔布·内格尔和罗伯特·泽勒共同创立了 MITS 微型仪器和遥测系统公司。在这之前，他们就曾为火箭模型提供套件，后来也为 DIY（do it yourself）爱好者提供价格低廉的袖珍计算器。当德州仪器开始以当时市场价格的二分之一来销售计算器时，MITS 的计算器套件在市场上也就走到了尽头，罗伯茨也因此背上了沉重的债务。

1974 年，DIY 爱好者们开始尝试用英特尔 8080 处理器来设计更小的微型计算机套件。罗伯茨也把目光投向了此处。他与英特尔就 8080 处理器达成了协议，用较低的成本在他的 Altair 上搭载了 8080 处理器，从而控制了 Altair 的售价。Altair（牵牛星）这个名字来自《星际迷航》。据说《大众电子》编辑的女儿恰巧看到了柯克船长飞往牵牛星的那一集，于是，这颗天鹰座中最亮的星，就成了这款计算机的名字。

当 Altair 8800 于 1975 年出现在《大众电子》杂志封面上的时候，没有人预料到它会取得成功。由于用户可以毫不费力地扩展套件，他们就可以在上面进行各种各样的实验，这使得微型计算机第一次有了真正的用途。原计划每年销售 200 组套件，很快变成了每天出售 200 套，最终一共卖出了上万套。Altair 8800 成了第一台在商业上取得巨大成功的微型计算机。不过，埃德·罗伯茨并没有致力于不断改进他的 Altair 8800，市场上出现了越来越多的竞争对手，最后逐渐取代了 Altair 8800。

3.1.1 比尔·盖茨和 Altair

Altair 8800 大获成功，埃德·罗伯茨还得感谢另外两个人。Altair 登上《大众电子》后，比尔·盖茨和保罗·艾伦（微软的未来创始人）立即联系了罗伯茨，愿意为他的 Altair 8800 提供 BASIC 编程语言。这组套件刚问世时，还没有配备操作系统或编程语言。比尔·盖茨当时还是哈佛大学的学生，保罗·艾伦是霍尼韦尔的程序员。他们在身边没有 Altair 的情况下，仅凭英特尔 8080 的手册在哈佛的一台大型计算机上制作出 Altair 模拟器，然后开发了 Altair BASIC，这是 Altair 8800 的第一个 BASIC 语言解释器。他们还聘请了蒙特·戴维多夫为解释器编写了浮点数运算程序。BASIC 解释器最初以穿孔卡片和小型磁带的形式出售，后来以软盘形式出售。不过令比尔·盖茨他们感到遗憾的是，BASIC 解释器大多是通过盗版复制流传开来的，而不是通过合法购买，这促使比尔·盖茨在 1976 年给计算机爱好者们写了一封公开信，要求他们不要再盗取这个软件。BASIC 编程语言是微软推出的第一款产品。你或许已经发现："微软"的字母组合 Microsoft 便是源于 microcomputer（微型计算机）和 software（软件）。

Traf–O–Data

顺便说一句，微软并不是比尔·盖茨和保罗·艾伦创立的第一家公司。1972 年，他们就创立了 Traf–O–Data。这家公司仅推出了一款用于评估交通数据的软件。

3.1.2 "第一批"个人计算机中的其他型号

Altair 8800 可能不是第一台个人计算机，但不可否认，它为个人计算机的历史拉开了序幕。在这个意义上，我们也应该提一下"第一批"个人计算机中的其他型号。

早在 1973 年，法国 R2E 公司就交付了一台使用微处理器的计算机：Micral N。作为个人计算机的另一个先驱，它是同类计算机中第一台使用微处理器的计算机。与稍晚一些的 Altair 8800 不一样，它不是作为有待组装的套件提供的，而是整机出售。它使用的处理器是英特尔 8008，即英特尔 8080 的前身。与那个时代涌现的许多计算机不同，Micral N 并不是昙花一现。R2E 在 Micral N 的基础上又开发了一系列不同型号的机器，1983 年发售了最后一台 Micral。至此，R2E 总共生产了 9 万台 Micral 系列计算机。

在此我想着重提一下 WANG 2200 A/B（见图 3.2）。1973 年问世的这款机器看起来很像一台个人计算机。它有一个键盘、一个屏幕和一个用于数据存储的内置磁带驱动器，并且在当时已经拥有了大量的外围设备和程序。但是，WANG 2200 A/B 没有使用微处理器。相反，它使用了数百个 TTL 组件（晶体管 - 晶体管逻辑）。易于学习的 BASIC 编程语言在这里被当成一种机器语言来使用。这样做的特别之处在于，储存在只读存储器中的处理器微码可以直接读懂 BASIC 指令。所以我们可以把这里的处理器看成一种 BASIC 处理器。

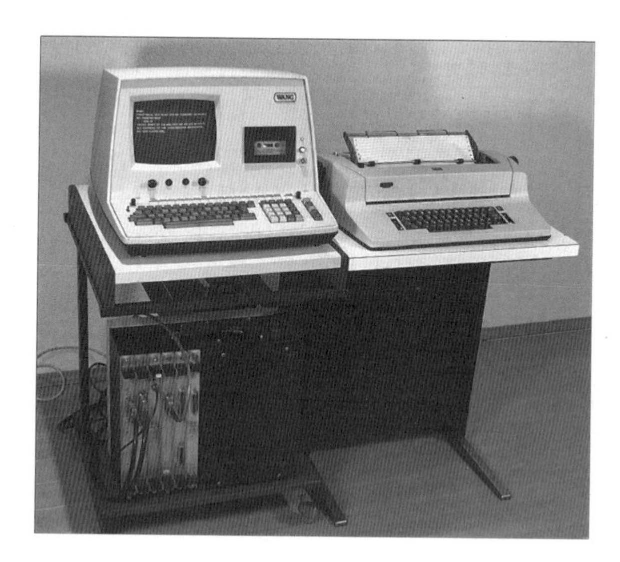

图 3.2　WANG 2200 A/B

3.2　Apple Ⅰ的诞生（1976 年）

苹果可以说是世界上最著名的公司和品牌之一。1976 年，史蒂夫 · 乔布斯、史蒂夫 · 沃兹尼亚克和罗纳德 · 韦恩在自家的车库里成立了这家小公司。1976 年 4 月 1 日，他们在大名鼎鼎的家酿计算机俱乐部的聚会上推出了 Apple Ⅰ（见图 3.3）。Apple Ⅰ是一个套件，更确切地说是一块没有电源装置、键盘、屏幕或外壳的电路板，这是当时常见的自制计算器的模样。它的设计者是史蒂夫・沃兹尼亚克。乔布斯对开发这样一块板的技术细节没有太多想法，他更在意的是，什么在技术上是可行的，什么是能够直接提供给客户的。这块板当时的售价为 666.66 美元，大大高于一般套件的平均价格。不过，Apple Ⅰ考虑到了各种可能的连接设备，因此它也可以连接键盘和显示器来操作，而不像当时同价位的套件那样只有开关和小灯泡。它的处理器是来自罗克韦尔国际公司的 6502，主频 1 023 MHz。Apple Ⅰ在当时一共卖出了 200 台，而随后的 Apple Ⅱ便在世界范围内获得了巨大的成功。

图 3.3　Apple Ⅰ

Altair 的成功有赖于比尔・盖茨编写的 BASIC 语言解释程序，但这个程序却不适用于 Apple Ⅰ，因为它只能在 8080 处理器上运行，而不能在 Apple Ⅰ使用的 6502 处理器上运行。史蒂夫・沃兹尼亚克想如法炮制，为 6502 处理器开发一个 BASIC 解释器。他花了 4 个月的时间来开发他的 BASIC（确切的名称为 Integer BASIC 和后来的 Apple Integer BASIC）。Integer BASIC 只能处理整数，因为沃兹尼亚克有意忽略了浮点运算。这对他来说是一项了不起的成就——他是一名硬件开发人员，对软件开发并不在行。Apple Ⅰ的 Integer BASIC 是从磁带中加载的，卡带接口也是专门为沃兹尼亚克的 BASIC 提供的。Apple Ⅰ的 Integer BASIC 后来被内置到了 Apple Ⅱ型号的只读存储器中，并直接从工厂随计算机一起发货。值得一提的是，Apple Integer BASIC 与微软的 BASIC

语言并不兼容，正如苹果今天仍然保持着不想与任何东西兼容的传统。

3.3 Apple Ⅱ的出现（1977年）

在Apple Ⅰ电路板之后，史蒂夫·乔布斯和史蒂夫·沃兹尼亚克造就了计算机历史上的又一次飞跃，在1977年4月15日推出了Apple Ⅱ（见图3.4）。Apple Ⅱ仍旧由沃兹尼亚克开发，乔布斯则负责将它推向市场。这一回，它是一台完整的计算机，带有键盘和电源单元。Apple Ⅱ一下子扩大了目标群体，它不再只针对计算机DIY爱好者，而是面对任何一个愿意花钱购买的人。如果没有显示器，可以简单地将Apple Ⅱ连接到彩色电视机上，只是为此需要一张额外的插件卡。当时，配置为1 MHz处理器加4KB内存的Apple Ⅱ价格为1 300美元，而拥有48KB内存的机器价格则高达2 600美元。

图3.4 连接了调制解调器的Apple Ⅱ

新机型Apple Ⅱ的优势之一，是沃兹尼亚克设计了一个可扩展的系统，配备的8个插槽满足了用户个性化扩展系统的需求，为此只需要购买不同的卡，如内存扩展卡、接口卡（用于打印机、软盘驱动器、调制解调器等）、控制卡、图形卡、声卡等等，甚至可以自己制作。Z80扩充卡（主要来自微软）同样也可以使用。如果你想在Apple Ⅱ上使用CP/M操作系统（第一个独立于平台的操作系统），就必须用到这张带有Z80处理器的处理器卡。这种带有空置扩展插槽的想法后来被IBM

采纳，用在了今天的个人计算机架构中。Apple Ⅱ是一个开放的系统，许多技术细节对外公布，比如电路、信号或者固件，因此制造商就能够制作与之相配的电路板。这个概念是由沃兹尼亚克推动贯彻的（也是沃兹尼亚克最后一次贯彻推动），乔布斯只是想要一个打印机和调制解调器的接口。

此外，Apple Ⅱ最大的创新点之一，是分辨率为 40 × 48 像素的 15 色图形模式。如果将内存扩展到 16KB，甚至可以达到 280 × 192 像素的高分辨率输出，不过颜色只限于除了黑色和白色之外的紫色和绿色。Apple Ⅱ也可以与两个摇杆或模拟游戏手柄相连，摇杆可用于游戏，也可用于程序的输入。

许多经典游戏是随着 Apple Ⅱ走进千家万户的，比如《创世纪》《救难直升机》《波斯王子》《德军总部》（见图 3.5）。许多游戏是先在 Apple Ⅱ上发布，然后移植到其他当时流行的家用计算机上的，比如 C64。Apple Ⅱ是美国人用于游戏目的的首选机型，而在西欧，诸如 C64 之类家用计算机则更受欢迎。如今在互联网上，你可以找到直接在浏览器中运行的 Apple Ⅱ游戏和程序。

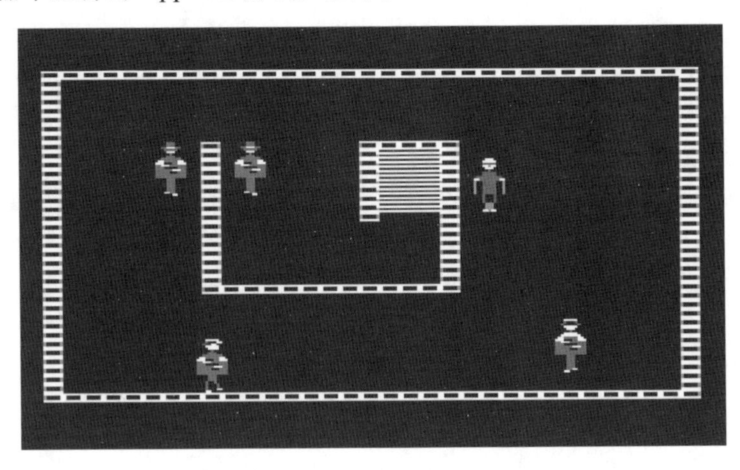

图 3.5　Apple Ⅱ上的《德军总部》游戏（2D）

当时另一个非常重要的软件是 VisiCalc（见图 3.6），这是第一个用于个人计算机和家用计算机的商业电子表格程序。这个软件是个人软件公司在 1979 年为 Apple Ⅱ开发的，它让没有编程知识的用户也可以使用个人计算机进行商业计算，这在之前简直无法想象，它也成为当时苹果计算机的主要卖点。

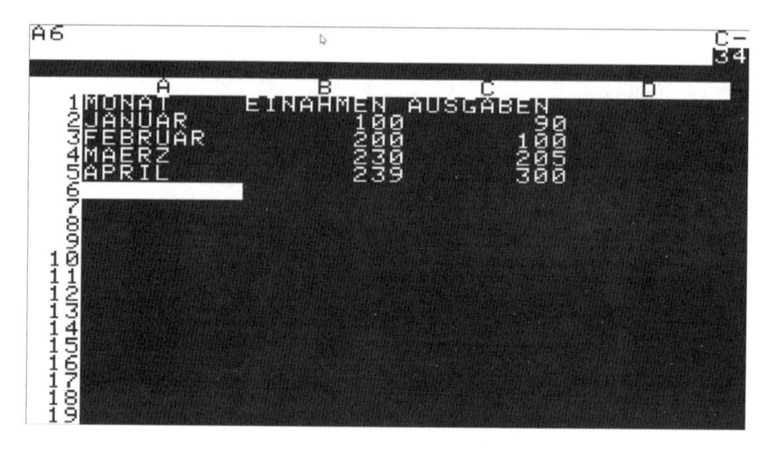

图 3.6 在 Apple Ⅱ上运行的 VisiCalc

Apple Ⅱ使苹果公司迅速成为个人计算机市场的引领者。1977—1993 年之间，Apple Ⅱ系列相继推出了许多后继产品：Apple Ⅱ+、Apple Ⅱe、Apple Ⅱc、Apple Ⅱgs，在此期间总共生产了超过 200 万台 Apple Ⅱ系列计算机。史蒂夫·乔布斯还让人开发了一款 Apple Ⅲ（没有沃兹尼亚克的参与），并于 1980 年发布，但由于价格过高，且与 Apple Ⅱ以及软件库不完全兼容，这款计算机最终成了一个失败案例。此外，在它的生产过程中还出现了各种严重的技术问题，这意味着几乎每一款 Apple Ⅲ都需要改进。

这些问题最终在 Apple Ⅲ + 1983 那里得到了解决，但是这个系列在市场上的形象已经无可挽回。当 1981 年 IBM 开始制造个人计算机时，市场上也开始泛滥各种各样的个人计算机克隆产品，苹果在市场上的领先地位已宣告结束。

3.4 第一台 IBM 个人计算机（1981 年）

IBM 在 1981 年 8 月 12 日发布个人计算机时，自然吸引了全世界的注意力。毕竟 IBM 几十年来一直代表着美国经济界的精英企业，并且总是与计算机的发展紧密相连。只不过在那之前，IBM 一直专注于大型机的开发。从纯粹的技术角度来看，IBM 的第一台个人计算机没有提供任何市场上尚处空白的特殊功能。更确切地说，是 IBM 的品牌、市场营销和时机，使它的第一台型号为 5150 的个人计算机（见图 3.7）取得了销售上的成功。

图 3.7　IBM 5150 个人计算机（左），打开的机器（中），IBM 5160（XT）（右）

首先，IBM 个人计算机（IBM-PC）应该经得起快速增长的微型计算机市场的考验，尤其是 Apple Ⅱ。因此，它在极短的时间内完成了开发，并且配备了价格低廉的组件。同时，它与 Apple Ⅱ一样，可以通过插件卡来扩展，打印机、屏幕和键盘都可以连接到 IBM-PC 上。在营销策略上，IBM 把它的个人计算机宣传为在办公室、学校或者家庭中都适用的设备，用它可以处理文档、制作电子表格，还可以玩游戏。

另外，IBM 还拥有一个苹果计算机所没有的优势：它由标准化组件构成，具有精确定义的接口，任何公司都可以通过这些接口为现有插槽生产插件卡。通过这种形式，IBM 相当于为自己兼容的设备类别制定了一个（非官方的）全球行业标准。之后其他公司制造的 IBM-PC 的仿制品都会被打上“IBM-PC 兼容计算机”这个标签。与 IBM-PC 不兼容的计算机甚至都无法销售（不包括家用计算机领域）。制造商很快就意识到，通过这种非官方的行业标准以及很容易获得的标准芯片，不仅可以为计算机生产插件卡，还可以复制完整的计算机。不过具有讽刺意味的是，所谓“IBM 兼容”这个属性根本没有经过任何测试或认证。

BIOS

IBM 唯一没有放开的，是所谓的 BIOS[1]。它存储在 SRAM[2] 模块中，用于启动以及通过操作系统实现对硬件的配置和控制。

[1]　全称为 Basic Input Output System，即基本输入输出系统，是计算机启动时加载的第一个程序，为计算机提供最底层的、最直接的硬件设置和控制。

[2]　全称为 Static Random-Access Memory，静态随机存取存储器。

一些致力于生产贴近硬件的软件制造商，同样涉足这个领域。由此渐渐产生了专门的BIOS版本，如Award、Phoenix、AMI等。我们再简单提一下“IBM兼容”这个标签：在开发BIOS的时候，经常会把微软的《模拟飞行》游戏用作兼容性测试软件，因为它能促使当时的硬件达到使用的极限。而且它访问BIOS功能程度非常之深，以至于模拟器只能与百分百兼容的BIOS一起使用。请注意，IBM当时并不想杜绝复制现象，但计划对IBM所开发的BIOS收取许可费用。康柏公司率先使用了完全与IBM兼容的BIOS。

5150系列的后继机型，只是简单地添加了XT和AT等名称后缀。总的来说，这个机型系列对IBM来说是商业上的巨大成功，公司本身事先对此也毫无预计。IBM凭借它的个人计算机和标准系统组件，使得个人计算机走上了大众化的道路。

由于IBM-PC可以在没有许可的情况下进行复制，IBM逐渐在竞争中败下阵来。尽管IBM仍然尝试凭借具有专利设计的计算机（IBM PS/2）在不同的道路上寻求发展，试图在竞争中脱颖而出，但康柏、英特尔、惠普和微软等制造商早已依靠新的概念和标准在市场上站稳了脚跟。同时IBM也无法管控它所使用的操作系统：IBM最初使用的PC DOS 1.0是由微软开发的，比尔·盖茨很聪明，他通过合同确保微软可以同时将DOS系统提供给其他制造商。各大厂商纷纷开始克隆个人计算机，最终使IBM元气大伤。在IBM-PC的市场份额急剧下降之后——从1984年的63%左右下降到1990年的15%左右，再到2004年的5%左右，IBM在2005年最终将个人计算机部门出售给了联想，重新专注于大型机的开发以及IT和咨询相关业务。

3.5 家用计算机的黄金时代（1982—1989年）

在Apple Ⅱ和IBM-PC高速发展的同时，家用计算机也诞生于20世纪80年代。严格地说，家用计算机从属于个人计算机。一般来说，当时计算机的主要销售目标群体仍然是企业专业人士或者购买力较强的富裕人士。而“家用计算机”这个词则代表某一类主要针对私人家庭的、价位较低的微型计算机，它们主要用于娱乐和编程。对许多人来说，家用计算机就是他们与计算机世界的首次接触，也是进入这个世界的第一道大门——对我来说也是如此。

作为 X 世代（1965—1980 年出生的人）的一员，我亲历了家用计算机时代的到来。如果你属于接下来的 Y 世代（1981—1996 年出生的人）甚至 Z 世代（1997—2012 年出生的人），你可能会问它到底有什么特别之处。首先，对于我们中的许多人来说，这是第一次能够接触到计算机并用它来做些什么。那个时候，我们这样的孩子还会被称作“计算机儿童”。我们在业余时间里开始试着自学编程，先从抄写杂志上几页长的列表开始，那些一般都是经典的 BASIC 列表。这样做不失为一个学习的好方法，许多 X 世代的程序员就是通过这种方式入了编程的门。第一代的黑客也是在这个时候发展起来的。计算机还被作为选修课引入了学校，不过当时许多“计算机儿童”的知识和技能已经远远领先于他们的老师了。由于最初的计算机并没有图形界面，所以编程就是学校的计算机课上的主要内容。除此之外，计算机课上还能教什么呢?

我们当然也疯狂地玩计算机游戏。当时的常规做法，就是互相复制和交换游戏，这样我们几乎每天都能玩到新的游戏。不管是自己的房间，还是学校操场、体育俱乐部，都是我们交换游戏的场所。那个时候，还出现了许多破解团体，他们能够绕过复制保护机制破解游戏，然后会往游戏加载过程里添加一个带有他们外号的文字或图片。请注意，破解软件在那个时候也已经需要深入的机器语言知识了。当然，当时也有软件调查员到处捉拿这些破解组。许多复制游戏的用户根本不知道破解组所加的“签名”是什么，还以为它们是游戏的一部分。

家用计算机的典型特征是，键盘与主机是一体式的，计算机通过命令行控制，有一个电视接口，并且操作系统永久安装在只读存储器的存储芯片上。此外，还总附有一个解释程序，用它就可以执行 BASIC 编程语言。因此，家用计算机在开机后几秒钟内就可以直接使用了。

这样看来，Altair 8800 套件和 Apple Ⅰ确实可以被视为家用计算机的前身，而 Apple Ⅱ就可以列入家用计算机范畴了。除了 Apple Ⅱ之外，家用计算机的另外两个代表也在 1977 年面市：来自电子产品零售商睿侠价廉物美的 TRS-80，售价 600 美元的一体机康懋达 PET 2001（见图 3.8）。TRS-80 搭配齐洛格公司出品的 Z80 处理器在美国取得了很大的成功。而康懋达 PET 2001 在当时就显得尤为特别，因为它是作为包括外壳、电源单元、键盘、显示器和大容量存储设备在内的完整计算机交付的。它是第一台完全即用状态的计算机，只需插上电源就可以使用。由于在美国和加拿大的销售情况良好，PET 2001 也被引入了欧洲市场。不过，PET 这个名字却引发了问题，因为飞利浦在欧洲已经拥有了一个以 PET 命名的商标，所以 PET 2001 是以 CBM 3001 这个名字引入欧洲的。PET 2001 作为游戏计算机也非常受欢迎，尽管它最初并不是以此为目的开发的，很多经典的游戏被移植到了这个系统里。还有不少有趣的游戏是为它“量身定做”的。而康懋达后来推出的 VC–20 和 C64，是真正瞄准了游戏领域。不过 PET 与后续的机型都不兼容。

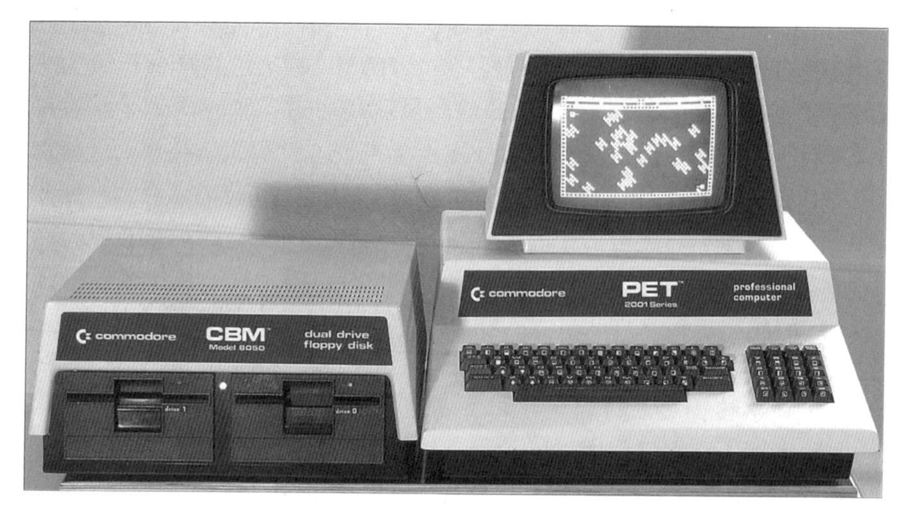

图 3.8　带有双软驱的康懋达 PET 2001

1977 年以游戏机雅达利 VCS（Atari 2600）取得巨大成功的雅达利公司，在 1979 年推出了两款家用计算机，雅达利 400 和雅达利 800（见图 3.9）。它们被定位为用于学习和娱乐的入门级设备，力争在这两个领域（教育和游戏）中能够脱颖而出。这两款机器确实受到了市场的欢迎，使得雅达利公司在 1982 年底短暂地成为市场的引领者。色彩、高分辨率、声音以及磁带、卡带、软盘上的多种软件，使它们成为完美的家用游戏计算机，同时也能满足其他用户和程序员们的各种期待和需求。雅达利 400 和雅达利 800 总共售出了 200 万台。

我已经在 3.4 节中提到，IBM 在 1981 年推出了一台个人计算机 5150。从那时起，IBM-PC 迅速确立了自己作为办公领域计算机的地位。然而对于家用目的来说，当时的 IBM-PC 仍然过于昂贵。后续涌现的价格低廉的复制机改变了这一情况，这些与 IBM 兼容的个人计算机纷纷摆上了普通家庭的写字桌。

图 3.9　雅达利 800

同年，也就是 1981 年，康懋达的 VC–20（见图 3.10）也取得了巨大的成功。它凭借颜色、声音、图形性能优势，以及与雅达利兼容的游戏手柄、磁带读写装置或软盘、使用便捷的键盘成为 1982 年最畅销的家用计算机。它在美国被命名为 VIC–20，在日本的名称为 VIC–1001，“VIC”代表所使用的视频芯片。但是到了德语国家，它却更名为 VC–20，估计是为了避免发音为“Fick–20”[1]。这款计算机的总销量超过 300 万台。

图 3.10　康懋达 VC–20

[1]　“VIC”在德语里听起来像“Fick”，后者为粗俗用语。

1982 年底，家用计算机之王康懋达 64（又称 C64 或“面包盒”，见图 3.11）问世，是热销机型 VC–20 的后继产品。它凭借出色的图形功能、优越的声音处理器、64KB 内存以及数不清的游戏储备成为有史以来最畅销的家用计算机。关于它畅销程度的各种数据众说纷纭，无法一一考证，它的销售总量在 1 200 万—3 000 万台之间。仅在德国，据说当时就存在 300 万台 C64。在英国，辛克莱公司凭借辛克莱 ZX81 及后继机型 ZX Spectrum 占据了很大的市场份额。ZX81 的柜台交易次数高达 150 万次，而 ZX Spectrum 则几乎是每个英国家庭必备的机器。在德国，ZX Spectrum 的表现也同样出色，它是继 C64 之后最受德国人欢迎的计算机，在施耐德 / 阿姆斯特拉特 CPC 发布之前，它的销量为 500 万台。

图 3.11　成为传奇的康懋达 64（也叫“面包盒”）

如前所述，阿姆斯特拉特 CPC 系列，在德语国家被称为施耐德 CPC。它在德国、法国、西班牙以及它的诞生地英国的家用计算机市场都占据了一席之地。除此之外，阿姆斯特拉特公司还推出了好几款家用计算机，其中 CPC 464（见图 3.12）和 CPC 6128 分别在 1984 年和 1985 年取得了极佳的销售成绩。尤其是 CPC 464（彩色个人计算机），它的横空出世令整个专业领域为之一惊。其中也有康懋达公司：原来一个名不见经传的小公司的产品也能成为市场上的热点。在技术层面上，CPC 464 确实也全面超越了 C64。

图 3.12 施耐德 CPC 464 成为市场上的热点

我将在下一节中单独介绍苹果麦金塔计算机，不过不妨在此处先简短提一下。1984 年问世的麦金塔计算机，使用的是来自摩托罗拉的 16 位 68000 处理器，它把计算机的发展又向前推进到了一个新的维度。这台计算机具有高分辨率的图形、鼠标控制的操作系统和许多专业程序，并且首次实现了桌面排版。然而，这样高端的计算机对于家用来说过于昂贵，因此它在家用计算机领域并没有产生多大的影响。

紧跟在苹果麦金塔之后的，是 1985 年问世的康懋达阿米加（Amiga）和雅达利 ST（Atari ST，见图 3.13），它们联手推开了通向新一代家用计算机的大门。这两款计算机同属于第一批 16 位家用计算机的行列，使 8 位家用计算机不得不面临强有力的竞争对手。它们也都使用了摩托罗拉的 68000 系列处理器，就和上文提到的价格高得多的苹果麦金塔一样。而它们在图形方面所提供的可能性和功能甚至令当时的 IBM-PC 都黯然失色。

图 3.13 雅达利 ST

凭借其图形用户界面 GEM（Graphical Environment Manager，图形环境管理器），雅达利 ST 迅速在专业领域中（例如文书工作）声名鹊起，很快确立了自己的地位。这个图形用户界面也用在了个人计算机上。但是它的产品外观和使用感觉都过多地参考了苹果麦金塔计算机，因此苹果公司提起了诉讼。为了避免冗长的法律诉讼，制造商承诺对 PC 版本进行大幅修改，不过雅达利版本并不受此限制的影响。由于雅达利 ST 还成批配备了 MIDI 接口，因此这款计算机被许多大型录音室使用。像麦克・欧菲尔德、赶时髦乐队和佛利伍・麦克合唱团这样的音乐人或团体在当时都使用过雅达利 ST。

1985 年，阿米加 1000 借助一场大型表演出现在了纽约的公众面前：安迪・沃霍尔用阿米加为歌手黛比・哈利（来自金发女郎乐队）的照片重新着色。1986 年，阿米加 1000 同样也通过一场活动在德国亮相：活动在法兰克福的老歌剧院举行，由弗兰克・埃尔斯特纳主持。但阿米加 1000 仍然是家用计算机和办公设备的混合体，所以在销售上一直不温不火。直到 1987 年阿米加 500（见图 3.14）的推出，阿米加系列才在家用计算机市场上崭露头角。阿米加 500 的销量远远超过雅达利 ST。它的图形输出和声音输出都大为改善，尤其受到游戏玩家的喜爱。康懋达为它配备的彩色显示器，也是一个明显的优势。

图 3.14　康懋达阿米加 500

说到这里，我不得不提一下 Acorn 公司的阿基米德计算机（见图 3.15），32 位 RISC[1] 处理器使它成为一台超越时代的理想计算机，远远

[1]　全称为 Reduced Instruction Set Computer，精简指令集计算机。通过简化指令系统，使计算机的结构更加简单合理，从而提高了运算速度。

领先于当时的康懋达阿米加和雅达利 ST。

然而，这台计算机从未真正在市场上流行过，配套的软件也始终相当有限。但不管怎么说，Acorn 的阿基米德计算机在计算机历史上应该占有一席之地，它所使用的先进处理器技术，即 ARM[1] 架构如今可以在许多智能手机和平板计算机中找到。苹果 iPhone 和三星 Galaxy 等产品使用的都是采用 ARM 技术的处理器。

图 3.15　Acorn 的阿基米德计算机堪称家用计算机时代的无冕之王

20 世纪 80 年代末，8 位的家用计算机慢慢从市场上消失，未来似乎属于康懋达阿米加和雅达利 ST 这些 16 位计算机。一开始确实如此，但到了 20 世纪 90 年代初，IBM-PC 或者说 IBM 兼容 PC 开始在家庭用户领域确立自己的地位。原因是多方面的：

首先，这要归功于微软，它推出的 Windows 界面丝毫不逊色于竞争对手的操作系统，同时它加强了适用于 Windows 的游戏开发，并促使硬件制造商开发更多的扩展设备。对于软件制造商来说，IBM-PC 或 IBM 兼容 PC 显然也是他们关心的，因为除了游戏之外，他们更想提供利润可观的专业软件。不过在 20 世纪 80 年代，盗版行为在家用计算机领域屡见不鲜。其次，软件和硬件的兼容性也是有利于 IBM-PC 的另一个重要因素。当康柏等制造商的产品在 20 世纪 90 年代以极具吸引力的价格进入个人计算机市场时，Windows 界面变得越来越流行，个人计算机事实上已经成为新的家用计算机。

[1]　全称为 Advanced RISC Machine，进阶精简指令集机器，一个 32 位精简指令集处理器架构。

3.6 苹果丽莎和苹果麦金塔（1983—1984 年）

苹果公司在 1983 年发布的苹果丽莎（见图 3.16）在计算机历史上也该占有一席之地。凭借丽莎，史蒂夫·乔布斯终于把他访问施乐帕克研究中心时的所见所闻变成了现实。我已经在 2.15 节中提到，他为了寻找灵感，曾经探访了施乐奥托的诞生地。他的 Apple Ⅲ并没有把 Apple Ⅱ所取得的巨大成就延续下去，因此他希望把苹果丽莎打造成下一个大热门。事实上，苹果丽莎确实是一个出色的产品，但商业上的成功并没有按照他预想的那样到来。

苹果丽莎配备了鼠标，它的操作系统带有图形用户界面，这对于商用计算机来说是史无前例的。突然之间，用户不必再使用逐行命令来控制计算机了，用鼠标点击图标就可以执行指令，这些图标甚至还可以在屏幕上被拖来拖去。这款图形用户界面被称为 Lisa Shell。硕大的图标显示在屏幕上，看起来就好像一张摆满东西的写字桌。

办公桌的概念后来也被微软的 Windows 用于个人计算机，成了每个具有图形用户界面的操作系统的标准配置。苹果丽莎同时还提供了一系列实用的程序，比如 LisaCalc、LisaGraph、LisaDraw、LisaWrite、LisaProject 和 LisaList。它使用摩托罗拉的 16 位 5 MHz 的 68000 处理器，主内存为 1 MB。苹果早在 1978 年就开始了这个项目，总共投入了高达 5 000 万美元的资金。

图 3.16　第一台配有鼠标和带图形用户界面操作系统的商用计算机苹果丽莎

尽管配置确实十分优越，但苹果丽莎 9 995 美元的售价着实过于高昂。在德国，你必须为此支付 3 万德国马克。而 IBM 同时推出了售价为 7 500 美元的 XT 系列个人计算机。苹果丽莎的高价让人望而却步，因此总共只售出了 10 万台。1985 年，公司终止了苹果丽莎的生产。有传闻说，在生产结束时仍有 2 700 台苹果丽莎滞留在仓库中，它们最后通通被埋进了垃圾堆，因为这样至少可以免于被征税。

苹果丽莎革命性地应用了计算机鼠标和带有图形用户界面的操作系统。如果你读过上一章，就会知道这两样都不是史蒂夫·乔布斯的发明。但他知道如何组合使用它们，使它们发挥出更大的作用，他也懂得如何让这样的东西卖得更好。虽然这些元素没有使苹果丽莎成为市场上的宠儿，但在随后的项目中，它们成功地使苹果麦金塔成为市场上的传奇。

“丽莎”这个名字

苹果官方声称“Lisa”是“本地一体化软件架构”即 local integrated software architecture 的首字母缩写词。不过，史蒂夫·乔布斯的第一个女儿就叫丽莎，这个名字对他来说也可能具有重大的个人意义。

苹果麦金塔（1984 年）

苹果麦金塔（见图 3.17）是苹果公司历史上第一台 Mac。这个名字来自一个苹果品种麦金托什（Macintosh）。不过，Mac 这个更简短的称呼很早就出现了，到了今天，它已经成为苹果公司的产品标识。而“Macintosh”这个全称如今却不再使用。第一台 Mac 是失败案例苹果丽莎的后继产品。它以一种非常吸引眼球的登场方式被推到公众面前，而苹果公司也把这样的新品发布传统一直保留到了今天。在观众上亿的超级碗决赛上，主办方播放了一段由雷德利·斯科特导演的 60 秒的广告短片。在短片中，苹果公司宣布，IT 世界将从 IBM-PC 的灰色统治中被拯救出来。1984 年正是奥威尔年，苹果在这里影射了乔治·奥威尔的小说《1984》。两天后，即 1984 年 1 月 24 日，苹果麦金塔计算机在股东大会上首次正式亮相。

这款机器配备了主频为 8 MHz 的摩托罗拉 68000 处理器和 128 KB 的内存，性能稳定，售价为 2 495 美元，仅为苹果丽莎价格的四分之一。一个 3.5 英寸的软盘驱动器和一个 9 英寸的小屏幕更是为它锦上添花。与苹果丽莎一样，它的操作系统也配备了图形用户界面，鼠标操作当然也保留了下来。除此之外，它还引入了几个属于图形用户界面的新概念，比如回收站和拖放功能，用户还可以选择和更改文本或者其他对象，以及在文件系统中导航。另外，它还引入了撤销功能。

图 3.17　苹果麦金塔

然而，苹果的麦金塔计算机也没有达到公司的预期。第一波抢购热潮过去后，它的销售额开始急剧下降。苹果公司分析了很多原因：比如价格仍然相对较高；比如当时很多用户仍旧习惯于使用带有命令行的计算机，还没有准备好接受新鲜事物；再比如在软件方面，Mac 也没有太大的说服力，最为出色的程序 MacPaint 和 MacWrite 并不能满足用户的所有需求；另外，128KB 的内存也显得不够充裕。等到它的后继机型麦金塔 Plus 和麦金塔Ⅱ上市，终于有更多的消费者被这个系列吸引了。然而这些机型都已经不在乔布斯的经营之下，因为他在 1985 年被约翰·斯卡利和苹果董事会排挤出了公司。

随后出现的桌面排版软件 PageMaker 以及基于 PostScript 页面描述语言（由 Adobe 公司开发）的激光打印机 Apple LaserWriter，使 Mac 成为桌面出版和平面设计领域中的重要计算机。不过，只有当 iMac、iPhone 和 iPad 等充满设计感、改变生活方式的产品出现，才标志着苹果公司更大成功的到来。

3.7　康柏公司如何成为市场领导者

在了解了 IBM-PC 如何占领市场的历史之后，你已经知道，IBM 唯独没有对 BIOS 开放技术标准。随着 IBM-PC 的出现，整个市场兴盛起来，但计算机的价格仍旧居高不下。苹果公司倒是提供了配置类似但价格更低的机器。这个时候，第一批所谓的 PC 克隆机进入了市场，不过它们都只能通过 MS-DOS 系统访问硬件。当时已经有公司试图绕开 MS-DOS，直接使用 IBM 的 BIOS，只是这样的机器一旦出售，制造商就会因此陷入与 IBM 的版权纠纷。

当时的康柏公司委托了专家，希望能够解决 BIOS 这个难题，以便能够在避免版权纠纷的情况下为 IBM 兼容 PC（或 PC 克隆机）提供自己的 BIOS。康柏当时在开发上投入了超过 100 万美元，成为第一家使用与 IBM 完全兼容的独立 BIOS 的公司。从 1983 年起，IBM-PC 的复制品像潮水一般涌进市场。到了 1984 年，Phoenix 公司首次推出了 100% 兼容的独立 BIOS 克隆产品，并且在法律上也做到了无可争议。

1983 年 3 月，康柏的第一款产品问世，IBM-PC 的“便携式”版本，售价为 3 590 美元。这是市场上第一台合法的 IBM 兼容 PC。这款康柏 Portable（见图 3.18）具有 128KB 的工作内存、一个时钟频率为 4.77 MHz 的英特尔 8088 处理器和一个 360KB 的软盘驱动器，显示器的屏幕尺寸为 9 英寸。这台计算机在第一年就卖得很好，售出了 53 000 台。

与当时出现的麦金塔、阿米加和雅达利 ST 等计算机相比，IBM 在 1981—1986 年间并没有致力于彻底改变 PC 的发展轨迹。他们虽然推出了 EGA[1]，但只是为市场贡献了一个更高的显卡标准而已。而当康柏赶在 IBM 之前，于 1986 年推出了配备英特尔新 80386 处理器（x86 系列的第一个 32 位处理器）的 IBM 兼容 PC 时，它已经成功地摆脱了 PC 克隆产品制造商的身份。

在 1990 年进入大众市场时，康柏公司发起了一场真正的价格战，以不到 1 000 美元的价格出售它的计算机。为了把价格压低到这个程度，康柏使用了来自其他制造商如超威半导体公司（AMD）、赛瑞克斯（Cyrix）的处理器，而不再专注于英特尔处理器。在接下来的几年里，康柏逐渐登上了市场的引领位置，并把其他竞争对手驱逐出了个人

[1]　EGA 指的是增强型图形适配器，是 IBM 在 1984 年引入的显示标准定义，可在高达 640 × 350 像素的分辨率下达到 16 色。

计算机市场，其中也包括 IBM。

图 3.18　康柏 Portable

当然，和每一个市场引领者一样，康柏公司也为进一步扩张采取了一系列举措。比如说，它在 1998 年收购了 DEC 公司，拥有了最快、最有前途的处理器之一——Alpha 处理器。但它或许是忽视了不同企业文化的融合，渐渐落后于戴尔（Dell）和惠普等竞争对手，最终在 2002 年被惠普吞并。

3.8　微处理器的竞赛

在阅读这本书的过程中，你总会时不时地遇到微处理器（也被称为 CPU 或处理器）发展史上的一块又一块新里程碑，它们是计算机的心脏或者大脑。1941 年，康拉德 · 楚泽的 Z3 中还没有这样的处理器，他在计算机上使用的是继电器。1946 年，第一个纯电子计算机系统 ENIAC 中使用了电子真空管。1947 年晶体管发明之后，美国空军首次在 1954 年把晶体管成功应用在了 TRADIC 中。此后，计算机的制造速度大大加快，晶体管变得越来越小，并与其他组件组合成模块。最后，人们成功地把微处理器也放在了一小块硅片上。半导体技术发展带来的微型化，实现了更加复杂的功能，为制造集成电路创造了条件。但是，针对不同应用领域需要开发单独的电路，因此制造成本仍旧居高不下，经济效益较低。

1971 年，英特尔将第一个通用可编程电路推向市场，即 108 kHz、具有 2 300 个晶体管的英特尔 4004。这款 4 位微处理器被誉为第一台放在指甲般大小的芯片上的计算机。

一年后，英特尔发布了 8008 处理器。它是第一台 8 位处理器，也是第一台冯·诺依曼计算机。处理器的时钟频率为 500—800 kHz，有 3 500 个晶体管。它被认为是 8080 处理器的前身，还代表了 x86 处理器架构的基础。1974 年推出的 8080 处理器也是一个 8 位微处理器，具有 6 000 个晶体管，时钟频率已经达到了 2 MHz，被视为第一个成熟的微处理器。80x86 系列则始于 8086 处理器。在此之后开发的所有处理器都向下兼容 8086 处理器，用户不再需要为了一台功能更强的计算机而放弃他们的软件。

紧随其后的是 1982 年的 80286 处理器，英特尔第一款拥有近 13 万个晶体管的 16 位微处理器。与此同时，AMD 发布了 AMD Am286 处理器。这是英特尔和 AMD 之间第一次隐隐约约的交锋，而它们的较量则一直持续到了今天。当时，AMD 仍在从英特尔复制 x86 芯片，因为根据与 IBM 的协议，英特尔必须允许第二家芯片厂商加入，以保证 IBM 的处理器供给，AMD 因此从英特尔那里获得了生产许可。

三年后，英特尔以 80386 处理器开始了 32 位时代，它有 27.5 万个晶体管，时钟频率为 16—33 MHz。1989 年，英特尔推出了 80486 处理器，它的芯片上已经安装了 120 万个晶体管，时钟频率起点是 25 MHz，后来甚至达到了 50 MHz。同时它还具有一个板上集成缓存、一个更出色的指令集和一个经过扩展的总线系统。另外，AMD 在 1991 年将 AMD Am386 处理器推向市场，当时它仍然只是英特尔 80386 处理器的翻版，并没有包含任何来自 AMD 自身的设计开发。但由于 AMD 成功地使 Am386 处理器的时钟频率超越了英特尔最新的 80486 处理器，而且价格也更便宜，因此 AM386DX-40 在 20 世纪 90 年代初成为一款广受欢迎的微处理器。

不难想象，英特尔立刻就向 AMD 提出了抗议，并且企图阻挠 Am386 处理器的交付，因为英特尔早在 1986 年就终止了与 AMD 的许可协议。最终，两家公司达成了庭外协议：从第 5 代（80586，奔腾）开始，AMD 不再被允许制造英特尔的复制品。

赛瑞克斯（Cyrix）

作为第三股力量，赛瑞克斯于1992年凭借Cx486进入处理器市场。这个处理器是为80386主板设计的，但已经具有了80486这一代的特性。虽然它价格相当便宜，但与英特尔处理器相比性能较弱，销售成绩并不令人满意。请注意，赛瑞克斯并没有与英特尔签订专利协议，而是独力开发自己的处理器。这家公司在处理器市场上一直活跃到了2000年，不断对自身研发的处理器进行技术改进，相继推出了C5x86（第5代）和C6x86MX（第6代）。尽管它生产的处理器具有相当的竞争力，但经营状况并不十分乐观，在竞争力上无法与英特尔和AMD相抗衡。

第5代上市前夕，各方都翘首期盼着80586处理器的发布。由于数字不能作为品牌名称受到保护，英特尔在1993年引入了“奔腾”（Pentium）这个名称。它由希腊数字“penta”（代表5）和拉丁文词尾“-ium”组成。奔腾处理器上已经集成了超过310万个晶体管，处理器时钟频率最低为60 MHz，后来上升到300 MHz。英特尔在上面融入了RISC技术，并且保持与80486处理器的向下兼容性。AMD在奔腾上市前一个月发布了AMD Am486。这是最后一款复制英特尔80468处理器的芯片。在此之后，AMD不得不走出一条自己的发展道路。1996年，ADM推出了第一款独立开发的x86微处理器——AMD K5。但由于开发和生产中存在的问题，AMD K5的上市时间相较原计划推迟了一年。

奔腾FDIV错误

在英特尔推出奔腾一年半后的1994年，有一个错误暴露了出来，导致浮点计算结果不精确。这种错误只会在进行复杂的计算时出现，比如天文预测，对于普通计算机用户来说并不会产生太大影响。因此，英特尔轻描淡写地平息了此事，声称该错误每27 000年才会发生一次。但这个说法很快遭到了专业人士的驳斥，尤其是IBM。

当时英特尔还宣布，只有在用户能够证明发生错误的情况下才会给予更换微处理器。于是关于奔腾的各种玩笑开始流传，比如：“为什么英特尔不把奔腾处理器称为586呢？因为在奔腾上做486和100加法，得出的答案会是585.999 983 22。”最终，英特尔别无选择，只得提供更换服务。

我不想花太多笔墨在 AMD 和英特尔之间的阵地战上——愿意的话，当然可以洋洋洒洒地写上好几页，但这里只提几个更重要的节点。

由于奔腾Ⅱ无法与 AMD K6 抗衡，销售情况不温不火，因此英特尔在 1998 年开发了低成本处理器赛扬（Celeron）作为应对。1999 年，英特尔发布奔腾Ⅲ之后，AMD 推出了 Athlon 处理器，首次拥有了比英特尔更快的处理器。2000 年，AMD 还设法赶在英特尔之前，打破了处理器时钟频率 1 GHz 的天花板。同一时间，英伟达（NVIDIA）的 GeForce 图形芯片也在某些方面胜过了处理器的性能。2003 年，AMD 把 64 位架构的 Athlon 64 引入大众市场，树立了又一块里程碑。不过，要使用 64 位模式的话，就必须依赖 Linux 操作系统，因为 Windows 直到 2005 年才迎来 64 位时代。接下来，时钟频率突飞猛进，随后出现了多核处理器。在这个过程中，AMD 慢慢与英特尔拉开了差距。

尽管当前的市场更多地转向了平板计算机和智能手机，但直到今天，英特尔和 AMD 仍执着于竞相推出更出色的微处理器。就在我写这本书的时候（或者更早一点），ADM 依旧在寻求突破。凭借品牌名称为锐龙（Ryzen）的 Zen 架构，AMD 再次在市场上推出了技术上超越英特尔的处理器。当然，它不可能永久保有领先地位，英特尔交出合适的答卷只是时间问题。

第四章 移动计算机登场

预测未来的最好方法是自己去塑造它。

——艾伦·凯

当史蒂夫·乔布斯在2007年发布iPhone时，或者更早，一场移动领域的革命就拉开了序幕。移动设备极大地改变了人与计算机互动的方式，也改变了整个社会的社交生活。具有计算机功能和极高连通性的智能手机，成为大众日常生活中的伴侣。对于很多人来说，它是最重要的计算机设备。智能手机处理器的时钟频率超过2 GHz，并且通常具有多个内核，4 GB的运行内存是当前的标准配置。在销量方面，所谓的平板计算机，例如iPad也已经超过了个人计算机，包括台式计算机和笔记本计算机。苹果、三星、谷歌和高通等大型企业在移动领域起到了引领作用。

英特尔、微软、戴尔和惠普等其他公司不可避免地受到这场移动革命的冲击，因为它们也不得不做好准备涉足这个行业。在下文中，我并不打算对当前或未来的市场做出任何预测，只想讲几个关于移动革命如何产生的有趣故事。

手机

在德语国家，我们喜欢用大家喜闻乐见的词语“Handy”来指称我们的智能手机，谁都知道它指的是什么。然而，在英语世界，把手机称作“Handy”往往会引来别人困惑的目光，因为它在英语中是一个形容词，意思是“实用、舒适、方便”。

4.1 笔记本计算机的历史

一说到笔记本计算机（notebook或者laptop），我们就会想到戴尔的XPS、苹果的MacBook或微软的Surface这些功能非常强大的计算机设备。而研制这些设备的道路或许比我们想象的要更长一些。接下来，我就向你介绍一下笔记本计算机历史上的几块里程碑。

4.1.1　艾伦·凯的动态笔记本构想（20 世纪 70 年代）

具有讽刺意味的是，故事又要从施乐帕克研究中心讲起。除了自身产品施乐奥托之外，计算机历史上的许多重要事物发源于这个地方；史蒂夫·乔布斯和比尔·盖茨等重要人物，在功成名就之前都曾拜访过此地，并且收获了许多启发和灵感。这个研究中心研发了第一台激光打印机，发明了以太网，还开发了第一个图形图像处理软件 SuperPaint。后文提到的许多面向对象的编程语言的基础——Smalltalk 编程语言以及图形用户界面，都诞生于此。笔记本计算机的概念同样可以溯源到这里。然而，除了激光打印机，其余的成功发明可以说是为其他公司做了嫁衣裳。

动态笔记本（Dynabook）的想法来自美国计算机科学家艾伦·凯，他也是 20 世纪 70 年代初期参与面向对象的编程、Smalltalk 编程语言以及图形用户界面开发的负责人之一。根据他的设想，这是一种纤薄便携的设备，也就和一本笔记本一般大小、厚薄；输入通过一体化的键盘进行；用户能够使用它来管理和编辑文本文件和程序；它能与学校图书馆等知识库进行通信，从而成为可联网的计算机和学习机；它能够像纸笔一样操作，因此作为输入设备的键盘并不是必需的；它还能与操作者的感觉运动机能和图像感知及记忆能力相适应，用艾伦·凯的话来说，就是“用图像创造符号”。（见图 4.1）他还提到这台计算机应该适合所有年龄段的孩子，价格也在绝大多数人可以承受的范围之内。可以肯定

图 4.1　艾伦·凯和他的动态笔记本构想

地说，从艾伦·凯关于动态笔记本的描述里，已经可以看到即将问世的笔记本计算机、平板计算机，甚至智能手机的雏形。可惜他当时的老板杰里·埃尔金德并没有支持他直接把概念转化为实物。尽管如此，1973年，他的想法还是被作为设计出发点应用在了另一台计算机上，也就是施乐奥托计算机。关于它的历史，你已经在 2.15 节中读到了。

4.1.2 IBM 5100（1975 年）

IBM 5100 移动式计算机（见图 4.2）可以被称为第一个“便携式”设备。请注意，当时这台机器的重量为 28 千克，所谓“便携”，是指机器可以在一幢大楼内从一张桌子搬到另一张桌子。就当时的标准而言，这台可以放置在办公桌上的 IBM 5100 已经是能引起相当轰动的革命性产品了。它由三部分组成，一个安装了 5 英寸小显示器的外壳、一个带数字键的键盘和一个磁带驱动器。它的操作系统也相当不错，可以用 BASIC 或 APL 两种编程语言编写程序。APL 编程语言通常用于大型计算机，一贯受到科学家的青睐。这款机器的基本型号起价为 9 000 美元，最高达 20 000 美元。IBM 5100 的设计尽管称得上是革命性的创举，但它在销售上仍旧算不上一个成功的例子。之后，原团队改进了 IBM 5100，并推出了新机型 5110，可惜同样没有挽回败局。

图 4.2　IBM 5100 移动式计算机

4.1.3　奥斯本 1 号——手提箱计算机（1981 年）

亚当·奥斯本最初是一名化学工程师，不过他很早就对飞快成长的计算机市场产生了浓厚的兴趣。在 20 世纪 70 年代初期，他就以计算机专业书籍作者和出版商的身份赢得了一定的知名度。他创办了自己的出版社奥斯本出版公司，一共出版了 40 多本书。1979 年，奥斯本把自己的出版社卖给了格劳·希尔出版公司。1980 年 3 月，他遇到了计算机开发人员李·弗森斯坦，这一位也是集结了诸多先驱者的家酿计算机俱乐部的成员。弗森斯坦按照亚当·奥斯本的要求，设计了“奥斯本 1 号”便携式计算机（见图 4.3）。按照奥斯本的设想，计算机要能被放到飞机的座椅下方。这是一台重约 11 千克的便携式计算机，带有 5 英寸 50 × 24 字符数的显像管显示屏；两个 5.25 英寸软盘驱动器用作存储设备；搭载的 Zilog Z80 处理器工作频率为 4 MHz。这台手提箱计算机的售价为 1 795 美元，一上市便引发了轰动。它的软件包组合可谓功不可没，它包含了 CP/M 操作系统、WordStar 文字处理器、SuperCalc 电子表格和 dBASE 数据库软件。单独购买这些软件的成本与整台计算机的费用不相上下。这么说的话，这台计算机还真是十分划算。

可惜好景不长，亚当·奥斯本犯了一个错误，过早地宣布了尚未完成的后续机型，致使销量下降。这是不是直接导致他申请破产的原因，没有人可以下定论。奥斯本的前雇员曾表示，公司破产只是因为竞争对手的产品更优越、更便宜。不过，这种在事情完成之前就进行宣传的方式，从此被称为了“奥斯本效应”。

破产后，奥斯本重返出版业，创立了平装软件出版公司，出售价格低廉的计算机程序。他还在 1985 年出版了书名为《高速生长：奥斯本公

图 4.3　奥斯本 1 号

司的浮与沉》[1] 的回忆录，并且登上了畅销榜。1987 年，莲花软件提起诉讼，指控奥斯本的出版公司出售的 VP-Planner 电子表格软件抄袭了 Lotus 1-2-3 软件。三年后，法庭判定奥斯本的出版社侵犯版权。奥斯本离开出版社之后，于 1992 年回到了印度与姐姐共同居住，直至 2003 年去世。

4.1.4 GRiD Compass 1100（1979—1982 年）

“奥斯本 1 号”的外形，让人联想到的仍旧是手提箱。但是仅在一年之后，也就是 1982 年 4 月，当 GRiD Compass 1100（与其类似的 1530 见图 4.4）出现在公众面前时，它几乎就是今天笔记本计算机的模样了。这台笔记本计算机由英国工业交互设计师比尔·莫格里奇（Bill Moggridge）设计。它的重量仅为 5 千克，配备了英特尔 80x86 处理器，320 × 240 像素的屏幕可以开合（翻盖设计），外壳由镁合金制成。它安装了特殊的操作系统，主要的销售对象是军方。由于操作系统的特殊性，再加上 8 000—10 000 美元的高价，致使它的销售数字始终在低处徘徊。尽管如此，对于随后出现的笔记本计算机，GRiD Compass 1100 仍不失为一个具有开创意义的先驱，施乐帕克研究中心动态笔记本构想中的许多元素在它身上也有所体现。不过，当时搭载 CP/M 操作系统的“奥斯本 1 号”显然更受欢迎。

图 4.4 美国亚拉巴马州亨茨维尔的太空与火箭中心（U.S. Space & Rocket Center in Huntsville，Alabama）展览的 GRiD Compass 1530（与 1100 类似）

[1] 原英语书名为：*Hypergrowth: The Rise and Fall of Osborne Computer Corporation*。

4.1.5 东芝 T1100（1985 年）

东芝 T1100 是第一款针对大众市场且与 IBM-PC 兼容的商用笔记本计算机，而上文提到的 GRiD Compass 在与个人计算机的兼容度上十分有限。T1100 使用的是 3.5 英寸的软驱，这在当时的个人计算机领域还是不太常见的。能显示 80 × 25 个字符的液晶屏仍为单色显示屏，用户看到的是灰绿色的底色上显示的蓝色字样。它同样可以与外部监视器或者电视机相连。镍镉电池组可持续使用 8 小时，这一点与如今的笔记本计算机相比也不逊色，不过要考虑到，它所搭载的处理器英特尔 80C88 只有 4.77 MHz 的工作频率，并且无背光的屏幕耗电也较低。它的操作系统是 MS-DOS，重量为 4.1 千克，当时的售价为 1 899 美元。

4.1.6 IBM PC Convertible（1986 年）

IBM 推向市场的第一台笔记本计算机是 IBM PC Convertible（见图 4.5），或被称为 IBM 5140。这台笔记本计算机是由后来负责 ThinkPad 品牌的理查德·萨博设计的，它第一次展现了扩展坞的概念：液晶屏幕可以拆卸，更换成外接显示屏；背面还留有可以连接热敏打印机的接口，使计算机和打印机成为一体。存储介质为两个 3.5 英寸的软盘驱动器，处理器采用时钟频率为 4.77 MHz 的英特尔 8088 低耗能版（80C88）。计算机连同手柄的总重量为 5.8 千克。在设计方面，IBM 的 Convertible 可谓中规中矩，2 000 美元左右的价格也不算太高，但是它并没有成为市场热门，因为其他制造商也以这个价格将便携式设备推

图 4.5 IBM PC Convertible

向市场，而且搭载了更新的 80286 处理器，一些走在前面的设备甚至已经配置了硬盘而不是软盘驱动器。

4.1.7 苹果 PowerBook 100（1991 年）

在约翰·斯卡利的领导下，苹果第一台笔记本计算机麦金塔 Portable 并不是一个成功的例子。虽然这款机器的技术性能非常好，还具有一些其他优势，比如数字键盘区域可以换成内置轨迹球，机器在脱离电网的情况下可以运行 10 小时，但 6 500 美元的价格对于笔记本计算机来说并不能很好地说服消费者，尤其是考虑到它的重量达 7.2 千克。

在索尼的帮助下，苹果随后对麦金塔 Portable 进行了瘦身和修改，在 1991 年推出了 PowerBook 100（见图 4.6）。这台机器同样安装了 16 MHz 的摩托罗拉 680x0 处理器。为了保持外形上的紧凑，PowerBook 100 没有内置的软盘驱动器，必须通过外接，但是它内置了 20 MB 或 40 MB 的硬盘驱动器，这在当时并不常见。PowerBook 的键盘中间也装有轨迹球，可以代替鼠标使用。9 英寸液晶屏的分辨率已经达到了 640 × 400 像素。电池续航时间为 2—3 个小时。不过第一批设备上的电池出了纰漏，在使用两三年后就会出现故障。值得一提的是，这台笔记本计算机第一次在键盘前部留有了可以支撑手掌的部分，到了今天，这种支撑面已成为所有笔记本计算机的标准配置。总的来说，包括后续的 PowerBooks 140 和 170，这个系列最终在市场上取得了巨大成功。

图 4.6 苹果 PowerBook 100

4.1.8　ThinkPad（1992 年）

ThinkPad 是受到疯狂追捧的最著名的笔记本计算机品牌之一。在 IBM 的指导下开发的 ThinkPad 系列，如今在联想公司的经营下依然活跃在市场上。尽管 IBM 并没有在这款设备上实行革命性的创新，但它集合了当时所有的发明成果。当时其他的笔记本计算机大多仍然是黑白屏幕，并且被装在一个庞大的箱子里，而 IBM 推出的 ThinkPad 700C 配备了一个 10.4 英寸的大型彩色显示屏（当时称得上），外形非常紧凑。它内置了一个 120 MB 的硬盘，一个 25 MHz 的英特尔 80486 处理器，并使用 Windows 3.1 作为操作系统。此外它还拥有一个与众不同之处，就是可以用来替代鼠标的红色按钮，今天我们仍然能够在 ThinkPad 中发现这个特征。ThinkPad 并不是第一款带有红色按钮的笔记本计算机，但 IBM 在最恰当的时代把它带到了公众面前。ThinkPad 700C 取得了成功。在 20 世纪 90 年代，IBM 凭借 ThinkPad 品牌尝试了许多令人感到惊喜的有趣创意。

4.1.9　ThinkPad 700T（1992 年）

如果你一听到 ThinkPad，最初想到的是 iPad 之类的平板计算机，那其实也并没有错。第一款型号为 700T 的 ThinkPad 就是一款小型平板计算机，配备 20 MHz 的 80386 处理器、4 MB 或 8 MB 的内存、10 MB 的硬盘驱动器，以及分辨率为 640 × 480 像素的单色 10 英寸屏幕。这款机器在 1992 年面世，但当时并没有吸引多少人关注，所以不久就从市场上消失了。

宝马和 ThinkPad

借鉴了宝马车型 3 系、5 系、7 系的分类方法，ThinkPad 的型号也被分为这样三类，3 系代表入门级别，5 系代表中等级别，7 系代表奢华级别。今天，已不再使用这个型号名称了。

4.1.10　带锂离子电池的东芝 T3400CT（1994 年）

东芝 Protege T3400CT（见图 4.7）系列于 1994 年初发布，与当时其他厂商的产品区别度不高，但仍不失为一款优质的笔记本计算机。它的重量为 2 千克，采用 80486 处理器，具有 4 MB 内存，带有 20 MB 硬盘及 PCMCIA 卡槽[1]，配置称得上紧跟潮流。它在笔记本计算机历史上的重要意义在于，它是第一台配备了锂离子电池的笔记本计算机。与其他电池相比，这种电池的优势在于它没有所谓的“记忆效应”。由于“记忆效应”，电池在放电后会逐渐失去容量，无法再充电至 100%。T3400CT 的电池可持续使用长达 6 小时，并可在 3 小时内充满电。

图 4.7　东芝的 T3400CT 是第一款使用锂离子电池的笔记本计算机

4.1.11　苹果 iBook G3（1999 年）

1985 年，史蒂夫·乔布斯因与苹果首席执行官约翰·斯卡利发生争执而离开苹果公司。渐渐地，苹果公司开始偏离了原来的成功轨道，除了竞争对手方面的因素，管理不善和市场上产品过剩也是其失败的原因。直到 1998 年，史蒂夫·乔布斯已重新担任苹果首席执行官并且推出了彩色立方体 iMac G3，公司才开始重新盈利。在 iMac G3 取得巨大成功之后，他们想在笔记本计算机市场上也推出一款相应的产品。1999 年，苹果发布了苹果 iBook G3（见图 4.8）。这款面向大众市场的 iBook 具有十分活泼有趣的外观，带有圆角的彩色橡胶外壳让有些人联想到了马桶盖，它的电源线也可以像溜溜球一样绕起来。史蒂夫·乔布斯在 Macworld 大会上介绍了 iBook G3，抱着它在台上来回走动，一

[1]　全称为 Personal Computer Memory Card International Association，个人计算机存储卡国际联合会，负责为 PCMCIA 设备制定标准。PCMCIA 卡槽可以为便携式计算机提供与任何类型的设备连接的功能，比如网络接口卡、扩展硬盘卡、只读光盘卡等。

边上网一边展示它的无线互联网连接，台下的观众们激动不已。网络连接在当时还不属于笔记本计算机的标准功能。iBook G3 的售价为 1 600 美元，比苹果面向专业用户的 PowerBook 便宜约 900 美元。出于降低成本的考虑，苹果不得不在这台笔记本计算机中精简掉一些东西，但总的来说，整体配置还是非常合理的。它的处理器采用了 300 MHz 或 366 MHz 的 PowerPC-G3，ATI Rage Mobility 图形处理器支持分辨率为 800 × 600 像素的 12.1 英寸 TFT 屏幕，内存达到了 32 MB。为了乘上成功机型 iMac G3 这股东风，iBook G3 被称作“外带 iMac”，它果然不负众望，把 iMac 的成功延续了下去。

图 4.8　苹果 iBook G3 的外观与马桶盖的相似性确实很难否认

4.1.12　不同类型的笔记本计算机

进入 2000 年，人们开始为特定的应用领域制造不同类型的笔记本计算机，并且用各种表述特征的概念对它们进行分类。但是它们之间的差异往往并不是那么分明，所以这样的区分也并不总是十分有效。接下来，我将简单列举笔记本计算机的不同类型，不过请不要过于拘泥于这些概念的字面意义。

台式机替代机型

这类笔记本计算机是在尽量保证相同性能的情况下用于替代固定的个人计算机的。游戏笔记本计算机和用于视频编辑的笔记本计算机也包括在其中。这类笔记本计算机首先要保证强大的计算能力，通常配有高分辨率的屏幕。除了足够的主存储器之外，处理器和显卡也相当重要。因此，它们的价格通常非常高。

小型笔记本计算机、超极本

小型笔记本计算机通常轻巧紧凑，屏幕尺寸在10—13.3英寸之间，既可用于工作也可用于休闲。在配置上，这种笔记本计算机只保留必需的功能。超长的电池续航时间是它的特色。例如苹果MacBook Air就是一款经典的小型笔记本计算机。超极本在本质上与小型笔记本基本相同，这个名称是英特尔公司受保护的专用名称。

上网本、Chromebook

上网本是价格低廉的笔记本计算机，具有较长的续航时间，主要用于上网。不过这些笔记本计算机已被平板计算机和可转换式个人计算机所取代，如今已不太常见。Chromebook指的是利用谷歌开源操作系统Chrome OS研发的笔记本计算机，可以说是代表了较早的上网本的一种新潮形式。

全能笔记本

这个类别包含各种标准和多媒体笔记本计算机。这些笔记本计算机通常拥有尺寸为14—17英寸的屏幕、容量适中的硬盘、各种接口、存储卡读卡器、USB接口和网络摄像头。在性能方面，它们充分考虑了各种应用的要求，但并不追求在性能上达到极致，性价比较高。总而言之，是适合最广大消费者群体的笔记本计算机。

可转换式个人计算机、混合式个人计算机（Hybrid PC）

这个类别正变得越来越受欢迎。像iPad这样的纯平板计算机似乎想要走一条捷径超越传统的笔记本计算机和台式计算机，两者的混合体便应运而生。这些设备基于某些机械构造，可以在笔记本计算机和平板计算机之间互相转化，键盘可以折叠起来，或者可以与屏幕完全分离。

4.2 手机和智能手机的里程碑（始于1926年）

在我们大多数人的印象里，手机的历史开始于1983年诞生的摩托罗拉 DynaTAC 8000X，不过，我想从更早一些的时间节点讲起。早在1926年，汉堡和柏林之间的德意志帝国铁路上就配备了火车邮政无线电，或者叫火车电话。头等舱的旅客可以使用这些电话，从行驶中的火车上拨打固定网络电话。AT&T[1] 早在1927年就提供了基于长波无线电的跨大西洋呼叫服务，而手机的历史直到1946年才真正开始。当时，美国贝尔电话公司首次在卡车中安装了车载电话，实现了移动通话，发明者是贝尔实验室的工程师道格拉斯・H. 林格。在德国，第一批车载电话是随着A网络的引入在1958年投入使用的，到1968年车载电话在德国实现了80%的覆盖率。不过用于汽车的电话设备非常重（至少16千克）且价格昂贵（当时约为15 000德国马克），因此目标群体也只是富裕阶层。当时非常著名的一部设备是 Lorenz CCU 9340-1（见图4.9），联邦德国总理康拉德・阿登纳曾使用过它。与计算机一样，随着晶体管的发明，移动电话的体积也开始变得越来越小。

图 4.9　Lorenz CCU 9340-1 的操作面板

德国的无线移动通信网

为了不把移动通信网络与移动电话混为一谈，我在这里要额外多费几行笔墨。德国引进A网络几年后，网络开始变得不堪重负，因此德国在1972年又引入了B网络，这个时候首次实现了自拨号连接，也就是不再需要电信局女职员人工接线。不过与A网络一样，B网络也暴露出了问题：只要越过传输区域，连接就会

[1]　全称为 American Telephone & Telegraph，美国电话与电报公司。

中断，不得不重新拨号。1984年，C网络作为最后一个类似的网络在德国投入使用，每个用户终于有了一个固定的号码。所需的传输功率也变得更低，因此电话的体积可以进一步缩小。但由于各个国家所使用的技术不同，因此国内的网络无法接通到国外（所谓“漫游”）。为了解决这个问题，西欧国家开始考虑制定一个统一的移动电话新标准，这便是GSM[1]发展的开端。1991年，德国建立了D网络（2G），拉开了数字无线通信网络的序幕。UMTS[2]（3G）在2004年启动，2009年引入LTE[3]（4G）。现在，最新的第五代（5G）网络已经在多个城市投入运营。

4.2.1 第一部手机——摩托罗拉DynaTAC 8000X（1983年）

我仍然记得，在20世纪80年代我最喜欢的电影《迈阿密风云》里，调查员桑尼·克罗克特举着一部砖头大小的手机打电话。这块“砖”，就是摩托罗拉DynaTAC 8000X（见图4.10）。摩托罗拉经过10多年的研究，投入了超过1亿美元的开发成本后，在1983年研发出了这款手机，并于一年后推向市场。

摩托罗拉曾制造过重量可观的车载电话。当时的发明者是美国电气工程师马丁·库帕。第一代摩托罗拉产品的尺寸为33厘米×4.5厘米×8.9厘米，重约800克，所以更适合放进手提箱里，而不是手提包，更不用说上衣口袋了。它的售价约为4 000美元，目标群体显然是企业家、医生、银行家或地产商等高收入人群，所以在当时它更多地被视为一种象征地位的配饰。它的电池续航时间大约是1小时，可以储存30个号码。这款手机总共卖出了30万部，虽然称不上巨大成功，但它标志着大众手机技术的肇始。摩托罗拉凭借超前的技术，在这个领域里领先市场几乎整整十年，直到20世纪90年代，诺基亚才将摩托罗拉从巅峰位置上赶了下来。

[1] 全称为Global System for Mobile Communications，全球移动通信系统，又称泛欧数字式移动电话系统，是当前应用最为广泛的移动电话标准。

[2] 全称为Universal Mobile Telecommunications System，通用移动通信系统，第三代（3G）移动电话技术。

[3] 全称为Long-Term Evolution，长期演进，UMTS技术标准的长期演进，是3G与4G技术之间的一个过渡。

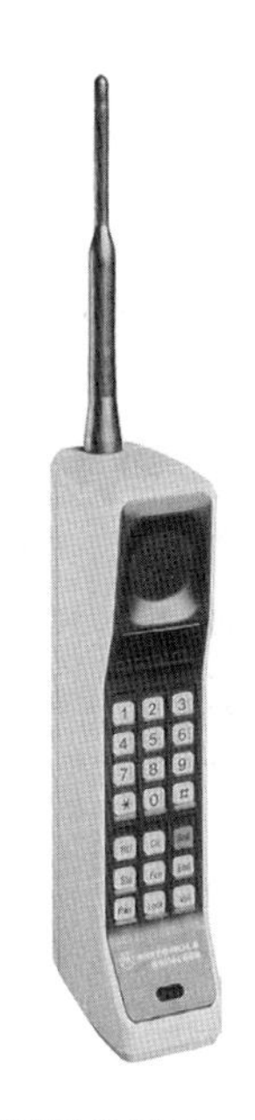

图 4.10　摩托罗拉的 DynaTAC 8000X

4.2.2　第一部智能手机——IBM Simon（1994 年）

或许是无心插柳，IBM 在 1994 年向市场推出了第一部智能手机 IBM Simon（见图 4.11）。当时它并没有被称为智能手机，但现在回想起来，它已经具有了智能手机几乎所有的典型功能——除了不能连接网络。你可以用它写字、绘图、管理联系人和日程、发送传真，当然还可以接打电话。它甚至还具备了一个带有字符联想功能的键盘。IBM 把这款重 510 克、长 23 厘米、名为 Simon Personal Communicator 的手机宣传为移动电话和带触摸屏的掌上计算机（PDA）的组合。它内含一个 16 MHz 的处理器以及 1 MB 的内存，使用一个改编过的 MS-DOS 版本，即 Datalight 公司的 ROM-DOS，作为操作系统。为了不依赖于命令行，IBM 还为此开发了一个名为 Navigator 的图形用户界面。

但是这款手机没有网络浏览器，也无法接入网络。原因很简单，1994 年的无线移动网络无法满足这样的需求。另外，它的屏幕分辨率仅为 160 × 293 像素，对比度也相当低。在电话模式下，电池只能维持 1 个小时的电量。至于适用的应用程序，由于它的销量仅为 5 万台，很快便退出市场，因此第三方开发商提供的应用程序也并不多。这款手机的价格约为 1 100 美元。IBM 没有向市场推出后续机型，因为成熟的时机看起来尚未到来。尽管如此，IBM Simon 的开创性是不容否认的。不久后，诺基亚的一款类似产品 9000 Communicator，取得了更大的成功。

图 4.11　IBM Simon 被认为是第一部智能手机

4.2.3　西门子 S3 的第一条短信（1995 年）

1992 年，软件开发人员尼尔·帕普沃思用计算机向英国沃达丰经理的手机发送了第一条短信。当时还无法用手机输入文字，他不得不在计算机上编写短信。那个时候，还没有多少人拥有手机。在德国，手机用户甚至不到 1%。1994 年，短消息服务（SMS）在 CeBIT[1] 上亮相，用户通过这项服务可以发送 160 个字符的文本。

1995 年，西门子推出了具有革命性的带有 SMS 功能的手机——西门子 S3。那时的人们还没有预料到即将到来的短信时代。在短信最为兴盛的时期，仅在 2012 年，德国就发送了超过 590 亿条短信。160 个字符显然十分有限，许多在今天 WhatsApp 和 Facebook 的时代仍在使用的 SMS 缩写便开始流行起来。诸如“lol”或“omg”等常用符号，对于今天的用户来说仍旧是非常熟悉的。笑脸也用纯 ASCII 字符“;–)”或“:–P”表示。但是需要用手机上的数字来输入，颇为耗费时间。比如

[1]　全称为 Centrum der Büro-und Informationstechnik，汉诺威国际信息及通信技术博览会，一个以信息技术（IT 业）和信息工程（IE 业）为主的国际性大型展览会。

写一个“Hallo”，就必须在手机键盘上按下以下按键组合：

(4) (4) (2) (5) (5) (5) 空格 (5) (5) (5) (6) (6) (6)

图 4.12　西门子 S3 引入了 SMS 功能

为了提高打字速度，诺基亚在 1999 年发布了诺基亚 3210，它的特殊之处在于带有 T9 输入法。这是一种可以简化手机文本输入的系统。输入时，软件会从内置的词典里调取拼写建议显示在屏幕上或者直接收录，从而减少了人们对单键的重复按动次数。然而，到了智能手机和消息免费的时代，短信的使用频率大幅下降，现在已经回落到了 2000 年前后的水平。尽管如此，短消息服务仍然用于许多商业交易，比如订单确认和银行交易，它的优势是不需要借助互联网和特殊应用程序。

4.2.4　迷你尺寸计算机——诺基亚 9000 Communicator（1996 年）

在 IBM Simon 问世仅两年之后，诺基亚推出了 9000 Communicator。这款机器重约 400 克，是一款集短信、彩信、传真、电子邮件、蓝牙和红外线通信功能为一体的设备。此外它还配备了办公软件，并且可以选择安装外部应用程序（即今天的 Apps）。它的另一个特征是能够进行多任务处理，这在当时显得相当不同凡响。与 IBM Simon 不同，诺基亚 9000 Communicator 已经能够访问互联网，因此从技术上来讲，它才是世界上第一款“真正的”智能手机——即便当时还不曾使用这个词。

图 4.13　诺基亚 9000 Communicator

它的操作系统是基于 DOS 的 PEN/GEOS，曾用于个人计算机并且带有图形用户界面。所以，它其实是一部诺基亚手机与一台带有 24 MHz Intel i386 处理器且与 IBM 兼容的 PC 的结合体。Communicator 的首批型号销量超过 36 万台。在德国，它的售价为 2 700 德国马克。

4.2.5　第一部翻盖手机（1996 年）

在今天看来，翻盖手机显得相当落伍，但当时它是大家眼里的炫酷

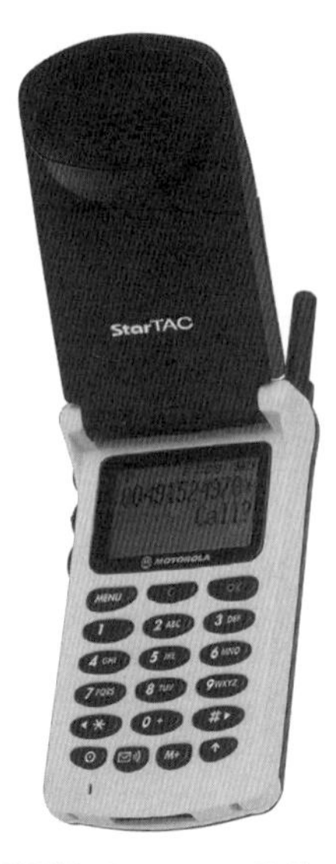

图 4.14　摩托罗拉 StarTAC 是第一款翻盖手机

产品，并且一度取得了巨大的成功。1996 年，摩托罗拉又先行一步，推出了 StarTAC，这是美国的第一款翻盖手机。它是当时最轻、最小的手机，还率先加入了振动闹铃功能，市场反响十分热烈，总共售出超过 6 000 万台。

2019 年，摩托罗拉（已在联想旗下）提出了“回到未来”的口号，又生产了一款“翻盖手机”。这是一台智能手机，有 2 个可以翻开以及折叠的屏幕。虽说它的技术配置并不是一流的，但它重新代表了一种创新的概念。目前有多家制造商似乎在研发各种类型的翻盖型机器，这种新形式的智能手机究竟将如何发展，让我们拭目以待。

4.2.6　智能手机历史上的其他里程碑

1997 年，西门子 S10 问世。就手机本身而言，它与其他同类产品并没有太大区别。但它是第一款具有彩色显示屏的手机，可以显示四种不同颜色。

1999 年，瑞典制造商向市场推出了爱立信 R380。它是第一款真正被宣传为“智能手机”的设备。它的操作系统是 Symbian OS；120 × 360 像素的触摸屏仍为黑色，带有绿色的背光；惯用左手的人可以将屏幕旋转 180 度；在键盘翻盖关闭的情况下，按动按键可以把压力传递到触摸屏上。

2002 年，诺基亚推出了 7650。它是第一款在手机背面配备数字相机的设备。用这个相机可以拍出 640 × 480 像素、1 600 万色的照片。

4.2.7　iPhone 征服世界（2007 年）

不论怎么看待苹果公司或者史蒂夫 · 乔布斯这个人，iPhone 的出现都无疑是具有跨时代意义的历史事件（不仅仅是在智能手机历史上）——许多东西都因它而发生了改变。那时，苹果公司已经把 Mac 和 iPod 这样的革命性产品推向了市场。史蒂夫 · 乔布斯在推出 iPod 后注意到一个现象——除了手机之外，许多人还习惯随身携带 PDA 和 MP3 播放器。他意识到，迟早会有一款集所有功能于一体的多媒体手机在大众的生活中占据一席之地，于是开始有了向 iPod 添加移动无线功能的想法。

当时，移动无线业务对苹果来说还是一个完全陌生的领域，要涉足这个领域，除了必须具备强大的处理器，还需要为移动应用程序开发合适的具有网络和图形功能的操作系统。当时的移动电话市场竞争也十分激烈，并且仍然处在网络运营商的强硬管理之下。显然，进入这个市场不是一朝一夕的事情。这就是乔布斯在 2004 年试图先与摩托罗拉合作而不是直接进入市场的原因。他们着手合作研发一款 iTunes 手机：摩托罗拉负责开发手机，苹果为这款手机提供一个 iTunes 的移动版本。但当摩托罗拉 ROKR 于 2005 年 9 月亮相时，史蒂夫・乔布斯对它并不十分满意。ROKR 并非一款在设计上与苹果关联度很强的产品，另外，它的音乐功能也相当有限，无法成为 iPod 的替代品。

ROKR 的原型机出现之后，苹果终于决定研发自己的手机。早在 2000 年初，史蒂夫・乔布斯就有了开发多点触控屏幕的想法，也就是在屏幕上做到像在键盘上一样打字。这个时候，触摸屏用户界面已经开发完成；另一个有利条件是，市场上出现了 ARM11 芯片这一性能强大的处理器。在接下来的两年里，超过 200 名工程师在最严格的保密条件下从事这款新手机的研发工作。当时还没有为开发移动无线网络设备建立任何基础设备，所以工作的难度和繁重程度可想而知。另一个决定性的问题是，到底选用哪种操作系统，以此保障各种应用（Apps）能够正常运行。一开始，苹果打算使用 Linux 操作系统，但后来决定采用 OS X 的精简版本。

图 4.15　摩托罗拉 ROKR 是第一款 iTunes 智能手机

在为智能手机定名的时候，出现了好几个备选名称。比如 Telepod，是将“电话”和 iPod 这两个概念结合起来；TriPod 也是候选名称之一，它代表了智能手机把三个主要功能——iPod、电话和互联网融为一体的概念；iPad 也入围了，但这个名字随后在 2010 年用于平板计算机。最终，人们选择了 iPhone，小写的“i”，就像 1998 年的 iMac 一样，代表“Internet”。在苹果的官方 iMac 产品发布会上，还提到了“个人”“指导”“信息性”“启发性”等以字母“i”开头的概念。除了苹果的标志，小写的首字母“i”同样凸显了苹果产品的高辨识度，虽然现在苹果已经不再单独使用这个字母了。

2007 年 1 月 9 日，第一部 iPhone 在旧金山举行的麦金塔峰会与展览上亮相。史蒂夫·乔布斯拿出了 iPhone，当场演示了它易于使用的用户界面。现场观众热情高涨，在场的每个人都感觉自己正在见证一块里程碑的树立，一切都会因它而改变。iPhone 有一个分辨率为 480 × 320 像素的玻璃屏幕、一个 2 兆像素的摄像头、一个时钟频率为 412 MHz 的处理器和 128MB 的内存，蓝牙和 Wi-Fi 也都具备。带有 4 GB 闪存的版本，售价为 499 美元；还有一个 8GB 版本，售价 599 美元。不过这款手机还不支持 3G 网络。

图 4.16　右边是第一代 iPhone。左边可以认为是它的前身，1993 年生产的苹果牛顿 MessagePad，我们在 4.3.6 节中会提到这段历史

2007 年 6 月初，iPhone 开始在美国发售，当时只在苹果商店和 AT&T 销售网点有售。同年的 11 月，iPhone 在德国亮相，德国电信是唯一的购买途径，价格为 399 欧元。由于设置了 SIM 卡锁，它只能在

Telekom 电信网络中使用，为此 Telekom 也必须让苹果公司从每月的销售额中分一杯羹。这在还相当年轻的移动电话历史中是开创先例的——手机制造商第一次把主动权握在了手里，而不是由网络运营商指定方向。苹果在这一年里重新定义了智能手机市场的标杆，并在随后的几年里不断推出新机型，彻底重塑了智能手机市场。

4.3 平板计算机革命

平板计算机的历史相对来说还比较短。原则上，2010 年苹果 iPad 的诞生实现了平板计算机的突破，这段历史才真正开始，虽然在这之前，已经有类似的构想出现。用触摸屏控制设备的做法在 20 世纪 80 年代就已经存在，但技术上肯定无法与我们今天所达到的程度相提并论。今天在平板计算机和智能手机上应用的多点触控技术是由苹果公司开发的，并在 2004 年注册了专利。

讲述平板计算机的历史，我会再次从施乐帕克研究中心的动态笔记本开始叙述。说到这里，我想起了一篇关于专利纠纷的互联网文章，说的是苹果指责三星的 Galaxy Tab A 10.1 抄袭了 iPad 2。然而三星的辩解非常别出心裁，还促使我重温了 1968 年的电影《2001 太空漫游》。因为电影中的两位宇航员普尔和鲍曼一边吃饭一边听机载计算机播放的音乐，然后用一台平板计算机形状的设备看起了视频。三星就用斯坦利 · 库布里克的这部电影作为反驳：按照这个逻辑，人们大可以说 iPad 的想法源自斯坦利 · 库布里克或小说的作者亚瑟 · C. 克拉克。

4.3.1 动态笔记本构想（再次提及）

1979 年，史蒂夫 · 乔布斯带着员工参观了施乐帕克研究中心，从所见所闻中如饥似渴地汲取了大量灵感，这早已不是秘密了。在这里，第一台带有鼠标和图形用户界面的计算机让他大为赞叹。没有人确切知道，他在访问期间是否已经注意到了艾伦 · 凯的动态笔记本概念。我已经在 4.1.1 节中简要介绍了动态笔记本。早在 1972 年，艾伦 · 凯就想推出一款平板计算机充当儿童学习的辅助工具。他当时提出的许多想法后来在 iPad 上实现了，比如一个笔记本大小的平板设备，带有易于使用的图形界面，能够储存书籍。然而，1972 年的市场还没有做好准备迎接这样一款机器。总之，史蒂夫 · 乔布斯在 2007 年邀请了艾伦 · 凯参加他的 iPhone 演示会。

4.3.2　苹果的知识领航员（1987 年）

在史蒂夫·乔布斯短暂离开苹果公司的时期，苹果公司老板约翰·斯卡利写了一本名叫《奥德赛》的书，他在书里提到一种虚构的计算机。他用惊人的细节描述了一台新型计算机，就与我们今天认识的一样：它实现了全球范围内的通信；可以链接到一个由文本、图像、声音和动图构成的超文本信息数据库；可以播放 3D 实时动画；还能使用智能代理，用于有目的地搜索信息。这样一款知识领航员呈现在一个高分辨率的纯平显示器上，配合高保真声音、语音输出和语音识别。不过，约翰·斯卡利并没有为知识领航员设想一个专门的形式。

约翰·斯卡利是受到艾伦·凯的启发，发展出了这个概念，确切地说，是完善了他的构思，因为这只是一台存在于想象中的计算机，时代还没有做好准备迎接它的到来。而虚构的麦克斯存储器也可能对约翰·斯卡利的想象起到了很大作用。范内瓦·布什在 1945 年的文章《诚如所思》中提到了个人计算机和超文本，并介绍了麦克斯存储器，一种作为人机交互工具的信息处理器。约翰·斯卡利的许多想法后来在苹果的 PDA、Newton 以及 2010 年的 iPad 上变成了现实。特别有趣的是，在苹果公司于 1987 年发布的概念视频里，你能找到包括语音助手和触摸控制功能在内的知识领航员的身影，所有元素都让人联想到 iPad 和 Siri。

4.3.3　GRiDPad（1989 年）

电网系统公司早在 1982 年就向市场推出过一款有趣的笔记本计算机——GRiD Compass 1100，我们在 4.1.4 节中已经提及。GRiDPad 成为 GRiD Systems 公司 1989 年的产品组合中首批平板计算机之一。这款笔记本计算机由三星公司受委托制造，它是三星从未上市的机型 PenMaster 的改良版，操作系统是 MS-DOS 3.3。它还提供了触控笔作为输入设备，因为它已经具备了手写识别功能，不过用户必须为此支付额外费用。当然，用户也可以选择连接外部键盘。

不过，公司对这款平板计算机的定位并不是个人计算机的替代品，而是希望它能够在警察、军队、仓库管理或医院等领域大量应用，以此减少数据收集时的文书工作。这款平板计算机重近 2 千克，尺寸为 29.2

厘米 × 23.6 厘米 × 3.7 厘米，单色显示屏的分辨率为 640 × 400 像素，并且配置了具有 256KB 或 512KB 内存、速度为 10MHz 的 80C86 处理器。存储空间为 1MB 或 2MB。数据可以通过 RS–232 接口或者以无线方式传输到另一台 MS-DOS 计算机上。只是选择无限传输的话，台式计算机需要配备额外的硬件。根据 GRiD Systems 公司的官方数据，包括改进后的后续机型在内，GRiDPad 共售出了 10 000 台。

4.3.4 Palm 公司的 PDA（20 世纪 90 年代）

PDA 在 20 世纪 90 年代的流行程度，就和今天的平板计算机一样。它是带有各种程序的小型便携式计算机，主要用于日程、地址和任务的管理——别忘了，当时还不存在宽带移动互联网。操作是通过触敏显示器进行的，其中的大多数还支持手写识别。苹果公司在牛顿的开发过程中创造了 PDA 这个名字，但苹果牛顿并不是当时的第一款 PDA。

当时除苹果之外，还有好几家厂商试图用自己的 PDA 赢取客户的青睐，但只有 Palm 公司才真正在 20 世纪 90 年代长期主宰了这个市场。Palm 的产品已经成为一种商务人士不可或缺的身份象征。最终，Palm 总共售出了 3 400 万台不同机型的产品。在我看来，这足以使它成为这里的一块里程碑。

Palm 公司由杰夫・霍金斯、艾德・柯林根和唐娜・杜宾斯基于 1992 年创立。杰夫・霍金斯曾为 GRiD Systems 开发了 GRiDPad，随后他为自己的公司争取到了 Tandy、Casio、GeoWorks、美国在线等诸多知名合作伙伴。第一款产品 Zoomer 在苹果牛顿推出后不久就出现在市场上，但它的命运就像苹果牛顿一样，没有博得消费者的青睐。合作伙伴纷纷对 Palm 失去了兴趣，公司陷入了困境。不过，杰夫・霍金斯他们并没有轻易放弃，把开发权牢牢掌控在了自己手中，试图调整产品设计路线。Zoomer 和苹果牛顿都试图在微型尺度上复制一台个人计算机，而 Palm 公司现在打算开发一种仅包含最基本功能的便携式设备，与公司的座右铭“少即是多”相契合。根据杰夫・霍金斯的说法，这个产品应该是对 PC 的补充，而不再企图取代它。

由于来自投资者的资金所剩不多，因此必须在最短时间内将新产品推向市场。Palm 公司做到了。他们找到美国机器人公司 Robotics 成为新的投资者，保证了生产和营销的执行。Robotics 接管了整个 Palm 公司。1996 年，Palm 公司推出 Palm Pilot，终于一炮打响。它可以握在手掌中，也可以放在衬衫口袋里。上面的数据可以与个人计算机（比如 Mac OS 7、Windows 3.11 和 95）进行校准，也就是说可以在个人计算机上对数据进行各种处理并传输回 Palm。它的续航表现出色，价格也相当有吸引力，299 美元的 Pilot 1000（见图 4.17）和 369 美元的 Pilot 5000（内存更大），非商务人士也可以消费。作为操作系统，Palm 开发了 Palm OS，不久就获得其他公司的许可。这些经典的 PDA 在今天都已经不再生产，早已被智能手机和平板计算机所取代。

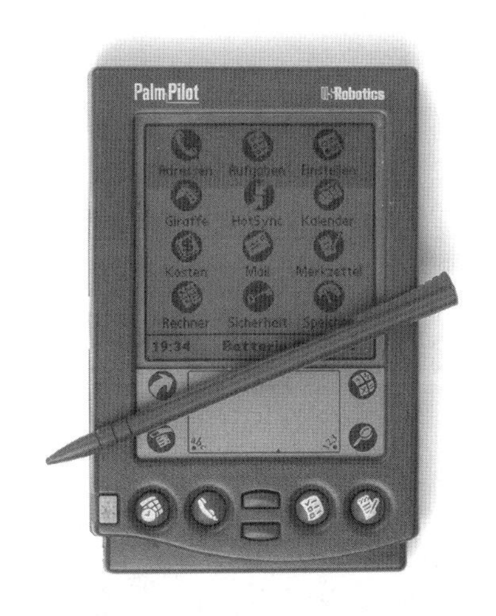

图 4.17　Palm Pilot 1000，1996 年生产

4.3.5　（微软）平板计算机（始于 1992 年）

“平板计算机”一词是微软在 2001 年创造的。微软当时的目标是推出一款革新的、易于通过用户界面控制的便携式计算机，正如 1972 年艾伦·凯在动态笔记本构想中所描述的那样。1993 年，苹果公司试图借助苹果牛顿使这个构想成为现实，但最终以失败告终，却开启了 PDA 时代。而 1992 年问世的东芝 T100X Dynapad 也许可以算作第一台真正的平板计算机，它的操作系统是 Microsoft DOS 5.0 和 Windows 3.1。

平板计算机是基于触控笔的，不再需要依赖键盘或鼠标。当然，通过外部端口还是可以使用这些外围设备。这款平板计算机的屏幕对角线为 9.5 英寸，可显示 16 种灰度颜色，分辨率为 640 × 480 像素。IBM 也同样在 1992 年推出了 ThinkPad 700T，我们已在 4.1.9 节中进行了介绍。这个概念在当时并没有说服消费者，各大制造商便不再专注于开发不配备鼠标和键盘而仅使用触控笔的计算机。

到了 2001 年，西门子又尝试把这个构想转化为现实，开发过一款 SIMPad。它同样有一个专门针对触控笔的触摸屏，使用 Windows CE 作为操作系统，并提供与个人计算机相似的浏览器功能、电子邮件服务和笔记功能。在德国，它由网络运营商 Telekom 以 T-Sinus Pad 这个名称发售，价格为 1 200 欧元。启动设备后，用户立刻就能进入网络浏览器。这款设备本身中规中矩，但笔式操作的概念仍旧没有在这个国家站稳脚跟。

比尔·盖茨也曾在 2001 年做出预测，平板计算机将在 5 年内面世。我们都知道，他并没有说对，但他显然已经意识到未来属于平板计算机——尽管征服未来的并不是微软的 Windows 或 Tablet-PCs。2002 年，微软发布了适用于 XP 操作系统的平板计算机插件，随后，戴尔、惠普、联想和东芝等制造商纷纷推出了各种各样的终端设备。然而这些设备都过于笨重，并不适合随时拿在手里，这就意味着它们无法吸引消费者。有一款具有可拆卸键盘的设备惠普 Compaq TC1000 表现尚佳，它能让人联想到今天微软的 Surface 机型，但它使用了速度较慢的 Transmeta 处理器而不是 Intel M 处理器。

图 4.18　Compaq TC 是一款很有前途的平板计算机（图中是 TC1000 的后继机型 TC1100）

说到这里，还是有必要提一下亚马逊在 2007 年推出的 Kindle。虽然这款机器是专为电子书阅读而设计的，但它在某种程度上改变了我们的阅读方式。Kindle 很难称得上是一款完整的平板计算机，但它仍然不失为平板计算机历史上的一块里程碑，苹果公司便是在 Kindle 出现后，开始大力宣传 iPad 的电子书阅读器功能。

4.3.6　苹果牛顿 MessagePad（1993 年）

没有多少人知道，在约翰·斯卡利的指导下，苹果公司早在 1993 年就已经在平板计算机市场上进行了尝试，即推出了 Apple Newton（苹果牛顿），它的正式名称是 MessagePad，牛顿则是苹果公司对其所使用的操作系统的称呼。1972 年提出动态笔记本概念的先驱艾伦·凯也参与其中。严格来说，这款机器并不是平板计算机，而是 PDA（Personal Digital Assistant，个人数字助理），不过 PDA 这个名称就是在牛顿系统开发期间提出的。

苹果牛顿是一款带有触摸屏和触控笔的手持设备，适用于收集、组织和共享信息。它配备了诸如便笺、姓名（联系人）、日期（约会）、简单计算器、手绘程序、货币转换器等应用程序。便签是它的标准应用程序，用户可以用它来创建手写文本或手绘图。其中最有趣的部分就是手写识别，它可以把手写内容转换为计算机文本，用于保存、打印或发送到其他计算机设备。这也是苹果花最大力气宣传的功能。不过，手写识别功能的最初版本 Calligrapher，识别精确度十分有限，这个缺陷在随后的第二个版本 Rosetta 中得到了改善。

除了手写识别之外，苹果牛顿还具有一个特别之处，即独立于程序的数据可以同时被多个程序使用，比如日历、地址、笔记和电子邮件。MessagePad 大约是一张 DIN-A5 纸张大小，重 400 克，内部是 20 MHz 的 ARM 处理器和 640 KB 的主存，屏幕的分辨率为 336 × 320 像素，价格是 700 美元。

苹果牛顿第一个机型的各种缺陷，在随后的 Newton MessagePad 100、110、120、130、2000 和 2100 型号中逐渐得到了修正。即便如此，苹果牛顿始终没能成为苹果的热门产品。史蒂夫·乔布斯回归苹果公司后不久，即 1998 年，苹果牛顿最终停产，距它问世已经过去了 5 个年头。其余未售出的苹果牛顿设备遭遇了与 20 世纪 80 年代滞销的苹果丽莎设备相同的命运：最终被扔进了犹他州的垃圾场。

4.3.7　iPad（2010 年）

尽管历史上出现了多次尝试，但仍旧没有一家制造商真正实现动态笔记本这个构想，并以此创造出一种新的计算机形式。苹果公司在 1993 年的牛顿计划中遭遇了滑铁卢，微软的平板计算机概念也没有取得突破。虽然不时有精彩的创意出现，我们也在之前的部分中介绍过一些，但它们从未真正说服消费者，往往很快就被放弃。

2010 年，距艾伦 · 凯提出通过触摸屏操作超薄计算机这个想法已经过去 38 年，时机终于成熟了。史蒂夫 · 乔布斯在这一年把 iPad 推到了聚光灯之下。它使用的技术大致对应于当时的 iPhone 4：A4 芯片时钟频率为 800 MHz，主存为 256 MB，9.7 英寸屏幕分辨率为 1 024 × 768（131 ppi）。与 iPhone 一样，电容式触摸屏通过感应物体的导电特性响应，也能对多点触控手势做出反应。它的重量为 680 克，电池续航时间长达 10 小时，16GB 版本的价格低得惊人，仅为 499 美元。

随着 iPhone 的成功，大众对苹果公司产品的期望值非常之高。批评者认为 iPad 的第一个版本无异于一个放大的 iPhone，既不具备摄像头，也没有多任务支持。不过消费者们的热情并没有因此而消退，iPad 上市第一天就卖出了 30 万部，不到两个月销量就超过了 200 万部。此后，iPad 的各个版本不断改进，最终让批评者的声音消失了。

iPad 如今几乎等同于平板计算机的代名词，尽管陆续出现了采用安卓操作系统的其他平板计算机制造商。虽然平板计算机还不能完全取代成熟的计算机，但它已经成功地缩小了智能手机和笔记本计算机 / 台式计算机之间的差距。在许多家庭中，平板计算机几乎彻底取代了台式计算机。所以我认为，iPad 在很大程度上最终实现了艾伦 · 凯对动态笔记本的愿景。

图 4.19　史蒂夫 · 乔布斯在展示 iPad

第五章
游戏机

一款迟到的游戏也可能很出色。而一款被强行推入市场的游戏永远都不会好。

——宫本茂

5.1 游戏机的里程碑

许多年以前，我就通过 Atari 2600 和游戏《砰》（*Pong*）获得了最早的游戏机体验。作为一个充满热情的游戏玩家，我更是亲眼看着任天堂和索尼从最初的阶段一步步成长为今天的样子。我虽然没有年轻时那么投入了，但仍然可以称得上是游戏机的忠实粉丝。

不过，要完整讲述游戏机的历史，得写上一整本书，所以我在这一章里只聚焦于对各代游戏机产生重大影响的里程碑式的产品。当然，我也更关注那些在欧洲表现出色的游戏机。

5.1.1 硬接线游戏机（第一代，始于 1972 年）

在第一代游戏机中，游戏不是以程序形式而是作为硬接线电路出现的。这些游戏机主要是与电视机连接，本身也算不上是严格意义上的计算机，因为它们并没有处理器。由于这种与商用标准电视机相连的特性，它们的游戏通常被称为电视游戏。到 1983 年为止，市场上仍活跃着大量各种类型的硬接线游戏机。

1972 年，米罗华公司在美国发布了第一款商用游戏机，名为米罗华奥德赛。不过这款游戏其实是由出生于德国的拉尔夫·亨利·贝尔在 1968 年开发的。他也是电视游戏 *Senseo* 的发明者。拉尔夫·亨利·贝尔是电视技术专家，他与比尔·拉什联手发明了一种设备，可以用它控制屏幕上显示的点。在此基础上，他们开发了一款游戏：玩家的任务就是控制一个方块去拦截一个小球，也就是模拟打乒乓球的过程。贝尔当时正在为一家军品供应商工作，这家企业不涉及玩具市场，并没有投资打算。而米罗华公司对这个系统产生了兴趣，并决定投入生产。对这款机器进行了一些修改后，米罗华公司在 1972 年以 100 美元的价格把它推上了市场。

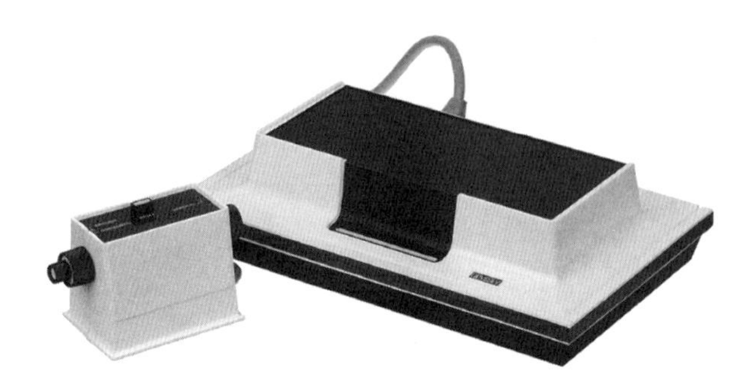

图 5.1　米罗华奥德赛是第一款商业游戏机

适用于这个机器的游戏都是多人游戏。也就是说，比赛只能在两个玩家之间进行，需要自己用纸牌或者棋子之类来记录各自的得分，游戏机还无法承担这些任务。游戏虽然是以插件卡的形式提供的，但它们并不是程序，而只是“电线”，它们起到的作用是将游戏机的某些部分用电路连接起来，并让画面出现在电视上。与游戏配套的，还有用于电视屏幕的各种背景，即所谓的屏幕覆膜，因为游戏机本身只能在黑色背景上显示白点。此外游戏机还配有两个游戏手柄，玩家可以用它们在水平或垂直方向上移动方块。

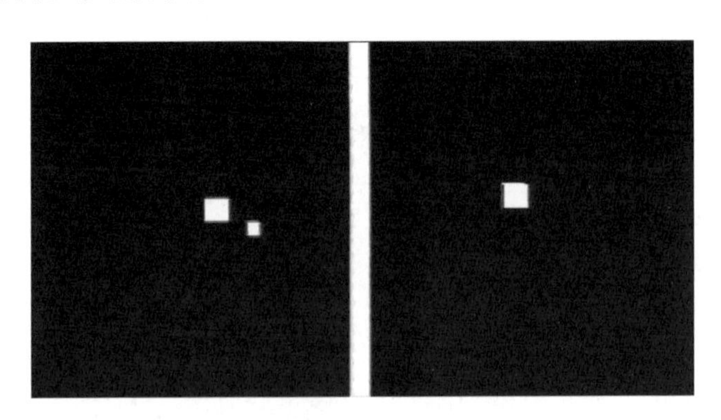

图 5.2　1972 年的米罗华奥德赛乒乓球游戏在电视屏幕上的样子

更多的硬接线游戏机紧随其后进入了市场，但这些游戏的本质都是《砰》的某种变体。即将登场的雅达利和任天堂等大牌也是首先借助 Atari Home Pong（1975）和 Color TV Game 6（1977）进入（由《砰》主宰的）家用游戏机市场的。

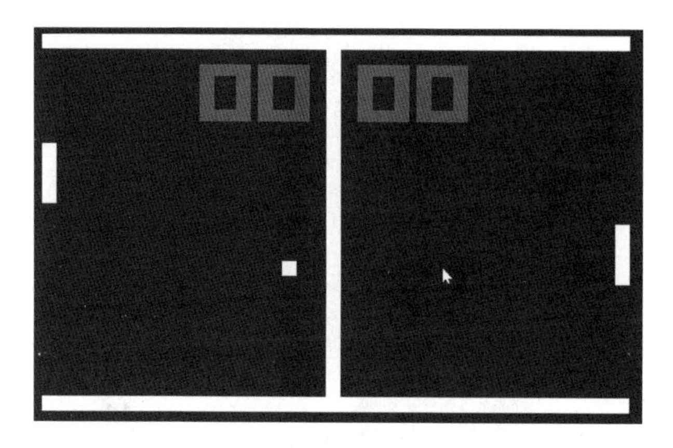

图 5.3　《砰》游戏的构想主导了第一代游戏机

5.1.2　8 位游戏机（第二代，始于 1976 年）

接下来的一代游戏机不再是硬接线设备，它们拥有了一个 8 位处理器，游戏被保存在插件模块中出售。这种使用可更换插件模块（也称为 ROM 卡带）来存储游戏的技术是由 Alpex 计算机公司在 1974 年开发的，它作为此项专利的所有者向电子游戏公司收取使用许可费。现在，玩家可以在屏幕上看到简单的 2D 图形，但图形加速的出现则要等到 1982 年。在这批游戏机中，雅达利凭借 Atari 2600 几乎所向披靡，很快占据了三分之二的市场。不过其他各种系统，例如美泰公司（Mattel）的 Intellivisions 和 Coleco 公司的 ColecoVision 也都赢得了各自的追随者，但他们的成绩都无法与雅达利相媲美。

不过，在雅达利之前，就有一款鲜为人知的游戏机彻底改变了第一代电子游戏行业，这就是美国制造商仙童相机仪器公司于 1976 年发布的仙童 F 波（Fairchild Channel F）游戏机。它是第一台拥有处理器（1.8 Hz）、工作内存（64 字节 RAM）和可替换插件模块的游戏机，并且内置了网球和曲棍球这两个游戏。

此外，这款游戏机也引入了游戏手柄控制，玩家还可以暂停游戏以及在游戏过程中更改设置。和计算机对战，也是第一次在这款游戏机上实现的，在那之前，玩家始终需要一个人类对手。然而，游戏评论界认为它的游戏手柄使用起来十分麻烦，性能也相当有限，再加上游戏的选择范围并不大，所以这款游戏机并没有在市场上站稳脚跟，在游戏机历史上也始终默默无闻。于是，Channel F 中的 F 仿佛代表了“被遗忘”，

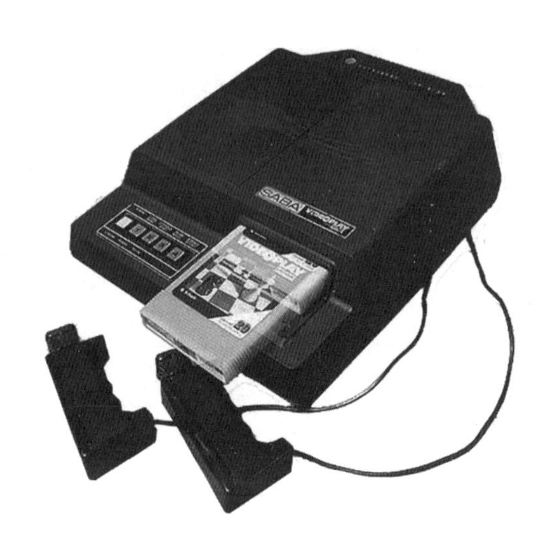

图 5.4　联邦德国在获得了仙童 F 波游戏机的生产许可之后，推出了本土版本。图中是联邦德国版本 SABA Videoplay

而我希望这一小段文字能成为一种纪念，起到一点点补救作用。

正如历史上经常发生的那样，最先出现在市场上的，往往并不是最大的赢家。仙童 F 波上市一年后，雅达利视频计算机系统问世了，它使卡带式游戏机概念实现了根本性的突破。“Atari 2600”这个名称，是后来为了与雅达利的后继游戏机进行区分而使用的。

图 5.5　雅达利 VCS（别名 Atari 2600）

雅达利 VCS 提供的游戏手柄在操作便捷性方面进步了很多。无数经久不衰的经典游戏，比如《吃豆人》《陷阱》《大金刚》《青蛙过河》以及《打砖块》都是在这款机器上诞生的。不过，雅达利 VCS 在

1977 年 10 月刚进入市场时，并没有展现出一举成功的势头。直到雅达利获得了当时非常流行的街机游戏《太空侵略者》的授权并把它移植到这款游戏机上，借助这款标志性游戏吸引消费者的能力，销售业绩才开始成倍增长。当时市场上有 200 多款游戏是针对这款游戏机开发的，但并非所有游戏都获得了雅达利的官方授权。雅达利 VCS 使用主频为 1.18 MHz 的摩托罗拉处理器，主存为 128 字节。

操作方便以及选择丰富的高品质游戏，使得这款游戏机成为第二代游戏机中的市场领导者，各种衍生版本的生产一直持续到了 1991 年。

雅达利的许多游戏其实是内部人员开发的，动视是它最大的第三方供应商，为它开发了超过 52 款游戏。这家公司的创始人是雅达利的几名程序员。他们在雅达利负责的游戏项目销售额高达 6 000 万美元，而个人的年薪竟不超过 3 万美元。在注意到了这种反差之后，他们便成立了自己的游戏公司，独立开发游戏，以此追求更大的认可。雅达利试图以侵害版权和违反保密协议为由对这几名游戏开发者提起诉讼，但它的主张最后并没有得到法庭的支持。雅达利这样做，更多是为了维持对系统软件的管控。而随着雅达利在法庭上的败诉，更多的游戏厂商加入了为 Atari 2600 开发游戏的行列。

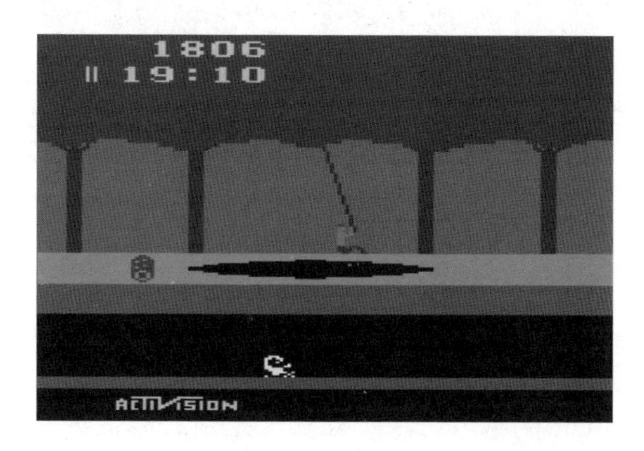

图 5.6　在经典的《陷阱》游戏中，玩家在丛林环境中控制哈利通过各种障碍

5.1.3　电子游戏大崩溃（1983 年）

当时，电子游戏行业正在加速发展，销售额惊人。如此可观的数字，吸引了一大批想要在这块蛋糕上分得一杯羹的制造商。电子游戏产业的规模几乎与电影产业相当。许多公司争相将自己的游戏机推向市场，而且彼此之间互不兼容。一些制造商还不断在极短的时间内发布了新机型。

游戏的质量开始滑坡，有些可以说是非常之差。更为不幸的是，市场领导者雅达利也开始急功近利，试图强行推出类似《吃豆人》或《E.T. 外星人》的新游戏，但它们的品质其实并不过关。

在这样的形势下，雅达利的顶级程序员都跳槽去了动视或者梦想家。雅达利从南梦宫公司获得了《吃豆人》游戏的授权之后，唯一负责移植游戏的开发者托德·福莱耶必须在 4 个月内完成任务。最终移植到 Atari 2600 的《吃豆人》已经完全偏离了玩家们所熟悉的经典街机版本。转眼间，雅达利已经无法向市场提供更多高质量的游戏。

图 5.7　把《吃豆人》移植到 Atari 2600 的尝试并不成功，此举没有为雅达利带来真正的收益

新墨西哥州的电子游戏垃圾场

《E.T. 外星人》游戏也是一次巨大的失败，雅达利支付了 2500 万美元的专利许可费用，然后试图在创纪录的短时间内完成游戏，而开发者则不得不接受这样的挑战。这款游戏是在 5—6 周内开发完成而不是通常的 6 个月，并且赶在 1982 年圣诞节前摆上了各大柜台。但是，游戏的玩法过于复杂，控制也不易掌握，最终销量大概只有 100 万—150 万套，而雅达利一下子生产了 500 万盘游戏卡带。1983 年 9 月的一天，一场声名狼藉的“夜间偷袭”被载入史册：几辆装满游戏卡带的卡车驶向新墨西哥州阿拉莫戈多的一个垃圾场，在那里，全部的库存卡带被丢弃。媒体对此进行了猛烈抨击，并开始对电子游戏行业进行大量负面报道。这样的消息当然也是股东不愿意听到的。自 1976 年以来，雅达利一直是华纳通信的子公司。

此外，游戏市场上充斥着不同游戏制造商的各种游戏机。这不可避免地导致库存游戏卡带产能过剩，以致生产商纷纷以倾销价格出售，使得游戏机厂商和游戏厂商的收益大大减少。各家都只专注于销售越来越便宜的产品，而不再将新的创意推向市场。

除了游戏机种类过多导致市场过度饱和、质量低劣的游戏数不胜数以及不断升级的价格战，家用计算机市场的蓬勃发展也是加速游戏市场崩溃的原因之一。在美国，Apple Ⅱ已经作为游戏平台占领了市场；康懋达也带来了低至 300 美元的 VIC–20（在德国被称为 VC 20）。玩家当然会产生疑问：既然可以用几乎相等的金额买到一台完整的家用计算机，它能提供比游戏机更好的图形和声音质量，还能完成其他常规的计算机工作，如文字处理等，那为什么还要买游戏机呢？而且，游戏还可以直接复制到家用计算机上使用。康懋达 VIC–20 的后继机型就是大名鼎鼎的 C64，它将成为未来几年里最受关注的游戏机。

上述情况导致雅达利的所有者——华纳通信，在 1983 年第四季度公布的销售额大大低于预期。这引发了华尔街的震动，华纳通信的股票从 54 美元跌到了 35 美元，雅达利的市值瞬间缩水 13 亿美元，其他游戏厂商的股价也纷纷暴跌。可以说雅达利凭一己之力，把整个电子游戏行业拖向了深渊：一大批游戏和游戏机制造商在 1984 年走向破产并逐渐消失；另一些公司只能通过大规模裁员勉强生存。雅达利还关闭了多家工厂，三分之二的劳动力被解雇。

在经历了巨大的经济损失之后，华纳通信最终对雅达利失去了兴趣。新买家是康懋达的创始人杰克·特拉米尔，他也是间接导致电子游戏大崩溃的推动者之一，现在成为这场风波中的受益者。

以上对电子游戏大崩溃的介绍，显然只是对这段历史中的几个重要节点进行了简要的总结，要在区区几个段落中重现这段历史是无法做到的。尽管如此，我相信这些描述还是能让你对此有个大概的了解，至少能够在逻辑上理解这场崩溃的必然性。

而在欧洲，这场电子游戏的大崩溃并没有引起人们的注意，也几乎没有产生任何影响，因为当时在这里占主导地位的是家用计算机。大崩溃对日本的影响也不明显，因为日本人大多购买本土游戏机。而从长期来看，由于美国电子游戏的崩溃，游戏机市场开始向日本转移，任天堂和世嘉便有了脱颖而出的机会。

5.1.4 8 位游戏机的复活（第三代，1983—1987 年）

在电子游戏大崩溃之后，家用计算机最先填补了游戏机的空白。随着时间的推移，来自任天堂或世嘉的新游戏机开始重振市场。第三代游戏机具有更好的 2D 图形功能、更丰富的色彩和更大的内存，使用的仍旧是 8 位处理器。

大崩溃之后，大多数游戏机制造商和软件开发商把重心转移到了个人计算机或家用计算机上，而任天堂则于 1983 年在日本推出了 Famicom 游戏机。它刚一问世就登上了日本畅销电子游戏机的榜首，并把这个位置一直保持到了 1984 年底。

1985 年底，这款游戏机在美国发售。当时美国的整个行业已经崩溃，没有人再相信电子游戏机，任天堂的这种做法无疑非常勇敢，同时也是非常明智的，因为除了家用计算机之外，市场上几乎不存在其他竞争对手。Famicom 在北美以及欧洲（1987 年）被命名为任天堂娱乐系统（NES），外观上也进行了重新设计。在没有人再对游戏机有所期待的情况下，NES 使这个行业重新获得了生命，并且在 20 世纪 80 年代下半叶取得了比之前的任何游戏机都要出色的销售成绩。

图 5.8　任天堂娱乐系统（NES）

任天堂的成功绝非偶然。你已经看到了，高质量的游戏是成功的一半。任天堂社长山内溥在谈到雅达利的破产时表示："雅达利破产是因为他们给了第三方开发商太多的自由，致使市场上充斥着糟糕的游戏！”任天堂出产了一系列经典游戏，比如《塞尔达传说》（Ⅰ和Ⅱ）、《洛克人》、《银河战士》、《恶魔城》、《最终幻想》（1—3），当然还有《超级马里奥兄弟》。《超级马里奥兄弟》成为销量超过 4 000 万的最畅销游戏，至今仍然在有史以来的最畅销电子游戏中占据第六位。作为各类跳跃奔跑游戏的前身，它的最早版本是在 1983 年出现在市场上的。水管工的这个形象，是在经典游戏《大金刚》中首次登场的。

NES 成功的另一个原因，是新颖的控制系统。NES 控制器经过精心设计，能让玩家感受到对游戏的百分百掌控。手柄左侧新加入了一个十字控制键，中间是菜单按钮，右侧为游戏操作按钮，这种布局在今天仍旧是各种常见游戏机手柄的经典式样，只是后来又添加了一个模拟摇杆。

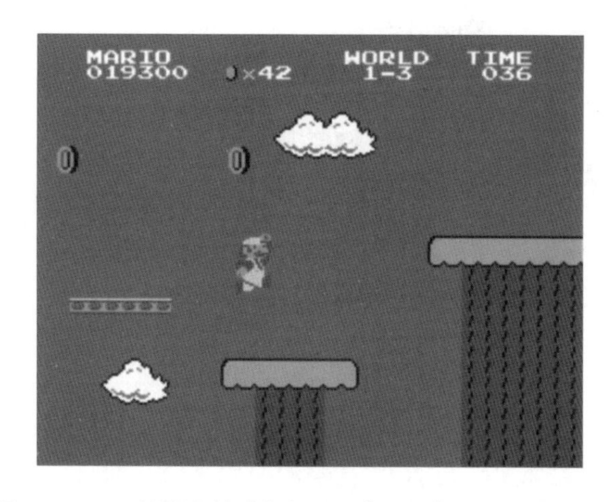

图 5.9　NES 机器上的《超级马里奥兄弟》，任天堂出品，直到今天，它带给玩家的乐趣也丝毫没有减少

说到这儿，不能不提世嘉大师系统。尽管它在技术上比任天堂有优势，而且也配备了不少非常优秀的游戏，如《刺猬索尼克》《双龙》《神奇宝盒Ⅲ》《梦幻之星》《冲破火网》《户外大飙车》《金斧》《加州游戏》等等，但在美国和日本这两大游戏工业大国，它从未真正走出任天堂的阴影。作为 SG–1000 Mark Ⅰ和 SG–1000 Mark Ⅱ的后继机型，SG–1000 Mark Ⅲ于 1985 年 10 月在日本推出。1986 年，即在任天堂推出 NES 后一年，这款机器以世嘉大师系统的名称进入美国市场，第一批投放了 12.5 万台。同一时期，任天堂的游戏机销量达到了 110 万台。到 1988 年，任天堂在美国已经占有 83% 的市场份额，这让世嘉非常沮丧，以至于将代理权交给了游戏商品制造商 Tonka，而后者在电子游戏行业没有任何实际经验，并不清楚如何扭转仍旧在不断萎缩的市场份额。

这款游戏机在美国和日本表现平平，但它在 1987 年进入欧洲市场后的情况要好得多。任天堂在欧洲的影响力并没有那么大，世嘉也精心设计了营销策略，将这款游戏机作为家用街机推广，并强调了它相较于家用计算机（如 C64）的技术优势。不过，世嘉凭借大师系统征服的最大市场是巴西。1989 年，世嘉在那里发布了这款游戏机，还对个别游戏进行了内容上的改编，以适应当地的游戏文化，例如用巴西知名的漫画女主角莫妮卡取代 Tectoy 公司的游戏主角 Wonderboy。

图 5.10　世嘉大师系统

世嘉大师系统无法与 NES 竞争的原因之一，是任天堂与游戏开发商巧妙谈判所达成的协定：他们只为 NES 开发游戏。所以 NES 的游戏数量远多于世嘉大师系统。

5.1.5　16 位游戏机征服市场（第四代，1988—1993 年）

第四代游戏机拥有 16 位处理器，具有强大的 2D 性能以及初步的 3D 功能。到了这一代，市场上涌现了更多对手加入竞争，比如 PC Engine、SuperGrafx、Neo Geo、飞利浦的 CD-i 和阿米加的 CDTV 等，但真正的决斗仍是在任天堂和世嘉之间进行的——结果与之前第三代的时候一样，任天堂继续把市场领先地位牢牢握在手里。

从起初的迹象看，世嘉是有可能在第四回合中击败任天堂的。当任天堂专注于发布 Game Boy 时，世嘉开发了 Mega Drive——一款带有 16 位处理器的游戏机，在北美被称为世嘉创世纪。突然之间，任天堂游戏机在技术上被超越了。作为回应，任天堂几乎在同一时间为 NES 发布了最新版的游戏：《超级马里奥兄弟 3》，试图阻挠世嘉进军北美市场。而世嘉旗下并没有真正能吸引消费者的游戏来拉动 Mega Drive 的销售额，所以销售数字始终低于预期。唯有欧洲的销售成绩尚可，和世嘉大师系统一样，世嘉创世纪在欧洲市场赢得了一席之地。

图 5.11　Sega Mega Drive

世嘉任命迈克尔·卡茨为世嘉美国首席执行官，这是一步好棋，因为他致力于把体育类游戏移植到 Mega Drive 上。他与美国艺电公司就《约翰麦登橄榄球》游戏（1990 年）达成了一笔大额交易。《国家冰球联盟》也在 1991 年被移植到了世嘉的游戏机上。任天堂使水管工马里

图 5.12　世嘉用蓝色刺猬索尼克与任天堂的水管工马里奥相抗衡

奥成为名牌的推动力量，世嘉也想推出这样一个角色，他们引入了蓝色刺猬索尼克这个形象，并且同样开发了一款跳跃奔跑游戏，由此又向成功迈进了一大步。世嘉所做的种种努力与尝试，最终导致任天堂游戏机在美国的销量开始落后。

1990 年，任天堂也开始推出 16 位游戏机——超级任天堂娱乐系统（SNES），作为对世嘉 Mega Drive 的回应。在日本，这款游戏机被称为 Super Famicom。新主机在很多方面超越了 Mega Drive，因此世嘉采取了更加激进的广告策略，不遗余力地强调世嘉游戏机在技术方面多么优越，配套的游戏多么出色，但这两点都并不太有说服力。任天堂以自己的方式做出了回应，先后发布了《F-Zero》《塞尔达传说：与过去的联系》《超级马里奥世界》《超级马里奥卡丁车》，以及图形方面的大制作《大金刚王国》。总体而言，两台游戏机在当时的表现难分伯仲。虽然任天堂 4 900 万台的销量略高于世嘉（超过 3 000 万台），但这一轮的差距已经没有上一代那么大了。在日本本土，世嘉面对任天堂没有任何胜算可言。但是在南美，尤其是在巴西，世嘉仍旧获得了更高的市场份额。可以说，在这一代的游戏机争霸中，双方打了个平手。

图 5.13　任天堂的 SNES

5.1.6　3D 游戏机时代（第五代，1993—1997 年）

接下来的一代游戏机具有强大的 3D 性能、更出色的音效和经过渲染的画面。许多制造商开始把 CD 作为游戏的载体，而不再是游戏卡带。在处理器方面，则 32 位和 64 位同时存在。游戏市场又出现了一批新兴制造商，比如索尼，它带着 PlayStation，作为新生力量搅动了市场。

1993 年，雅达利携“美洲豹”再次尝试进军游戏机市场。这是雅达利与 IBM 合作开发的一款带有两个处理器的 64 位游戏机。可惜由于先天的硬件问题，软件开发人员无法使游戏机发挥出全部性能。两个处理器中只有较弱的那一个可供使用，它对内以 32 位工作，对外以 16 位工作，并不符合宣传中所号称的 64 位。不过，开发人员后来通过巧妙的编程，规避了硬件错误。针对雅达利美洲豹，总共有 100 个游戏问世，《异形大战铁血战士》是其中最出色的。但雅达利美洲豹最终还是以失败告终，这也是雅达利在游戏机市场上的最后一次尝试。之后雅达利一度打算研发美洲豹 2，却最终不了了之。

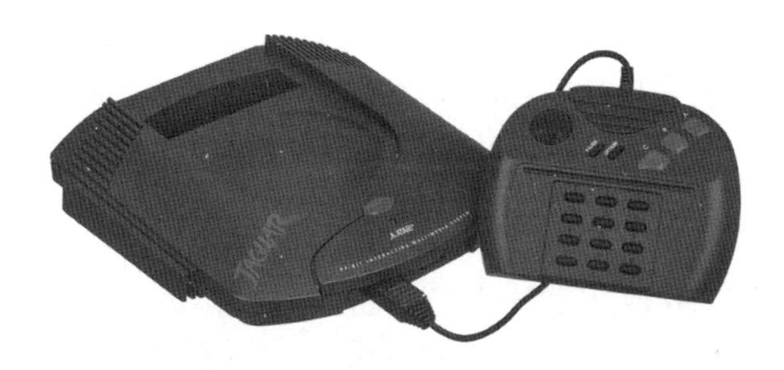

图 5.14　雅达利美洲豹是雅达利进入游戏机市场的最后一次尝试

世嘉凭借创世纪与竞争对手任天堂在市场上并驾齐驱之后，鉴于任天堂迟迟没有推出新一代的游戏机，世嘉向市场推出了一款 32 位游戏机——世嘉土星。但高昂的价格和有限的游戏库并没有为这款游戏机赢得多少玩家。另外，索尼的 PlayStation 紧随其后出现，迅速成为游戏机市场的销量冠军。到了任天堂的新一代 64 位游戏机上市时，世嘉土星

图 5.15　世嘉在世嘉土星上只取得了相当有限的成绩

销售情况彻底回天乏术，最终完全停止了在美国的销售。

索尼的 PlayStation（也称为 PS、PSX 或 PS1）具有出色到令人难以置信的多边 3D 图形功能，1994 年一经推出就席卷了整个市场。雅达利和世嘉的游戏机最终不得不偃旗息鼓，而当时任天堂还没有在市场上推出新一代的任天堂 64。在 PlayStation 上，游戏存储介质从卡带变为了 CD-ROM，这样做降低了制作成本，为游戏开头、过场等动态画面（FMV）提供了更多的存储空间，也大大改善了音效，玩家可以在游戏中听到真正的音乐和逼真的语音输出。不过，随着 CD 刻录机的出现，这样的做法也暴露出一个缺点：复制游戏变得轻而易举，比如利用特殊的刻录软件 Modchip。

在技术层面上，PlayStation 几乎无可挑剔，远远领先于竞争对手，任天堂后来发布的任天堂 64 甚至也无法与它媲美。历史已经一再告诫我们，先进的技术并不总是成功的保证，为游戏机开发的游戏才是起决定性作用的。在这一点上，PlayStation 也称得上出类拔萃，开发了《合金装备》《最终幻想 7》《生化危机》《GT 赛车》《寂静岭》《古墓丽影》《铁拳 3》《蛊惑狼》《奇异世界之阿比逃亡记》《勇敢向前冲》等等。现在我稍稍回忆一下，就能立刻叫出一连串 PlayStation 游戏库里热门游戏的名字。每一款都曾给我带来极大的乐趣，让我玩到废寝忘食。

图 5.16　索尼的 PlayStation 1 是游戏机中的一颗新星，并迅速成为市场的引领者

随着任天堂 64 的到来，任天堂也迈入了开发第五代游戏机的行列，比其他几家略迟一步。这款游戏机于 1996 年在日本和美国发布，1997 年在欧洲发布。面对索尼 PlayStation 和世嘉土星这样强有力的竞争对手，任天堂自然会把胜算寄希望于它的 64 位处理器，并对此进行了大力宣传。然而，它的优势并不十分明显，不足以凭此与竞争对手拉开差

距。而且，与 PlayStation 和世嘉土星不同的是，任天堂的开发人员并没有采用 CD-ROM 技术，仍旧以存储模块形式提供游戏。CD-ROM 的制造成本会更低，还可以为预渲染的视频和音频提供更大的存储容量。任天堂弃用 CD-ROM 的原因，据猜测是为了预防盗版。但不管怎么说，较高的制作成本最终会反映在游戏的售价上，而在这一点上，显然它的竞争对手更具优势。

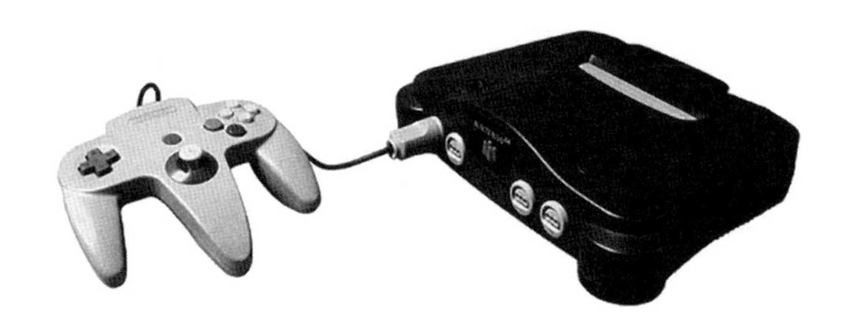

图 5.17　任天堂 64 不得不在索尼 PlayStation 面前甘拜下风

在游戏方面，任天堂可以说是不负众望，再次推出了一系列高质量的游戏，比如《超级马里奥 64》《水上摩托 64》《恐龙猎人》等等。尽管如此，任天堂 64 还是无法战胜 PlayStation，许多开发人员也不看好任天堂 64。但总的来说，这是一款品质可靠的游戏机，在市场上也相当受欢迎，拥有许多酷炫游戏的索尼 PlayStation 实在是一个过于强大的对手。

CD 技术以及丰富的游戏库是索尼 PlayStation 的制胜法宝，也是任天堂始终落后的重要原因。在任天堂 64 之后，任天堂就暂时停止使用卡带作为游戏载体了。其实，促使索尼独立开发游戏机的动力，就来自任天堂。早在 1986 年，任天堂曾委托索尼为 SNES 设计一款 CD-ROM 驱动器，以便播放更高品质的视频和音乐，同时获取更多的存储空间。索尼在 1991 年向任天堂展示了为 SNES 提供的 CD 扩展，但由于意见上的分歧，任天堂终止了与索尼的合同，转而向飞利浦表达了合作意向。任天堂当时声称是出于经济上的考虑，但根据其他的消息来源，合作终止的原因是索尼想要使用 SNES 技术开发自己的游戏机。任天堂与飞利浦的合同同样不了了之，而索尼则一直没有中断研发，终于推出了自己的游戏机，作为与任天堂一较高下的法宝。这款发布于 1994 年的游戏机就是 PlayStation，它的辉煌历史一直延续到了今天。

任天堂 PlayStation

索尼和任天堂之间短暂合作的产物任天堂 PlayStation，如今成了独一无二的稀世珍品。这款游戏机被称为“超级 NES CD-ROM 系统”，本质上就是配备了 CD-ROM 驱动器的 SNES。据说当时一共生产了 200 台原型机，但其中的 199 台被销毁了。唯一一台幸免于难的原型机，最近以 36 万美元的价格拍卖。

随着第五代游戏机退出历史舞台的脚步，世嘉和任天堂之间的游戏机之战也落下了帷幕。任天堂战胜了世嘉，但不得不立刻面对一个全新的竞争对手——索尼，它很快从世嘉手里接过了游戏机市场的领导地位。

5.1.7 永恒的三方混战：索尼、微软和任天堂（第六代，1998—2005 年）

从第六代开始，微软带着 Xbox 闯入游戏机市场，索尼、微软和任天堂之间的三方混战开始了，战火到今天也没有熄灭。第六代游戏机提供了更多的多媒体功能，例如 DVD 播放、多声道音效、网络接口和更优越的 3D 图形，此外，大多数第六代游戏机还配备了硬盘驱动器。

在这三家之外，世嘉在 1998 年还做了一次尝试，推出了 Dreamcast。这款游戏机上市后的反响还不错，发布的游戏也可谓制作精良，例如《剑魂》《生化危机：代号“维罗妮卡”》《梦幻之星 Online》。然而，当索尼的 PlayStation 2、任天堂的 GameCube 以及软件巨头微软的 Xbox 进入游戏市场后，世嘉便逐渐失去了战斗力，最终彻底退出了游戏机制造行业。

在 PlayStation 取得成功之后，粉丝们对后继机型 PlayStation 2 怀有极大的期待。索尼果然没有让他们失望，使 PlayStation 2 成为迄今为止世界上最畅销的游戏机，销量超过 1.5 亿台。其中最受欢迎的游戏是《侠盗猎车手：圣安地列斯》。在这款游戏中玩家可以在整座城市中自由穿行，进行各种破坏活动。由于这种对暴力的过度描绘，这款游戏饱受非议，在当时成为家长、学者和政客热议的话题。它吸引玩家的另一大亮点是一个名为“热咖啡”的补丁，安装了这个补丁之后就可以解锁互动性爱小游戏。带有这个补丁的版本很快就在美国和澳大利亚下架，替换成了已把这段程序代码剔除的更加温和的版本。

紧接着，任天堂带着 GameCube 进入了第六轮的较量，想要重回游戏机行业巅峰的意图十分明显。但是，PlayStation 2 实在是势不可挡。独立游戏开发商并没有兴趣为 GameCube 开发独家游戏，而任天堂自己的开发者则已经把精力都投在了任天堂 DS 的开发工作上。因此，GameCube 的游戏库并不丰富。许多著名的任天堂游戏，如《超级马里奥兄弟》《大金刚》《塞尔达传说》都在这个时候再次发布。值得一提的是，GameCube 首次使用了 DVD 作为存储介质，只是为了给盗版增加难度而选择了 8 厘米的迷你版本（MiniDVD）。但是这样也使得它无法播放市面上常见的音乐 CD 或 DVD。当微软推出 Xbox 时，任天堂尚能与它争夺一下游戏机榜单上的第二个位置，但随着时间的推移，任天堂的销售数字持续下降，最终只能屈居第三名。

2001 年，软件巨头微软凭借 Xbox 进入游戏机领域。这是一台稍做修改的个人计算机。“Xbox”这个名字由微软著名的多媒体编程接口 DirectX 和单词“Box”组成。Xbox 上最早的游戏是视频游戏《光环》，一款专门为它开发的游戏。这款游戏后来发展成了一个系列，就像任天堂的马里奥系列游戏一样，成为 Xbox 的明星产品。Xbox 的操作系统是微软自身开发的，在 Windows NT 架构的基础上做了针对游戏机的适应性调整。微软在与世嘉的合作中积累了这方面的经验，它曾为 Dreamcast 开发了操作系统 Microsoft Windows CE。此外，微软一向与硬件制造商和开发人员维持着良好的关系，这也为它进军这个新领域铺平了道路。Xbox 一开始就卖得很好，把任天堂甩在了身后，尤其是在欧洲。但在亚洲，它的销售量仅为 180 万台。

图 5.18 微软凭借 Xbox 成功进入了游戏机市场

5.1.8 电视机前的运动（第七代，2005—2010 年）

新的一代是在线游戏的天下，几乎任何游戏都少不了在线功能。这一代的另一个标志是一种通过玩家的身体运动来控制游戏的新方式。2005 年，微软推出第七代产品 Xbox 360。2006 年，任天堂和索尼紧随其后，分别了推出 Wii 和 PlayStation 3。

在微软和索尼继续专注于提高图形性能的同时，任天堂尝试凭借运动传感器和红外照相机在游戏控制方式上进行创新。在这种理念下，他们开发了一款能够对身体运动做出反应的控制器，以及诸如 *Wii Sports* 这样的游戏。这些游戏最终成为继《俄罗斯方块》之后历史上最畅销的游戏。任天堂的其他游戏，比如《新超级马里奥兄弟》《超级马里奥兄弟大乱斗》《马里奥赛车 Wii》《超级马里奥银河》《马里奥聚会 8》等等，搭配创新的控制模式，也都让玩家爱不释手。当然，任天堂也不得不面对一些批评，即与 Xbox 360 和 PlayStation 3 相比，它在图形方面并不出色。索尼和微软后来也为他们的游戏机发布了各自的体感控制器，分别为 PlayStation Move 与 Kinect。

在设备销售方面，任天堂以 1 亿台的成绩重登榜首。第二、第三名分别为销量 8 000 万台的 PlayStation 3 和销量 7 820 万台的 Xbox 360。

5.1.9 第八代游戏机以及游戏的未来（2010 年至今）

2012 年，任天堂以 Wii U 为最新一代游戏机拉开了序幕，并且又一次把与众不同的全新创意带到了玩家面前。Wii U 在性能上与 PlayStation 3 及 Xbox 360 持平，新亮点则在于游戏控制器，即采用了一款触摸屏控制器，作为游戏主机的第二屏幕为玩家提供更加丰富的操控体验。一年之后，PlayStation 4 和 Xbox One 上市，索尼和微软的这两款游戏机一如既往地专注于提高图形性能。

不久，索尼和微软也都推出了性能更加强劲的升级版本，即 PlayStation 4 Pro 与 Xbox One X。而任天堂的 Wii U 由于销售数据疲软，很快被一款全新的游戏机任天堂 Switch（Nintendo Switch）取代。它既可用作随身携带的掌上游戏机，又能与大屏幕相连接，在性能上提升了不少。

令人感动的事迹

在经历了滑铁卢之后，任天堂首席执行官岩田聪将自己的薪水削减了 50%。董事会成员纷纷效仿他的做法，也将各自的薪水削减了 20%—30% 不等，以此保护工资级别更低的同事免受销售下滑的影响。

下一代的游戏机正蓄势待发，索尼 PlayStation 5 和微软 Xbox Series X 的发布已登上官方日程。微软将新 Xbox 的发布日期定为 2020 年 11 月 10 日，索尼则于 2020 年 11 月 19 日推出新的游戏机。我写这本书的时候，任天堂还没有发布任何官方计划，有可能他们把任天堂 Switch 认作第九代游戏机。我们拭目以待，这一比拼将如何继续下去。

5.2　掌上游戏机

最年轻的一代玩家随身携带的都是智能手机或是平板计算机，掌上游戏机正渐渐从我们面前消失。唯独任天堂还活跃在市场上，并且凭借任天堂 Switch 和任天堂 DS 继续扩大市场份额。我属于“Game Boy”一代，比起智能手机，仍然更加偏爱掌上游戏机，所以接下来，我将简要介绍这个领域里的几块重要里程碑。

5.2.1　起源（1976 年）

美泰赛车是最早的掌上游戏机之一，由美泰公司于 1976 年出品。

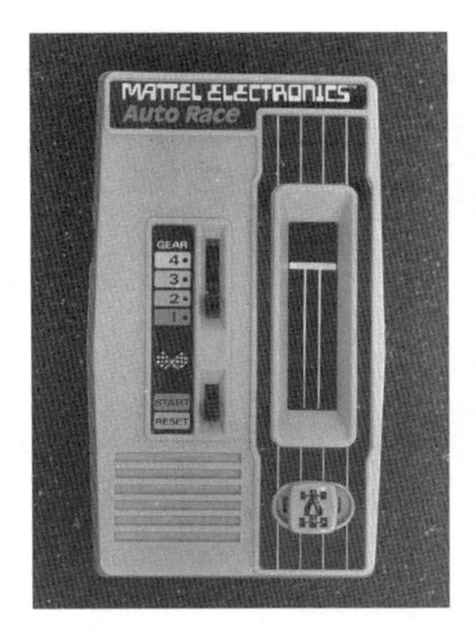

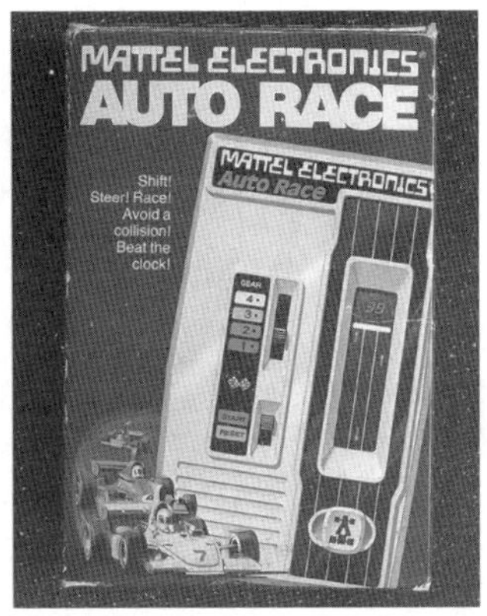

图 5.19　美泰 1976 年出品的赛车游戏机被认为是最早的掌上游戏机之一

这是一款不可更换游戏的掌上游戏机，玩家作为赛车手要让自己的赛车避开障碍物或其他车辆，第一个到达目的地。LED 显示屏上闪烁的红色发光标记模拟了赛车，给人造成一种它们在移动的错觉。

第一个带有可替换模块的掌上游戏机是米尔顿布拉德利公司的微视觉（在德国称为 MB Spiele）。1979 年问世的它配备了 16 × 16 像素的液晶显示器，靠 4 个控制按钮操纵游戏。游戏卡带被设计成彩色的外壳，对应显示器的位置有一张配合不同游戏内容的覆盖层，因为 16 × 16 像素的显示屏只能显示方形的小块，在图形分辨率上无法做出更多细节。针对这款游戏机一共开发了 14 款游戏，其中比较受欢迎的有《大块头》《保龄球》《弹球》《流星》。微视觉在发布后受到了热烈追捧，但很快就被更新更好的机器所取代。尽管如此，它仍不失为掌上游戏机历史上的一块里程碑。

图 5.20　微视觉称得上是第一个可替换卡带的掌上游戏机

在任天堂的 Game Boy 彻底改变掌上游戏机行业之前，各大制造商争相把各自的有趣设计推向市场。1983 年，制造商 Palmtex 推出 Super Micro 投石问路，结果仅售出 5 000 台，只发布了 3 款游戏。1984 年，Epoch 公司的 Game Pocket Computer 在日本上市。它带有一块分辨率为 75 × 64 像素的液晶显示屏，总共推出了 7 款游戏，其中 2 款永久性集成在设备中。

5.2.2　任天堂 Game Boy 称霸全世界（1989 年）

从 1980 年开始，任天堂把它的 Game & Watch 系列的 56 款游戏一共卖出了 4 400 万件，取得了惊人的成功。这是一款带有电子手表功能的便携式游戏机（因此而得名），游戏是固定安装在设备中的，无法更换。现在，他们想要开发一款可更换卡带的继任机型。

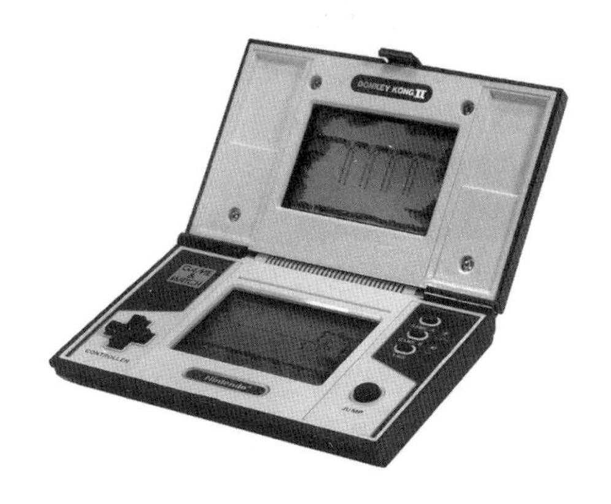

图 5.21　任天堂的 Game & Watch 版《大金刚 2》

1989 年，Game Boy 闪亮登场，它配备的是 160 × 144 像素的黑白屏幕以及一个性能并不卓越的处理器，所以一开始，关于它是否能立足于市场，批评家们的意见并不统一。但任天堂认为，持久的电池续航时间比优越的图形性能更加重要。而且他们很清楚，仅靠掌上游戏机本身并不能再吸引消费者。因此，任天堂设法取得了《俄罗斯方块》的授权。

图 5.22　任天堂凭借 Game Boy 大获成功

《俄罗斯方块》与 Game Boy 捆绑销售，成为最畅销的 Game Boy 游戏。《大金刚》《塞尔达传说》《精灵宝可梦》《银河战士》《超级马里奥兄弟》等其他游戏紧随其后。1.2 亿台设备的销售量（包括后续的 Game Boy Pocket 和 Game Boy Color）使 Game Boy 成为当时最畅销的游戏机，并且在很长时间里，无人能动摇它的地位。

5.2.3 失败的竞争对手（始于 1990 年）

当然，任天堂并不是唯一的掌上游戏机制造商，在接下来的几年里，竞争对手纷纷进入了这个领域。首先是雅达利，在 Game Boy 上市的第二年，即 1990 年，雅达利推出了 Atari Lynx。它具有 160 × 102 像素分辨率以及带有背光的彩色屏幕，其他的技术参数也相当出色。然而，与任天堂相比，它的高电耗、高价格、大尺寸以及不成功的营销，导致销售数据并不好看。更关键的是，针对这款游戏机也没有开发出顶级的游戏来吸引消费者。于是雅达利再次尝试推出 Lynx Ⅱ，它的设计更为纤薄，屏幕背光可以关闭，但仍旧没有在市场上激起任何水花，因为它依旧没有搭载能够拉动游戏机销量的标志性游戏，较为著名的游戏只有《圣铠传说》《百战小旅鼠》《离子射线》。

图 5.23　Atari Lynx 无法征服市场

在 Game Boy 发布后，世嘉立即开始了掌上游戏机的研发工作。他们想要提供一种比 Game Boy 更加优越的产品。他们的研究成果就是 Game Gear。它也配备了彩色屏幕和背光，并且具有比 Game Boy 更出色的图形和声音。但技术层面上的优越性并不能助它战胜 Game Boy。和 Atari Lynx 一样，Game Gear 的耗电量、尺寸和价格都不占优势，然而最主要的仍旧是缺乏能成为热点潜力的游戏。由于世嘉大师系统和Game Gear在技术上颇为相似，因此Game Gear上的游戏主要是从大师系统上移植过来的。不过，与Atari Lynx相比，世嘉的这款掌上游戏机并没有失败得那么彻底，仅掌上游戏机本身而言，世嘉还是获利了，但它仍旧被世嘉定义为一次失败的尝试。

图5.24　世嘉的Game Gear虽谈不上一败涂地，但并不足以成为热门游戏机，与Game Boy一较高下

随后，日本电气公司（NEC）推出PC Engine GT，继续掌上游戏机领域的探索。这款机器非常先进，并且与NEC之前的PC Engine游戏机上的游戏兼容。为了与Game Boy直接对抗，Watara公司以Supervision发起了挑战，这也是一款黑白屏幕的掌上游戏机，在价格上有较大优势。此外，凭借Neo Geo Pocket（Color），SNK公司也想在掌上游戏机市场上一显身手。这家在游戏厅领域享有盛名的公司，为这款掌上游戏机开发了几个称得上有趣的游戏，全球的销售量达到了200万台。但是，就和Atari Lynx与Game Gear的命运一样，面对任天堂的Game Boy，这些掌上游戏机使尽浑身解数也没有任何胜算。

这边任天堂继续开发它的Game Boy系列，在1998年推出了Game Boy Color，这是一款具有32 768色彩色屏幕的机型，并且实现了通过红外线的多人连接。它向下兼容之前Game Boy的所有游戏，但并没有多少适用于这款游戏机的独家游戏出现。2001年，带有两个肩部按钮（便于持握的水平分布）的Game Boy Advance上市，同样兼容旧机型的游戏。但是它在技术层面上不再以最早的Game Boy为基础，更像是迷你的NES。这些机型延续着任天堂的成功，而任天堂DS的出现即将把它的成功推向高潮。

2003 年，制造商开始将智能手机作为游戏设备进行营销。诺基亚推出了 N-Gage 作为游戏机和智能手机的混合体进行尝试，游戏质量大致与 Game Boy Advance 或任天堂 DS 持平。虽然这款机器的销量不算太差，但远未达到诺基亚的预期。与当时的 Game Boy Advance 相比，它的高质量游戏数量较少，价格上也没有优势，所以游戏玩家宁愿对任天堂继续保持忠诚。当时被用作操作系统的，仍旧是 Symbian OS。

图 5.25　通过 N-Gage，
诺基亚首次尝试将智能手机打造为适合大众的便携式游戏设备

5.2.4　任天堂的又一个得意之作（始于 2004 年）

2004 年，任天堂凭借任天堂 DS 大获成功。这款掌上游戏机采用了全新的富有创意的控制系统。除了用于游戏控制的常用输入部件外，

图 5.26　任天堂 DS 正在成为第二位最受欢迎的游戏机，
图中是发布于 2006 年的任天堂 DS Lite

还引入了第二个触敏触摸屏和一个麦克风，这样就可以通过触摸和语音输入来控制游戏。通过无线网络，可以有 16 个玩家同时连线进行无线游戏，有些游戏甚至可以连接到互联网。随着《马里奥赛车 DS》《塞尔达传说：幻影沙漏》《超级马里奥 64 DS》，以及鼎鼎大名的《精灵宝可梦》的出现，任天堂 DS 的专属游戏再次成为传奇。这款游戏机取得了巨大的成功，销量超过 1.5 亿台，在最畅销的游戏机中仅次于 PlayStation 2。

索尼也在 2004 年底推出了 PlayStation Portable（PSP）。这是一款支持多人游戏的掌上游戏机。它首次引入了通用媒体光盘（Universal Media Disc，UMD）作为存储介质。UMD 与 DVD 类似，可以存储大量数据，所以电影也可以 UMD 光盘形式在 PSP 上播放。这款游戏机在技术上优于任天堂 DS，可以用来听音乐、观看图片和电影。但是它的价格更高，电池续航时间也短于任天堂 DS。为了阻止 PSP 成为任天堂 DS 的有力竞争对手，任天堂首次在美国而不是在日本本土率先发布新产品，用以牵制 PSP。可以说，PSP 是一款非常强大的掌上游戏机，也是我关于游戏的美好回忆里的一部分，但是它仍旧没有达到索尼的期望，也无法与任天堂的巨大成功相提并论。

图 5.27　索尼也试图通过 PlayStation Portable 征服便携式游戏机市场

任天堂和索尼在 2011 年推出了各自设备的后继机型。任天堂发布了可以显示裸眼 3D 内容的任天堂 3DS，取得了巨大的成功；而索尼推出了具有更强性能和带有背面触摸屏的 PlayStation Vita，但它并没有满足人们过高的期许。时至今日，任天堂仍在掌上游戏机的王座上大放异彩，从未遇到过任何真正的竞争对手。2017 年，任天堂推出了任天堂 Switch，这是一款掌上游戏机与台式游戏机二合一的混合游戏机。

第二部分

软　件

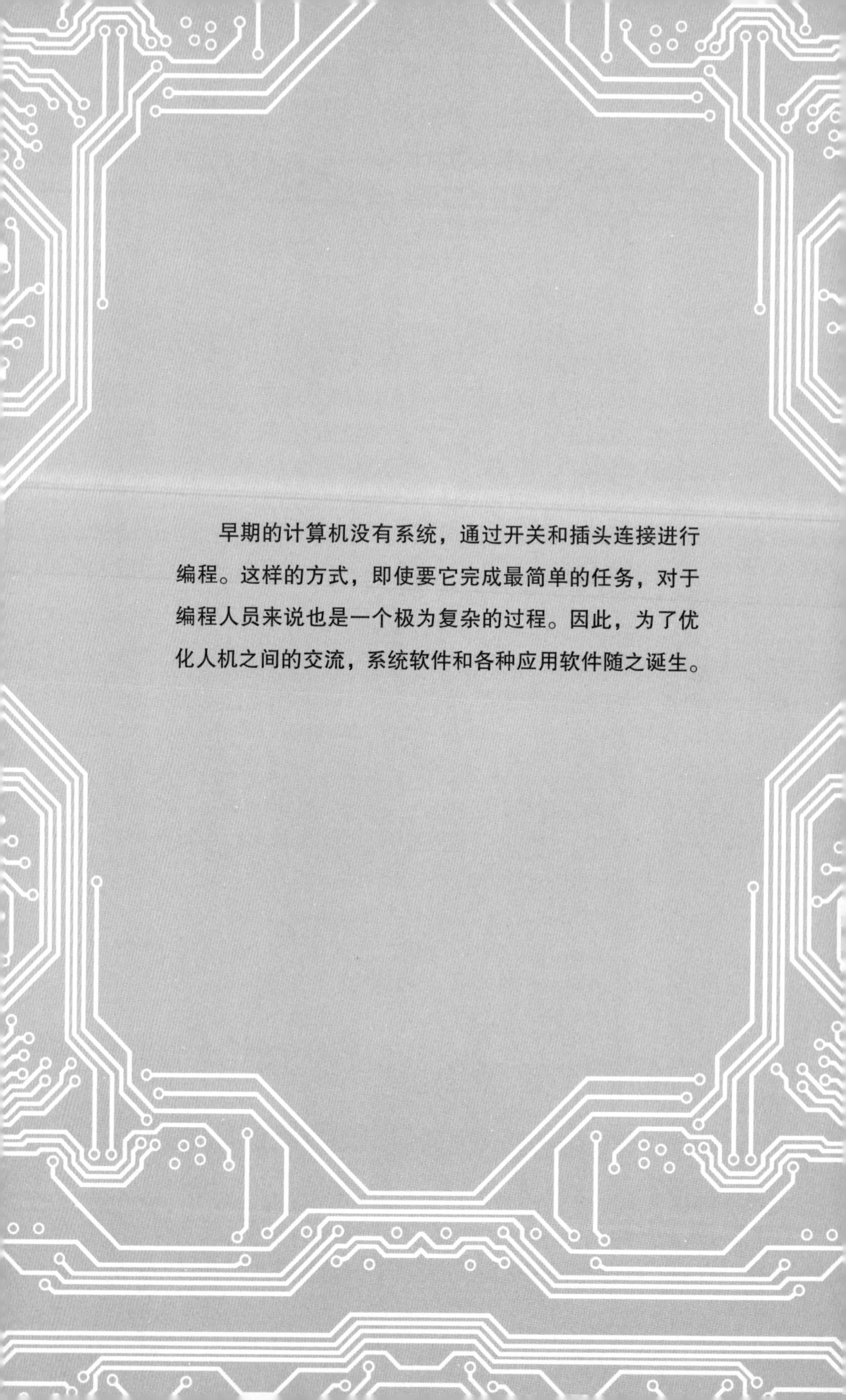

早期的计算机没有系统，通过开关和插头连接进行编程。这样的方式，即使要它完成最简单的任务，对于编程人员来说也是一个极为复杂的过程。因此，为了优化人机之间的交流，系统软件和各种应用软件随之诞生。

第六章
操作系统（系统软件）里程碑

UNIX 很简单。要理解它的简单性，只需要一些天才。

——丹尼斯·里奇

20 世纪 40 年代和 20 世纪 50 年代的第一批计算机系统根本没有操作系统，它们是通过开关和插头连接进行编程的，所有资源都用来支持计算机上唯一运行的程序。但是，如果只能与计算机进行这种直接交流，那么要它完成最简单的任务，对于编程人员来说也是一个极为复杂的过程。因此，为了优化人机之间的交流，系统软件被发明出来。

系统软件≠操作系统

系统软件是一种在后台运行的、不与用户直接互动的程序。在与硬件交互沟通或者运行应用软件的时候，就需要这样的程序。操作系统和驱动程序就是经典的系统软件。而用户软件或应用软件则是由用户安装、用以执行特殊任务（例如撰写文本）的程序。应用软件通常具备一个（图形）用户界面，用户可以与它互动。

因此，操作系统是用于联络计算机硬件与系统程序及用户程序的基本的命令中心。可以说，操作系统是当今任何现代计算机系统中最重要

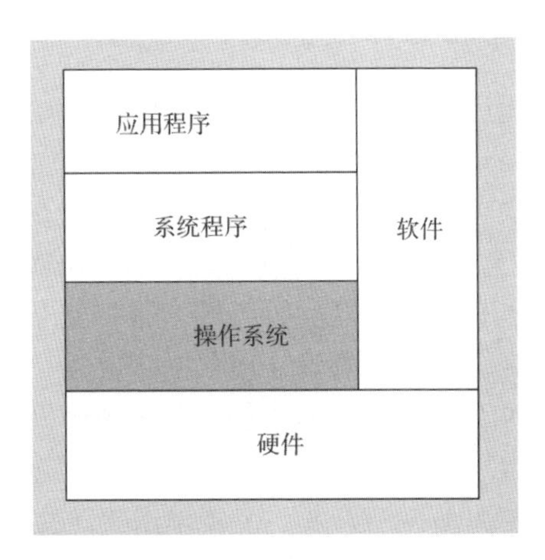

图 6.1　操作系统在硬件和系统中运行的各种程序之间起交接作用

的软件。它通常管理着诸如内存、输入和输出设备等资源，并控制着（若干个）程序的执行。

在本章中，我们将深入操作系统的历史一探究竟，了解其中几块或家喻户晓或默默无闻的里程碑。

6.1 第一批操作系统（始于 1954 年）

最初的操作系统基本上只是所谓的程序加载器，负责在计算机开机后加载程序。它们只能从穿孔卡片中读取程序、执行程序，并记录结果，一次只能在内存中使用一个程序。其中较为著名的操作系统是 1954 年为 UNIVAC 1103 开发的 MIT's Operating System 以及 1955 年为 IBM 701 开发的 General Motors OS 操作系统。

1964 年，计算机制造商 IBM 独立开发了一款操作系统，即用于整个 System/360 系列的 OS/360。这是前所未有的，因为之前的每款计算机都有一个单独的操作系统。OS/360 不再是一个简单的程序加载器，而是一个有批处理任务能力的系统。它从磁带中读取任务，执行这个任务，然后将结果写入另一个磁带。整个处理过程仍旧相当烦琐。首先，用户必须把新任务重新“编程”在穿孔卡片上。然后，将穿孔卡片放入读卡器中，输入的数据被磁带设备读取并保存。到了这一步，才可以把任务从磁带设备移交给计算机的操作系统来处理。从这段描述中可以看出，当时的操作系统与我们今天所知的系统软件并没有多少关联。

6.2 UNIX 的开发（1969 年）

20 世纪 60 年代后期，第一个 UNIX 操作系统在贝尔实验室诞生。UNIX 是 Linux、Mac OS X、NeXTStep、OpenBSD、Android 等多个后继操作系统的鼻祖。可以说，UNIX 是计算机历史上最具影响力的操作系统。许多我们今天认为理所当然的概念是随着 UNIX 一同引入的，比如带有文件夹结构的分层树状文件系统。很多至今仍起着重要作用的关于软件开发的基础知识也是在这个时候被定义的。肯·汤普逊和丹尼斯·里奇是参与 UNIX 开发的关键人物。肯·汤普逊最初是打算在一台闲置的 PDP-7（DEC 公司出品）上编写程序，但他感到 DEC PDP-7 上的编程过于原始，于是萌生了开发一个新操作软件的想法。

不过 UNIX 并不是从石头里蹦出来的，而是以 Multics 操作系统为蓝本。Multics 即多路信息和计算服务系统，是同样适用于大型计算机的操作系统，由贝尔实验室、通用电气公司、麻省理工学院共同开发。Multics 系统运用了分时系统这个新概念，即可以同时加载多个程序。所谓的“同时”，是指系统将 CPU 的时间划分成若干个片段，每个程序都被分配到一个时间片进行轮转运行，这样就可以实现“同时”执行多项任务。所以这个原理现在也称为多任务处理。通过这个系统，多个用户就可以使用多个终端在一台计算机上工作，前提条件是具有特殊的访问权限。肯·汤普逊作为 Multics 的开发人员，从中积累了丰富的经验。

布莱恩·克尼汉把肯·汤普逊的系统戏称为 Unics（“单”路信息和计算服务）。后来大家便取其谐音，称之为 UNIX。尽管 UNIX 这个名称经常用大写字母书写，但它并不是一个缩写。

终端

当时的终端是一个没有灵魂的设备，仅由屏幕和键盘组成，并不具备运算单元。

起初，UNIX 仍然是用汇编语言编写的。之后，丹尼斯·里奇附带开发了编程语言 C，并在此基础上继续 UNIX 的开发工作。C 语言是计算机历史上的另一块里程碑。我会在第八章单独讲述编程语言的历史。当 UNIX 内核用 C 语言完全重写之后，UNIX 发展成为能轻松移植到不同机器上的系统。由于 UNIX 已经相当成熟，贝尔实验室开始在公司内部使用它。

1974 年，肯·汤普逊和丹尼斯里奇发表了关于 UNIX 的文章，学术界从中了解到了这个多用户多任务操作系统，立刻展现出了极高的兴趣。当贝尔实验室将这个系统的 C 语言源代码免费提供给大学时，公众的热情被完全点燃了，各大学、公司对其进行了各种各样的改进和扩展，衍生出了多种版本，比如在伯克利大学诞生了伯克利软件发行版（Berkeley Software Distribution，BSD）。UNIX 从此被拆分为不同的版本，如 Solaris、BSD、HP-UX、AIX、SunOS 等等。尽管 UNIX 分裂成了多个版本，但有两条主线最为符合贝尔实验室的预设指标：BSD 系列和 System V 系列。为了使各种 UNIX 版本在最大程度上彼此兼容，电气和电子工程师协会制定了一个名为 POSIX（Portable Operating System on UNIX，基于 UNIX 的可移植操作系统接口）的 IEEE 标准（1003.1）。

6.3 施乐奥托的 Alto OS 操作系统（1973 年）

施乐奥托的 Alto OS 系统在操作系统的历史上扮演了非常重要的角色。虽然施乐奥托本身并没有取得巨大的成功，但它的图形用户界面启发了整整一代操作系统的开发者。除此之外，它还是第一个带有计算机鼠标的系统。关于施乐奥托，我们已经在 2.15 节中做了介绍。

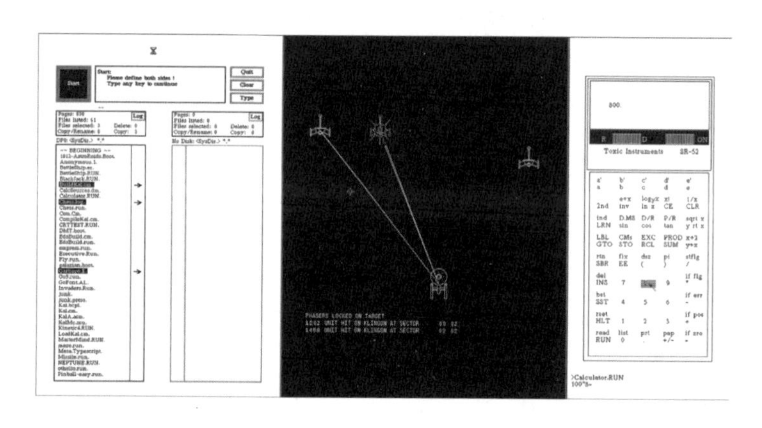

图 6.2 左侧是 Alto OS 的文件管理器 Neptun，中间是《星球大战》游戏，右侧是计算器

6.4 CP/M——20 世纪 70 年代的市场引领者（1974 年）

第一个真正的个人计算机操作系统是 CP/M，它是由加里·基尔代尔开发的。加里·基尔代尔被认为是一个典型的技术狂人，他在忙于组装自己的微型计算机的同时，编写了这个操作系统。CP/M 是 Control Program for Microcomputers（微机控制程序）的缩写，与 UNIX 这类已经发展到相当程度的操作系统相比，它编写得非常简单，但很受欢迎，因为它非常易于移植，可以在不同的处理器平台上使用，比如当时应用广泛的 Intel 8080 和 Zilog Z80。这个操作系统已经具有了针对磁盘文件的管理功能，可以通过各种控制台指令进行控制。

针对不同硬件配置的高度可移植性，很快使这个操作系统成为市场上的引领者，并为大多数计算机制造商所使用。到 20 世纪 80 年代中期，各大制造商已经产生了超过 3 000 种不同配置的 CP/M，它在不同配置中的使用次数估计高达 400 万次。这个操作系统在技术上不断发展，甚至也考虑到了多用户系统的趋势。CP/M–86 版本一度是 MS-DOS

的直接竞争对手。请注意，只有 CP/ M 系统的命令和所提供的工具是标准化了的，而计算机硬件则因制造商的不同而相异，所以 CP/M 仍须针对每台计算机进行调整。

随着 20 世纪 80 年代中期 IBM-PC 的日益普及，CP/M 的市场领导地位让给了 MS-DOS。加里·基尔代尔其实是有机会逆转局面的。当时 IBM 想要为他们的计算机配备与 CP/M 相似的操作系统，但加里·基尔代尔迟迟没有决定签署 IBM 的保密协议。IBM 因此把机会给了资历尚浅的微软公司，它开启了微软的成功故事，并且预示了 CP/M 的没落。

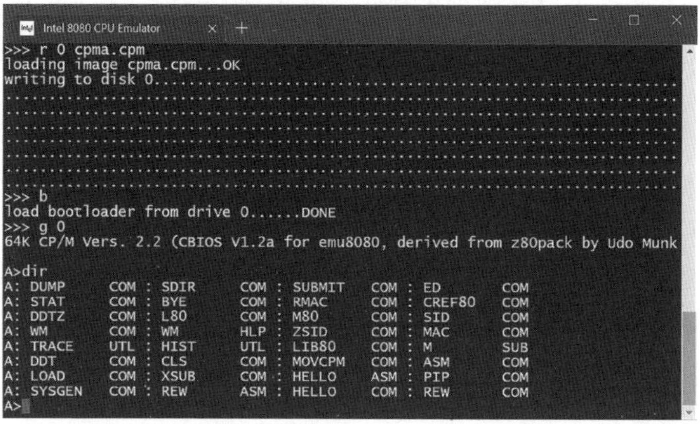

```
Intel 8080 CPU Emulator
>>> r 0 cpma.cpm
loading image cpma.cpm...OK
writing to disk 0.......................................
>>> b
load bootloader from drive 0......DONE
>>> g 0
64K CP/M Vers. 2.2 (CBIOS V1.2a for emu8080, derived from z80pack by Udo Munk

A>dir
A: DUMP     COM : SDIR     COM : SUBMIT   COM : ED       COM
A: STAT     COM : BYE      COM : RMAC     COM : CREF80   COM
A: DDTZ     COM : L80      COM : M80      COM : SID      COM
A: WM       COM : WM       HLP : ZSID     COM : MAC      COM
A: TRACE    UTL : HIST     UTL : LIB80    COM : M        SUB
A: DDT      COM : CLS      COM : MOVCPM   COM : ASM      COM
A: LOAD     COM : XSUB     COM : HELLO    ASM : PIP      COM
A: SYSGEN   COM : REW      ASM : HELLO    COM : REW      COM
A>
```

图 6.3 在网络浏览器中运行带有 Intel 8080 处理器的 CP/M 模拟器

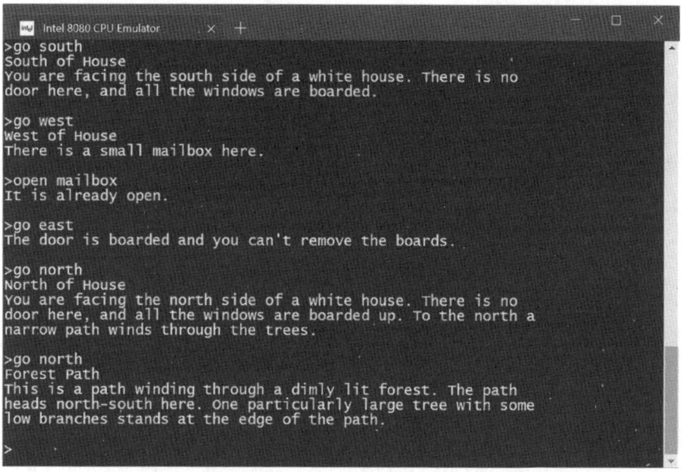

```
Intel 8080 CPU Emulator
>go south
South of House
You are facing the south side of a white house. There is no
door here, and all the windows are boarded.

>go west
West of House
There is a small mailbox here.

>open mailbox
It is already open.

>go east
The door is boarded and you can't remove the boards.

>go north
North of House
You are facing the north side of a white house. There is no
door here, and all the windows are boarded up. To the north a
narrow path winds through the trees.

>go north
Forest Path
This is a path winding through a dimly lit forest. The path
heads north-south here. One particularly large tree with some
low branches stands at the edge of the path.

>
```

图 6.4 《魔域 1》是一款经典的文字冒险游戏

6.5 Apple Ⅱ的 Apple DOS（1977 年）

Apple DOS 算不上操作系统历史上真正的里程碑，但由于当时 Apple Ⅰ还没有自己的操作系统，Apple DOS 就成了苹果公司为 Apple Ⅱ设计的第一个软盘操作系统，因此有必要在此简要介绍一下。这个操作系统是由史蒂夫·沃兹尼亚克、保罗·劳顿和兰迪·威金顿共同开发。适用于 Apple Ⅱ的第一个版本是 Apple DOS 3.1。

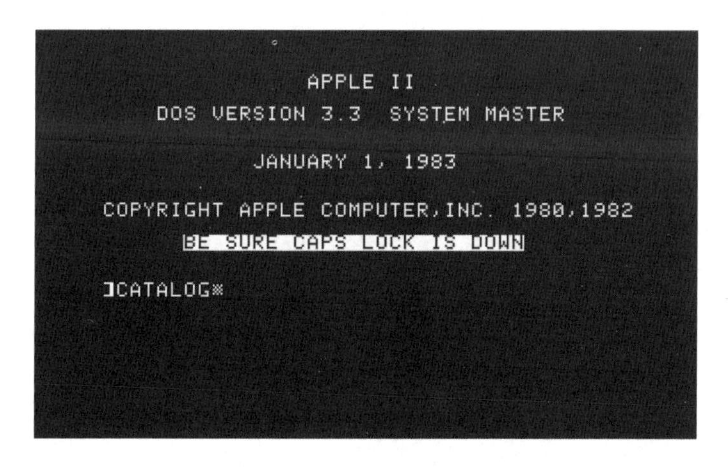

图 6.5　Apple DOS 3.3 在运行过程中

6.6 QNX——实时操作系统（1980 年）

林纳斯·托瓦兹在 1991 年宣布，他为一个新 UNIX 操作系统编写了内核。这个基于单内核的设计招致了知名软件理论家安德鲁·塔能鲍姆的公开批判，他认为单内核已经过时了，微内核才更加优越。所谓单内核，是在单一地址空间中运行的作为一个整体的单一进程，与之相对的是微内核，这是一组尽可能小的核心程序，功能被划分为独立的进程并各自运行。

塔能鲍姆的说法本身并没有错，但是微内核操作系统要比单内核系统速度慢，而且当 Linux 刚问世时，个人计算机还远没有达到今天的速度。此外，基于微内核确实更容易实现真正的分布式系统环境。与 Linux 有亲缘关系的微内核系统其实早已有之。其中的一种，我想在这里做更详细的介绍。它被称为 QNX，是一个实时系统，即可以在限定时间内执行特定功能并交付结果。比如图形用户界面的窗口不是在任意时间打开，而是在单击后一秒钟。实时系统强调的并不是运行速度之快，而是保证特定任务在确定的时间内得到响应。

QNX 的起源可以追溯到 1980 年。两位发明家丹·道奇和戈登·贝尔在加拿大滑铁卢大学读书时就开始构思自己的操作系统。按照他们的设想，这应该是一个能够实时工作的微内核系统。1982 年，他们成立了自己的公司——昆腾软件，推出了适用于英特尔 8088 的第一个系统软件版本 QUNIX。这个系统很快在加拿大流传开来，主要面向嵌入式系统市场，并且不断得到丰富和发展，名称也从最初的 QUNIX 改为更容易发音的 QNX。

到了 20 世纪 90 年代，公司对这个系统进行了调整，使之符合 POSIX 标准，以便获得种类更加丰富的软件供应。2001 年，QNX 推出了商业化版本，名为 QNX Neutrino，它的图形用户界面被称为 Photon microGUI。同时公司更名为 QNX 软件系统（QNX Software Systems）。三年后，即 2004 年，公司被哈曼国际收购，这是一家主营汽车电子系统的公司。

QNX 被广泛应用于汽车制造行业。例如宝马 iDrive 导航系统的 CIC 汽车信息计算机就是在 QNX 的基础上编写的。大众、奥迪、西雅特以及斯柯达等汽车品牌的导航和通信娱乐系统也都使用 QNX 作为操作系统。2010 年，动态研究公司（Research In Motion）收购了哈曼国际旗下的 QNX 软件系统公司，把 QNX 用作黑莓（Blackberry）智能手机和平板计算机的操作系统，名为黑莓 10（Blackberry 10）。

6.7 MS-DOS（1981 年）

在加里·基尔代尔拒绝了 IBM 的提议之后，确切地说，在他拒绝签署保密协议后，IBM 委托成立不久的微软公司为 IBM-PC 开发一款操作系统。然而当时微软还不曾拥有自己的操作系统，他们不能够将 CP/M 操作系统的使用许可转给其他公司，便买下了蒂姆·帕特森制作的 16 位 CP/M 克隆产品的销售经营权，即处于半成品状态的 QDOS（Quick and Dirty Operating System）。与 IBM 签订了许可协议之后，比尔·盖茨在 1981 年据说用 5 万美元买下了 QDOS 的全部版权，把它改写为 PC-DOS 系统提供给了 IBM。MS-DOS 这个名称则用于所有 IBM 以外的元件设备制造商合作伙伴。事后来看，微软做成了一笔划算的买卖。一直延续到今天的微软核心业务便是由此起源的，即几乎每台新出厂的个人计算机都配备了微软操作系统。DOS 系统的基础，由那些用于管理和调用文件的命令构成，这些文件存储在软盘、硬盘驱动器、CD 等固定数据载体上。由于同一时间只运行一个主程序，不存在多任务处理，因此也无须对此进行控制。所以 DOS 并不复杂，它所涉及的就是一个带有文本界面和一些辅助程序的命令解释器。以下表格中列出了 DOS 中最重要的命令：

表 6.1　部分 DOS 命令

命令	解释
cd<verzeichnis>	更改到指定目录
dir	显示当前目录内容
mkdir<verzeichnis>	创建指定目录
rmdir<verzeichnis>	删除指定目录
del<datei>	删除指定文件
help	提供有关命令的信息
rename	重命名文件
edit	启动 DOS 文本编辑器
date	显示日期
time	显示及更改时间
xcopy	复制文件和目录结构

这里列出的 DOS 命令都没有过时。在 Windows 环境下，DOS 仍然以控制台的形式存在。因此，如果你对 DOS 比较熟悉，那么比起 Windows 的图形用户界面，在 DOS 控制台上可以更加高效地完成许多工作。以下是一些例子：

```
> xcopy *.doc d:\kopie\*.doc/s
```

我用这条命令把所有扩展名为 doc 的 Word 文档，从当前目录连同子目录一起复制到驱动器 D: 的 Kopie 文件夹中。文件夹结构在复制时不做任何改动。

你还可以通过以下方式复制整个硬盘驱动器：

```
> xcopy c:\*.doc d:\kopie\*.doc/s
```

如果你只想复制某个日期之后的 Word 文件，那么就可以使用以下方法：

> xcopy c:*.doc d:\kopie*.doc/s/d:12–30–2019

这样就可以复制 2019 年 12 月 30 日之后的 Word 文档了。

探索 MS–DOS

你可以在 Windows 命令行界面使用 DOS 命令。

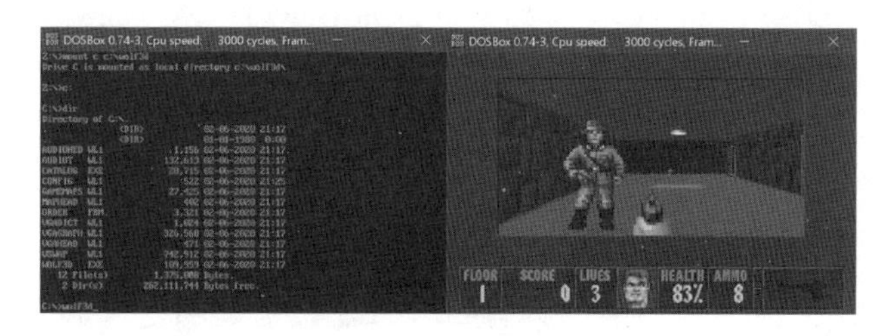

图 6.6　DOSBox 模拟器非常适合玩旧的 DOS 游戏，图中我正在玩的是经典游戏《德军总部 3D》

6.8　苹果丽莎（1983 年）

苹果丽莎无疑是操作系统历史上的又一块里程碑，尽管它并不是一

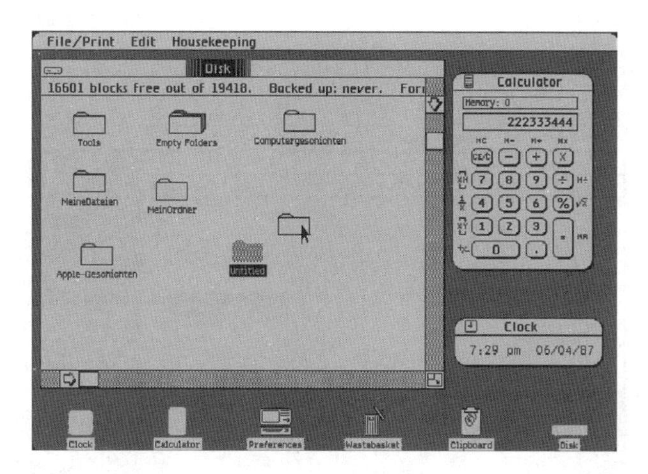

图 6.7　运行中的苹果丽莎图形用户界面。我在一台 Windows 计算机上运行网站 https://lisa.sunder.net/ 上的模拟器 LisaEm。请注意，如果你打算亲自测试一下这个模拟器的话，你仍然需要“Lisa Office System”

个成功的案例。苹果公司用 Apple I 开了个好头，又凭借 Apple Ⅱ取得了商业上的成功，现在企图依靠丽莎最终为自己加冕。这款屏幕与主机一体的计算机，支持由窗口和菜单组成的图形用户界面，并且前所未有地配备了一个鼠标。这些构想都得益于史蒂夫·乔布斯在施乐帕克研究中心受到的启发。苹果丽莎瞄准的是大众市场，广告把它标榜为“大脑的玛莎拉蒂”。可惜，它的价格也是玛莎拉蒂级别的。一台标准配置的丽莎，即配备了摩托罗拉 68000 处理器（5 MHz、1 MB 内存）和两个 5.25 英寸软盘驱动器的设备，售价为 9 995 美元（在德国相当于 3 万德国马克）。最终，这款计算机的销量只有 10 万台。

6.9 麦金塔（1984 年）

在苹果丽莎遭遇滑铁卢后不久，苹果公司推出了另一台带有图形用户界面和鼠标控制功能的计算机——麦金塔。随之一起登场的，还有 System 1.0 操作系统的第一个版本。这个系统尽管也常常被称作 Mac OS 1.0，但这个名称要到 System 7.5.1 问世的时候才被首次提及，而直到 System 7.6 版本，这个操作系统才被正式称为 Mac OS 7.6。就连 System 1.0 这个名称，一开始也并没有被苹果正式使用，是在第五个版本 System 5.0 上市时才开始使用的。

System 1.0 的第一个版本展示了许多新的特征，这些特征在今天的 Mac OS 系统中仍然保留着，并且也被其他具有图形用户界面的后续操作系统采用。菜单栏是其中最有趣的新特征，在 Lisa OS 中已经出现了

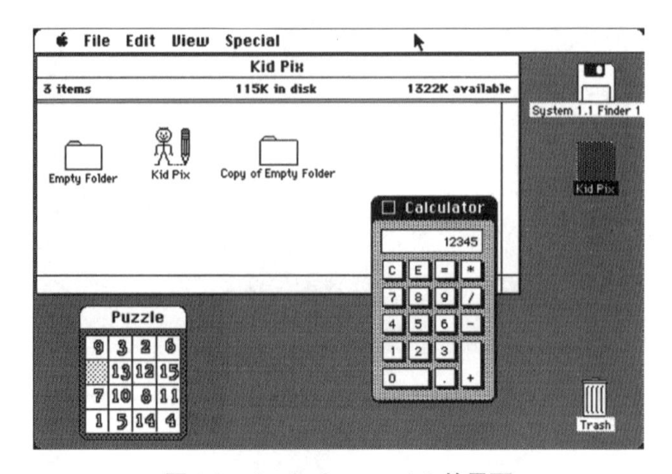

图 6.8 Apple System 1.0 的界面

非常接近的形式。例如，Finder 有 5 个菜单项，分别是 Apple 菜单、文件、编辑、查看和特殊。一旦你打开了新的应用程序，菜单栏的内容就会由这个新的应用程序来决定。你在当前的 Mac OS 系统中仍旧能够看到这个特征。

6.10　雅达利 ST 的 TOS（GEM）（1984 年）

GEM（Graphics Environment Manager，图形环境管理器）由数字研究公司开发，是为 IBM-PC 和雅达利 ST 系列计算机提供的图形用户界面。它与麦金塔的相似之处很快引起了人们的注意，尤其它的 Finder 及其操作几乎是 1 : 1 从麦金塔复制而来，于是苹果宣布采取法律手段。随后数字研究公司撤回了这个版本，并承诺对 GEM 的 PC 版本进行大幅度修改。雅达利的版本没有受到影响，因为这里的责任在于雅达利本身，而苹果并没有去追究它的法律责任。

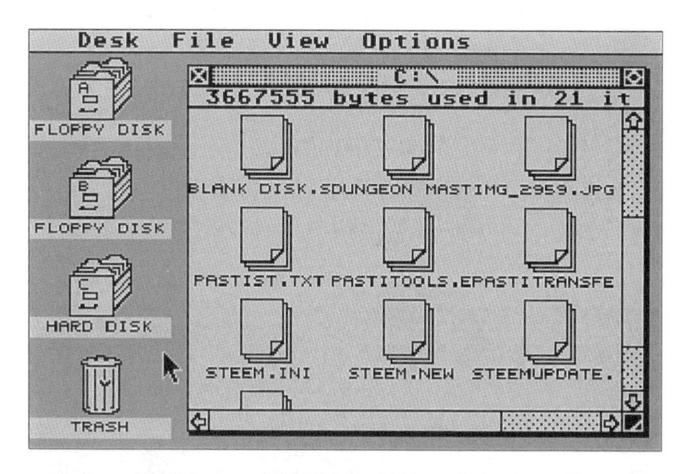

图 6.9　使用 Steem 模拟器运行的用于雅达利 ST 的 GEM

数字研究公司还开发了专门针对 GEM 的新操作系统 GEMDOS，一同应用于雅达利 ST。它很容易让人联想到当时已经存在的 CP/M 和 PC-DOS/MS-DOS 操作系统。用于雅达利 ST 的 GEM 系统被称为 TOS 操作系统。TOS（TOS 为 The Operating System 的缩写，而不是 Tramiel[1] Operating System 的缩写）是紧随苹果丽莎和苹果麦金塔之后的第三个

[1]　参见 5.1.3 节，1984 年，雅达利被杰克 · 特拉米尔（Jack Tramiel）收购。

用于商业销售的操作系统。它的第一个版本仍然以软盘形式交付，在排除了初期的一些缺陷之后，TOS 直接固化在了雅达利的只读存储器中，并取得了巨大的成功。但在个人计算机领域，GEM 并没有交出满意的成绩，尽管阿姆斯特拉特公司等一些制造商在自己的 PC 上搭载了 GEM 系统。

6.11 AmigaOS 中的 Amiga-Workbench（1985 年）

在 20 世纪 80 年代中期到 90 年代中期，阿米加（Amiga）是一款普及程度非常高的家用计算机，我自己的写字桌上也有一台，用它替换掉了 C64。当时我们还没有意识到，阿米加是一台超越了时代十年的机器。比如它结合了轮询调度的抢占式多任务处理（类似于 UNIX 系统的计算机），这要到十年后才在 Windows 95 系统中再次出现。到了 1991 年，康懋达以将近 80% 的份额主导了家用计算机市场。当然，它的风光不仅是依靠阿米加，也包括之前的 C64。而阿米加如此之受欢迎，主要归功于它所使用的操作系统（当然也包括它的游戏）。

AmigaOS 由图形用户界面 Workbench、磁盘操作系统 AmigaDOS，命令行解释器 CLI（后来更名为 Shell）和操作系统内核 Kickstart 组成，这个内核几乎存在于所有阿米加系统的只读存储器中。图形用户界面 Workbench 与 Mac 用户界面有颇多相似之处，但它有一个不寻常的多屏

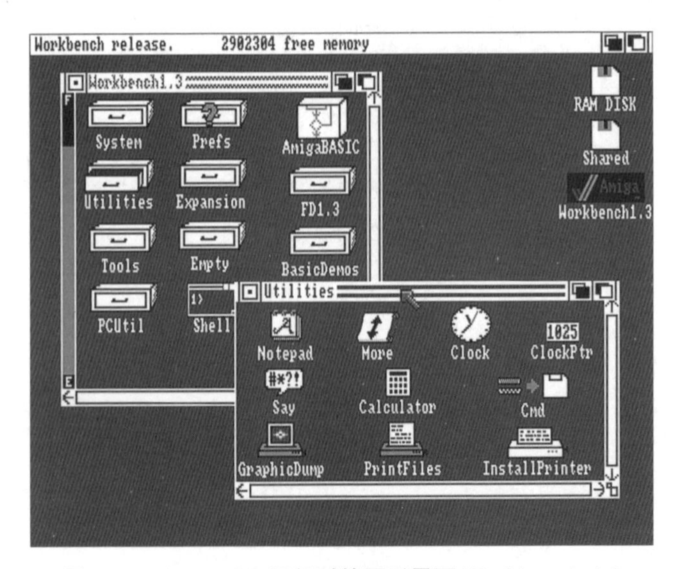

图 6.10　AmigaOS 运行时的图形界面 Workbench 1.3

幕功能，与今天的多个虚拟桌面并存的形式非常相似。不过，有相当多的阿米加用户从未见过 Workbench，因为只玩游戏的话，并不需要运行它。游戏可以直接通过 Kickstart 启动，这样就能保留更多的可用内存，而真正的多任务处理就得留给 Workbench 来解决了。

图 6.11　在 Workbench 1.3 下运行的游戏

6.12　Windows 1.01 之前的 Visi On（1985 年）

作为软件制造商，微软早已看透了苹果的计划：为自己的计算机提供一个带有图形用户界面的操作系统。比尔·盖茨当然也不想在这个方面落于人后。他在 1983 年，即赶在苹果推出图形用户界面之前，预告了一款自行开发的用于 DOS 系统的图形用户界面。

给微软造成压力的，不仅仅是苹果提供了一款带有图形用户界面的系统，更主要的是，软件制造商 Visicorp 早在 1982 年秋季就推出了适用于 MS-DOS 的产品 Visi On，并把它作为第一个图形用户界面提供给了 IBM-PC，还配备了一个计算机鼠标。Visi On 的出现甚至早于苹果麦金塔，还包含了 VisiOn Word、VisiOn Graph 和 VisiOn Calc 等应用程序。而一般的 DOS 应用程序却不能在它上面运行。这个用户界面在使用上也有些特别：用户无法直接使用鼠标移动窗口或调整它的大小，必须使用屏幕底部的命令栏。比如点击菜单命令“边框”，然后选择要调整大小或移动的窗口，再从左上角向右下方拉开相应的框架，新窗口就会出现在这个框架中。请注意，Visi On 并不是新的操作系统，而是针对 MS-DOS 的图形用户界面。不过最早的 Windows 也只是针对 MS-DOS 的图形用户界面。

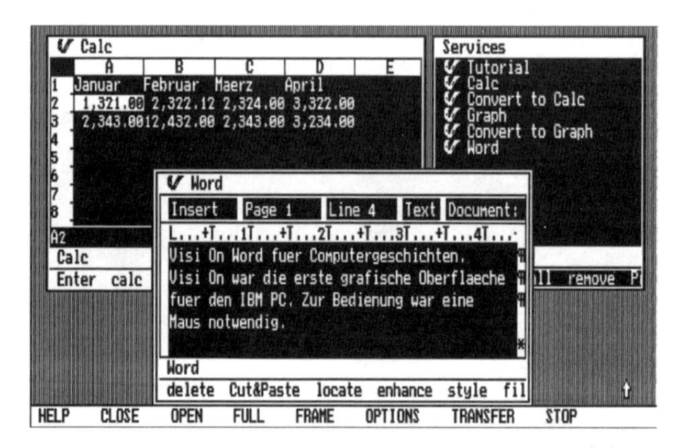

图 6.12　Visicorp 公司为 IBM-PC 开发了第一个图形用户界面 Visi On

微软第一版 Windows 的计划交付日期不断往后推，因为英特尔 8088 处理器性能方面的问题始终没有得到解决，窗口的速度很慢，而且占用了太多存储空间。一次次的推迟给微软的声誉带来了负面影响，还给它带来了一个“雾件”[1]（Vaporware）的绰号。1985 年 11 月 21 日，Windows 1.0 的第一个公开版本 Windows 1.01 终于发布。这个时候，Mac 系统已经相当普及了。在操作方面，第一代 Windows 还无法与 Mac 系统

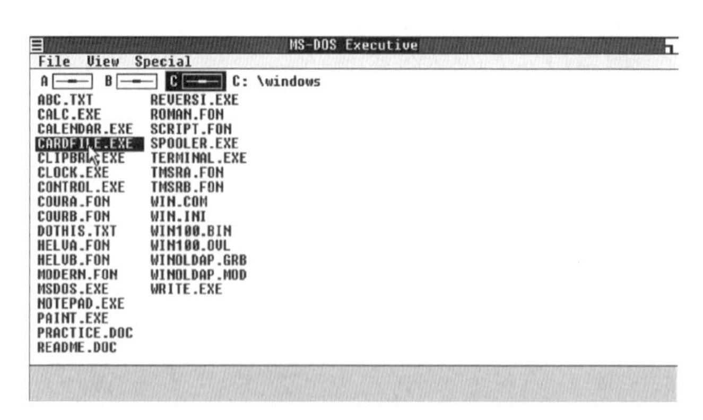

图 6.13　在 DOS 命令行窗口里执行 WIN.COM 指令后，Windows 启动，它包含了桌面和带有文件管理器的 MS-DOS 程序窗口，DOS 程序和 Windows 程序都可以在其中启动

[1]　指在开发完成前就开始宣传但迟迟没有问世，甚至根本就不会问世的产品。

相提并论。它实际上也并非操作系统，至多只是针对 DOS 的图形界面。尽管 Windows 1.01 本身算不上真正的里程碑，但它是比尔·盖茨在这个领域里迈出的第一步，它的意义非同一般。Windows 在今天所取得的支配性地位也证实了这一点。

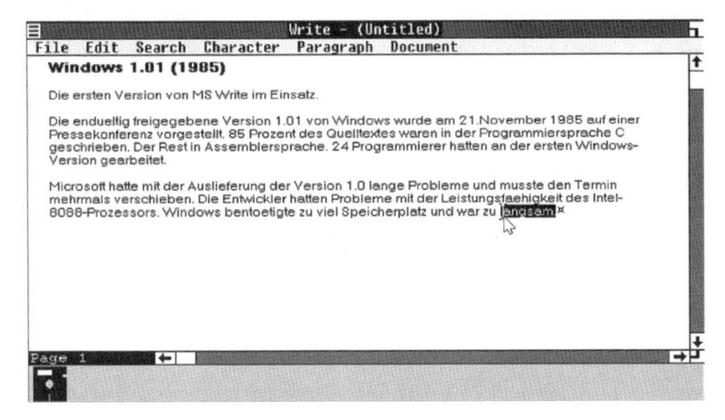

图 6.14　Windows 1.01 下使用的 MS Write。
活跃的程序会在屏幕下方作为图标显示（图中是一个软盘图标）

图 6.15　Windows 1.01 的欢迎界面

6.13　X 窗口系统（1983—1991 年）

1983—1991 年之间，MIT、DEC 和 IBM 在“雅典娜工程”框架中联合开发了 X 窗口系统。它的本质是一种网络协议和一个软件系统，通过这些协议和软件，就可以在类 UNIX 操作系统中以位图方式显示窗口。X 窗口系统本身并不是一个图形用户界面，而是为其提供了架构规范。这个系统用作呈现窗口的经典服务器，并不具备专门的用户界面，所有内容都由客户端程序自主决定。因此它不提供任何现成的应用程序，也不指定窗口、按钮或菜单的外观效果。这在早期催生了许多外观五花八门的应用程序。不过由于全套化的桌面环境如 KDE、Gnome、Xfce 等的产生，这种多样性渐渐成为过去，用户通常不再与 X Window 系统直接发生接触。在此要补充一点，与 Windows 不同的是，X 系统不是操作系统的一部分，而是一个纯粹的窗口管理器。

6.14　C64 的 GEOS（1985—1986 年）

在阿米加之前，GEOS（Graphical Environment Operating System，图形环境操作系统）是我接触到的第一个具有图形用户界面的真正操作系统。不过，与阿米加的情况一样，如果只关注程序中的游戏，许多用户根本不会用到那张带有红色 GEOS 字样标签的 5.25 英寸软盘。其实这个系统里包括了不同的应用程序，例如用于书写的 GeoWrite 和用于绘图的 GeoPaint。后续推出的 GEOS 版本则拥有更多应用程序。

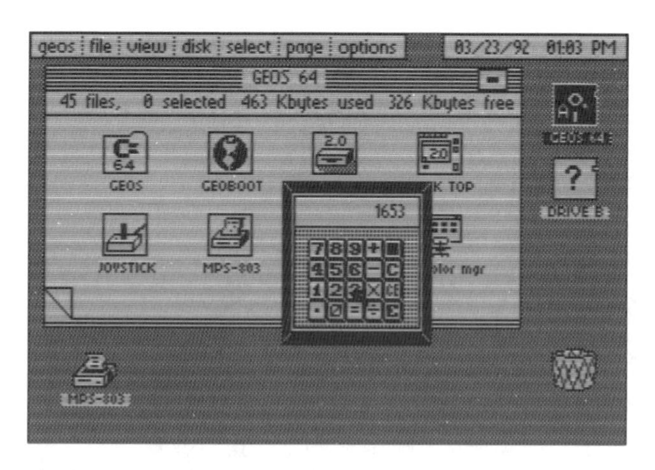

图 6.16　GEOS 64 在 C64 模拟器上的用户界面。我使用 VICE 作为模拟器 。VICE 虽然提供 C64 模拟器，但 GEOS 64 必须单独下载

诚然，GEOS 称不上是革命性的产品，但它是构成 C64 文化的一部分，同样受到消费者极大的欢迎。在这个系统中，复制的文本可以在不同应用程序之间粘贴，甚至可以直接拖放。随后添加的 GEO-Basic 使得编程变得更加容易，我就是在那个时候第一次接触到了编程语言。GEOS 是一个 8 位操作系统，不仅适用于 C64，也适用于 C128、Apple Ⅱ

（128k）和 Apple Ⅱ（c / e）。这些版本也相应地被称为 GEOS 64、GEOS 128 以及 Apple II GEOS。

6.15　IBM 的 OS/2 系统（1987 年）

OS/2 是一款雄心勃勃的系统，它最初是由 IBM 和微软联合开发的，用于替换已经问世多年的 DOS。他们的计划是，在传统的 DOS 操作系统之外提供一个新的图形用户界面。第一个 OS/2 版本于 1987 年上市，但它并不具备图形用户界面，只不过是一个改进了的 DOS 系统，相较于原来的 DOS 没有明显的优势。一年之后，OS/2 的 1.1 版本进入市场，这是一款配备了鼠标的操作系统。随后推出的 1.2、1.3 版本也都经过了不同程度的改进。尽管如此，OS/2 的市场反应始终不温不火。

在 OS/2 的 2.0 版问世之前，IBM 和微软分道扬镳。原因是两家公司的目标大相径庭。IBM 主要想通过 OS/2 推广自己的 PS/2 产品系列，而令微软更感兴趣的，是把系统应用于不同的 PC，如同他们对 DOS 系统采取的做法。此外，微软也一直没有中断 Windows 的研发工作。虽然 Windows 的第一个版本没有收获市场的正面评价，但最迟从版本 3（更准确地说是 3.1）开始，Windows 渐渐在市场上站稳了脚跟。1991 年，两家终止了合作。IBM 继续独立发展 OS/2，直到 2005 年 IBM-PC 停售。2005 年的最后一个版本是 OS/2 Warp 4.52。从 2017 年开始，OS/2 更名为 ArcaOS，一直由 Arca Noae 公司维护和进一步开发。毕竟，仍有企业一如既往地在使用 OS/2。

在最初的阶段，OS/2 操作系统远远领先于它的诸多竞争对手。当时它就已经具备了多任务能力，即可同时处理多个程序。微软直到推出 Windows 95 或 NT 的时候才效仿了这一点。此外，OS/2 操作系统也可以通过语音输入进行控制。虽然它在商用计算机上不像 Windows 系统那样普及，但它在银行和保险公司被广泛使用，或者作为系统软件用于自助取款机和售票机。

6.16　NeXTStep——OS X 的基础（1988 年）

据称，由于内部矛盾，史蒂夫 · 乔布斯在 1985 年的时候不得不离开苹果公司。至于他在回到苹果之前到底做了些什么，一直没有确切的说法。不过很容易想象，像史蒂夫 · 乔布斯这样的人是不会无所事事的。他至少创立了一家计算机和软件制造公司 NeXT，为高校和企业提供工作站。最先推向市场的是 NeXT 计算机（也称为 NeXTcube），然后是体积较小的 NeXTstation。不过这些产品仍然主要面向科研机构，离大众市场较远。比如在瑞士研究机构 CERN 里就能发现它们的身影，蒂姆·伯纳斯－李就是在 NeXTcube 上开发的万维网。1990 年平安夜，他第一次通过互联网问候了他的同事罗伯特·卡里奥，后者使用的也正是 NeXTcube。也就是说，世界上第一个网络浏览器 WorldWideWeb 和第一个网络服务器都是在 NeXTStep 操作系统上开发的。

现在我们终于说到了 NeXTStep。这款操作系统拥有对当时来说非常新潮的用户界面，它的开创性直接影响了后继带有图形用户界面的操作系统。由于它在 NeXT 工作站上的运行并不太顺利，因此开始向其他平台移植。1994 年，NeXT 与太阳微系统公司合作开发了可用于 Sun Solaris 计算机及其他系统的 OpenStep 操作系统。1996 年末，苹果公司以大量资金和股份收购了 NeXT。与此同时，史蒂夫·乔布斯在离开苹果 11 年后回归，并立刻接任了 CEO 一职。此后苹果以 OpenStep 为基础，融入了 BSD 4.4 的技术特性，开发了代号为“Rhapsody”的新操作系统。它就是 Mac OS X 的前身。

BeOS

有时候，历史差一点点就会被彻底改写。当时，苹果想购买 BeOS 操作系统（已经移植到了麦金塔计算机上），但由于价格原因（据称），双方谈判以失败告终，结果苹果收购了 NeXT（公司的创始人史蒂夫·乔布斯也借此机会重回苹果）。与 NeXT 一样，Be 公司也是由前苹果员工让－路易·加西创立的。他也想生产自己的个人计算机系列或者是 Mac 克隆版机器（据观察如此），但并没有成功。只有 BeOS 被移植到了苹果计算机上，并在很短时间内同样移植到了个人计算机上。这是一个非常强大的多媒体操作系统，在音频和视频方面以及技术上都领先于时代。它具有抢占式多任务能力，有一个类似数据库的日志文件系统和一个易于操作的出色桌面设计。BeOS 是计算机历史上的又一个错失良机的例子，它失去了几乎坐享其成地在市场上立足的机会。如今，BeOS 更名为 Haiku，作为开源操作系统继续存在。

6.17 Linux 0.01（1991 年）

到目前为止，UNIX 操作系统仍然或多或少地在高校或工业领域内发挥着作用，所以它基本上还是以专业人士为目标群体的操作系统。到 1979 年为止，UNIX 本身还是一个可供无偿使用及移植的操作系统。然而跨进 20 世纪 80 年代后，商业思维改变了这一局面，AT&T 公司推动 UNIX 系统连同各种扩展的商业化，把它作为专利系统进行销售。这种做法当然遭到了质疑，尤其是在大学。作为回应，理查德·斯托曼在 1983 年发起了 GNU（GNU 是 GNU is Not UNIX 的递归缩写）项目，旨在创建一个类 UNIX 且 POSIX 兼容的开放源代码操作系统。他还在 1985 年创立了自由软件基金会，并定义了 GPL（GNU General Public License，GNU 通用公共许可证），为实现自由软件铺平了道路。以 GNU 和 GPL 为基础，许多应用程序在短时间内如雨后春笋般涌现，足够开发一个新的操作系统。唯一缺少的是一个类 UNIX 内核。属于 GNU 项目的内核 Hurd 依然在开发中，进程非常缓慢。

BSD-UNIX

除了 GNU，其实还存在一个独立进行的工程，开发了一个类 UNIX 的自由操作系统，它就是 BSD。但是这个操作系统仍然包含了专属 AT&T UNIX 的代码，因而与 AT&T 产生了法律纠纷。随之而来的诉讼，极大地拖缓了 BSD 的开发进程。

1991 年，就读于赫尔辛基大学的林纳斯·托瓦兹着手开发了一个内核。据说，他一开始的兴趣并不在为操作系统编写内核，而只想编写一个可以访问 UNIX 服务器的终端仿真程序。他以 Minix 系统和 GNU C 编译器为基础，编写了他的内核 0.01。在 FTP 服务器上公布了自己的成果之后，他发现很快就有许多同道中人参与进来，进一步完善 Linux 内核（Linus UNIX）。Linux 填补了 GNU 系统的一个重要空白，取代了 GNU Hurd 内核，它与 GNU 系统内已经完成的自由软件合在一起，就可以构成完整的系统。Linux 这个名称其实原本单指操作系统的内核，但人们也用它来指代整个操作系统，而这个系统中的大多数自由软件项目都来自 GNU 工程，所以相当一部分人认为 GNU/Linux 才是更加确切的名称。

Linux 是开放的操作系统，用户可以通过网络或其他途径免费获得，它为“UNIX 世界”带来了真正的繁荣。突然间，每个人都有机会接触 UNIX 系统，而不再仅局限于精英人士。它对于 UNIX 系统发展的推动作用一直持续到了今天。由于系统稳定性高，网络功能强大，又可以免费获取，Linux 也经常被用作互联网上的服务器系统。如今，基于 UNIX 的系统大多只在与 Linux 相关联的情况下发挥作用。此外，免费的 BSD 版本虽然同样被广泛使用，但受欢迎程度并不能与 Linux 相提并论。

6.18　Windows 3.1（1992 年）

自麦金塔以来，苹果用户已经接受了通过鼠标和图形用户界面来与计算机进行交互，但个人计算机用户并没有被说服。Windows 1.0 和 2.0，甚至是 3.0 版都仍旧无法真正促使他们放弃使用 DOS 命令行。直到 1992 年 4 月，Windows 系统才凭借 3.1 版本取得了突破。True-Type 字体的问世，使得 Windows 终于可以在桌面出版领域发挥作用，此外还新增了拖放功能，并且支持更高的屏幕分辨率，扫雷游戏也是在这个版本中初次引入的。Windows 3.1 随着新一批个人计算机的上市而大规模交付，影响力迅速扩大，在推出后的前两个月内就售出了 300 万份。尽管如此，Windows 3.1 仍旧只是一个图形用户界面，必须依赖 DOS 系统才能运行，毕竟当时它只占了 6—10 MB 的硬盘储存空间。但不得不承认，Windows 3.1 是微软发展历程中的一块里程碑，为它即将到来的统治地位奠定了基础。

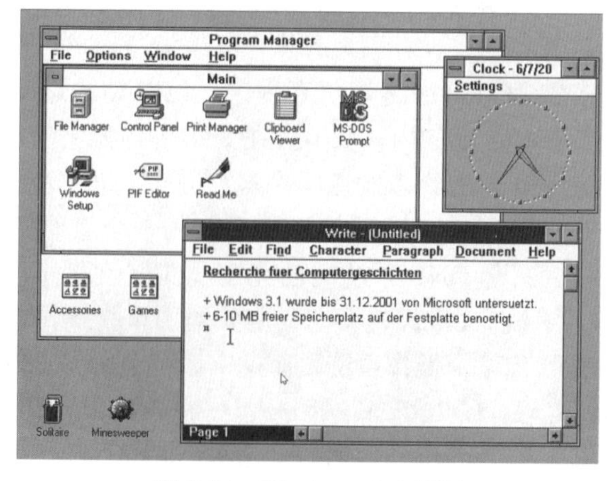

图 6.17　Windows 3.1 界面

6.19 Windows NT（New Technology，1993 年）

在开发 Windows 3.1 作为 MS-DOS 附加组件的同时，微软还在研发一款支持多用户和服务器功能的全新操作系统。从前文中我们已经得知，微软和 IBM 在 1987—1991 年间合作开发 OS/2 操作系统。所以严格来说，微软是在 20 世纪 90 年代初与 IBM 联手开始的 Windows NT 相关研发工作。虽然它与 Windows 有相似之处，但有自己的操作系统内核，没有像 DOS/Windows 那样脱离图形用户界面。这个新的 Windows 系统具有服务器功能，因此它不是面向家庭用户的，而是专门为办公目的设计的。1993 年 7 月，新操作系统 Windows NT 3.1 上市，这不仅标志着 Windows 系统向新技术迈进了一步，同时也再次强调了 Windows NT 3.1 的突出地位。

NT 代表了一个全新的开始。它不再基于 DOS，而是在硬件访问之上拥有自己的抽象层，即 HAL（Hardware Abstraction Layer，硬件抽象层）。这意味着程序不再进行直接的硬件访问，而在运行像游戏这样需要快速直接访问的程序时，则需要一个名为 DirectX 的附加组件。缺少了 DirectX，图形访问的速度就很受限制，游戏便无法顺利运行。DirectX 就像一条直接从游戏通向硬件的隧道，使游戏运行能够像在 DOS 下一样快速，从而保障了游戏玩家的用户体验。毕竟，NT 是为职场而设计的。

与经典的 Windows 系统不同，NT 并不局限于经典的 Intel 架构，除了各种 x86 处理器之外，还支持具有 DEC Alpha、MIPS 以及后来的 Power PC 架构的处理器。这些架构是工作站和服务器领域里的首选。

NT 3.1 已经具有 32 位内核，并且终于引入了抢占式多任务处理。它也保留了与其他 Windows 版本的兼容性，只要借助 VDM（虚拟 DOS 机器），就可以在虚拟环境中运行 16 位软件。不过，这个过程只能在有限的协作多任务处理下实现，因为其中所有程序都必须共享一个 VDM。

6.20 Windows 95（1995 年）

随着 Windows 95 的出现，MS-DOS 和 Windows 被融合成了一个整体。在那之前，除 Windows NT 3.1 之外的所有 Windows 版本都只是 DOS 的图形扩展。因此，Windows 95 被宣传为独立的操作系统。然而，与 Windows NT 不同的是，Windows 95 仍然建立在 DOS 的基础之上，脱离了它就无法运行。不过，这一点同样可以被视为优势，因为如此一来，原有软件便可继续与 Windows 95 一同使用。此外，得到了改善的网络支持也使得 PC 用户可以更加便捷地访问因特网。

午夜疯狂

Windows 95 的问世，引发了热烈的追捧。1995 年 8 月 24 日零点，美国多家计算机商店开门营业，发售 Windows 95。消费者蜂拥而至，争先恐后地购买这款新操作系统，其中有人甚至还不曾拥有一台家用计算机。Windows 95 在前七周内就售出了 700 万份，全年总共售出 4 000 万份。Windows 95 的一些新特质对于苹果用户来说并不新鲜，但对于个人计算机用户来说，简直就是一场革命。当然，这股热潮与两位经理布拉德·西尔弗伯格和布莱德·切斯的营销手段也脱不了干系。在他们的宣传攻势下，这款操作系统成为极其“时髦”的商品。

Windows 95 的用户界面也是吸引消费者的一个重要因素。在这个版本中引入的许多新功能，比如屏幕下方的任务栏、开始按钮或者作为文件管理器的 Windows Explorer 资源管理器，至今仍旧是 Windows 系统的经典组成部分，并且被许多其他操作系统效仿。鼠标右键菜单也是 Windows 95 的新特征之一。

更重要的是系统硬件管理的改进。Windows 95 是即插即用概念

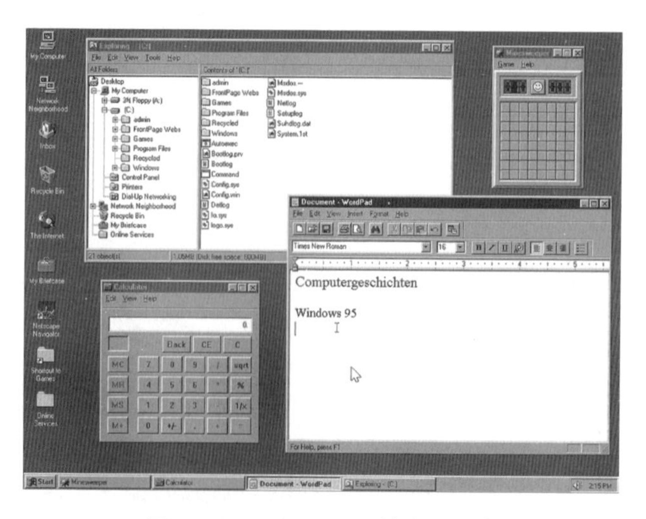

图 6.18　Windows 95 的桌面系统

（Plug & Play）的先驱，它的操作系统能够自主识别新连接的硬件，当然前提是硬件同样支持即插即用。这条原则已经成为今天的标准。凭借 Windows 95，Windows 最终确立了自己作为使用最广泛的操作系统的地位。

6.21　“千年虫”

在新千年即将来临之际，Y2K 问题或者所谓的“千年虫”问题成了人们热议的话题。这其实谈不上是错误，也并不构成什么重大的问题，而是开发人员的一个疏忽。在所有程序和许多操作系统中，年份都仅用两位数字表示，这成了一种通行的做法，目的无非是节省存储空间。从 20 世纪 50 年代以来就一直在编写程序的开发人员们，还从未想过自己的成果能延续到下一个千年里，成为新世纪技术的一部分。

新千年一天天靠近，人们面临一计难求的棘手局面。不少人打算完全不理会这件事。他们觉得，到时候计算器显示的数字是 1900 年，那当它是 2000 年不就行了。但事情并没有这样简单。可以想象一下，比如计算机如果突然认为一个人还没有出生，那怎么向他发放退休金呢？至于 Windows 个人计算机，有人认为它的日历有可能直接跳到 1980 年或者 1984 年，而不是 1900 年，因为开发人员把 DOS 开发工作的起始时间设置成了计时起始时间。

于是人们纷纷投身于修复“千年虫”的工作，开始将各种大胆的计划付诸实施。从医院到军队，都在紧锣密鼓地开展类似的实验。而这些项目自身同样耗资甚巨。如果你在 UNIX 计算机上把年份从 1997 年设置到 2001 年，会发生什么？什么事也没有。但如果你把它调回去呢？计算机硬盘上突然出现了 2001 年的文件，而这些文件在 1997 年是不应该存在的，于是操作系统就崩溃了。

类似这样的说法传播甚广，并且造成了真金白银的巨额花费。但它们与你到时候可能会看到的灾难相比，实在算不了什么。1999 年 12 月 31 日的午夜，飞机会从天上坠落、核电站故障、电梯卡住、核导弹上膛、电话乱响、工厂倒闭、医院撤空，还有因疏忽而没有关闭的计算机会把硬盘上的数据抹得一干二净。也许世界上的所有计算机设备都应该关闭一分钟，到了 2000 年 1 月 1 日再重新启动。唯一的问题是：这样有用吗？还是只能把这场超级高危事故延迟一分钟？

恐惧是普遍存在的，而这种时候往往也潜藏着巨大的商机。人们仓促地写下代码无数，新程序被不断设计出来，忙不迭地申请证书张贴海报。

美国的 NSTL（National Software Testing Laboratories，国家软件测试实验室）等机构不再费尽心机证明自己存在的意义。一夜之间，所有人都期盼得到他们的服务。

微软也是其中的一员。他们抓准了时机，在 1997 年 9 月 27 日推出 Windows NT 5.0 的第一个测试版，表示他们已经解决了这个问题并最终拯救了世界。1998 年 10 月，微软做出了决定，将新的 Windows 更命名为 Windows 2000，似乎意味着世纪之交已经不再成为一种阻碍。可是，考虑到问题的严重性，Windows 2000 最终直到 2000 年 2 月 17 日才正式发布。

2020 年的 Y2K2x 软件故障和即将到来的 2038 年问题

在 2019 年跨向 2020 年的除夕之夜，纽约有 14 000 台可以刷卡支付的停车自助缴费机出现了故障。之所以出现这样的错误，是因为一些程序员为了回避“千年虫”问题，在 20 年前把计算机 00 到 20 之间的年份设为 2000 年至 2020 年，而不是默认为回到 1900 年——这就是所谓的时间窗口。

而即将到来的 2038 年问题则会影响到所有以 UNIX 时间戳为标准的系统。在这一年（更准确地说是在 2038 年 1 月 19 日 03:14:08），32 位整数将不再足够表示时间，因而导致计算上的溢出，表示时间的秒数会成为一个负数，即停留在 1901 年 12 月 13 日 20:45:52。在即将发售的最新 Linux 内核 5.6 中，使用了 64 位时间类型，如此便可解决 32 位系统的 2038 年问题。但所有应用程序都必须用这些新的数据类型重新编译。64 位系统虽然长期以来一直使用 64 位时间戳，但也不能完全排除 2038 年的问题。

6.22 Mac OS X（2000 年）

苹果在桌面大战中输给了成功推出 Windows 3.11 的微软之后，必须创造一些全新的东西来应对接下来的较量，比如 1984 年的麦金塔那样具有开创性的产品。出于这个目的，苹果在 1996 年收购了 NeXT 公司，史蒂夫 · 乔布斯也借此重回苹果。他不负众望，立刻为新一代操作系统指明了方向。苹果凭借 iMac 和 iBook 扭转了局面，重新跻身大计算机制造商行列。

尤为重要的一步，是基于 BSD UNIX 的新操作系统 Mac OS X 的问世，并且随之引入了新的用户界面 Aqua。

这个基于 iMac G3 设计的用户界面，具有明亮的细条纹图案、透明的菜单、高分辨率的程序图标、新潮的开关元素以及一个全新的 Dock 快速启动栏（对于苹果来说）。另外，把鼠标移到选定的图标上，这个图标就会被放大；启动一个程序，图标会在启动前跳动。有人表示，在这个全新图形用户界面的衬托下，Windows 就仿佛蒙了一层灰——不过这只是一个品味问题。Aqua 的外观随着时间的推移也在不断发生变化。

苹果采取的这个突破性举措可谓激进。因为在推出全新的操作系统之后，之前适用于 Mac OS 的应用程序全都无法再直接运行，除非在 Classic 环境中进行模拟。

6.23 Windows XP（2001 年）

Windows 95 之后问世的几个系统，都没有让人留下深刻印象的创新之处。按照先后顺序，它们分别是 Windows 98、98SE 以及遭遇了滑铁卢的 Windows ME。Windows 2000 的到来终于宣告了一种突破：它把 Windows 9x 系列和 NT 系列这两个操作系统家族联合了起来。这也意味着接下来的操作系统将不再以 MS-DOS 为基础，而只是模拟 DOS 操作系统，通过 DOS 命令来执行相应操作。但是，面对家庭用户，微软并不想完全取消 DOS 支持，因此才插入了一个 ME 版本。不过哪怕 DOS 程序只是模拟的，Windows 2000 也已经受到了许多家庭用户的欢迎。而且由于 Windows 2000 安装了一个启动管理器，所以可以十分方便地在上面并行安装一个基于 DOS 的系统。

2001 年，微软推出了 Windows XP，真正将 NT 系列和 9x 系列统一成为一个操作系统，最终将 NT 架构带入终端客户市场。为了提供更清晰的概览，开始菜单现在分成了两列。任务栏右下角的系统托盘区也是新出现的，除了系统时钟之外，这里还可以显示正在运行的程序的状态。这个区域还拥有经常用作自动执行程序的快捷功能。

在经受住了最初的质疑之后，微软用 Windows XP 树立了一块新的丰碑。在第一年内，XP 的销量就达到了 6 700 万份。这个系统活跃了十多年，即使微软在 2014 年已经终止向 XP 提供维护更新支持，今天仍然有一小部分忠实用户一如既往地使用着 XP。

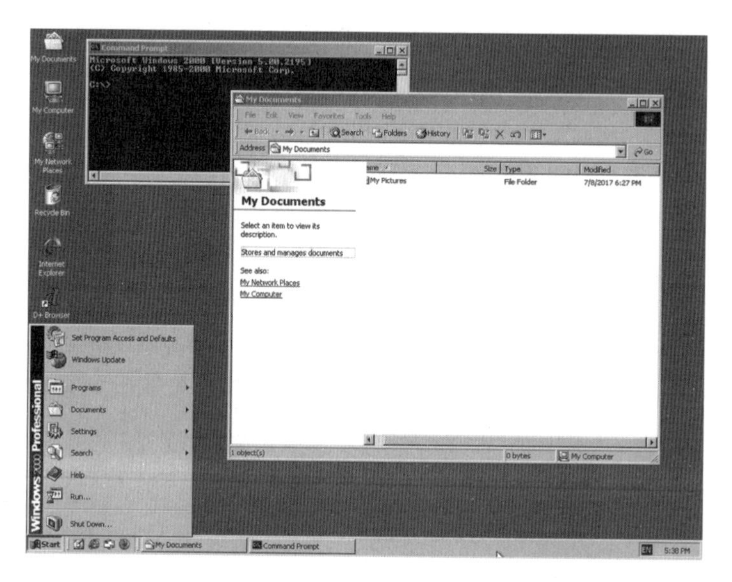

图 6.19　网络浏览器中的 Windows 2000 专业版模拟器

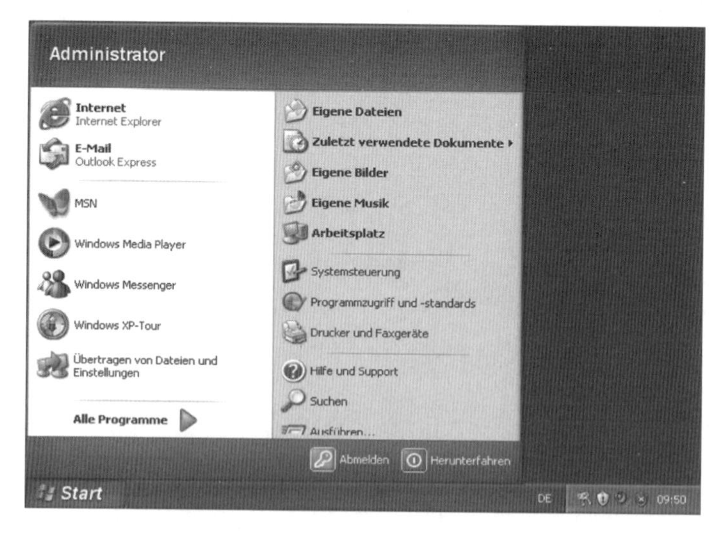

图 6.20　Windows XP 显得色彩更加丰富，棱角更加圆滑，
但这些特征都是可以关闭的。图中为用甲骨文公司的 VirtualBox 运行 XP

6.24　未来的操作系统

在这段穿越不同操作系统的时空旅程即将结束之际，我想再用几行文字介绍一下当前的发展。目前市场对移动设备的依赖与日俱增，我

们的媒体消费方式也同样如此。过去人们总习惯于端坐在计算机前，而今天，他们几乎可以随时随地做任何事情。因而，越来越多用于智能手机和平板计算机的新操作系统被开发出来。目前主宰着市场的是安卓系统和苹果的 iOS 系统。它们都起源于 UNIX 或者 Linux。微软也曾尝试打入这个移动市场，但立刻就败下阵来。接下来，微软将凭借 Windows 10X 发起新一轮的挑战，它将出现在带有两个显示器的平板计算机上——Surface Neo。Windows 10X 很有可能是微软用来应对谷歌 Chrome OS 的最新武器，尽管微软后来宣布，Windows 10X 同样可以在普通笔记本计算机上运行。

谷歌的 Chrome OS 最初仅适用于网络应用程序，现在它也支持离线运行应用程序。除了安卓系统的应用程序，如果借助一个虚拟机的话，Linux 应用程序也同样可以在 Chrome OS 上运行。Chrome OS 是谷歌推出的商业版本，与其他硬件一同预装在设备中。谷歌同样开发了一个开源版本，叫 Chromium OS，可供免费使用。Chromebook 在德语国家的反响并不是十分热烈，但在美国却大受欢迎，尤其是在中学和大学校园中。谷歌的另一步棋，是新操作系统 Fuchsia。与安卓和 Chrome OS 不同，Fuchsia 是一个实时操作系统，不再基于 Linux 内核而是基于新的微内核 Zicron。它既可以在个人计算机上运行，也可以在移动设备上运行。不过谷歌是否使用这个系统以及如何使用仍然悬而未决。

苹果公司则进一步模糊了 iOS 和 Mac OS X 这两个概念之间的界限。写作此书稿时，他们计划在 2021 年推出一种开发工具，用于创建可在 iOS 和 Mac OS 这两种操作系统上运行的应用程序，由此可以开发同时适用于 iOS 和 Mac OS 的通用应用程序。尽管如此，苹果目前仍然坚决否认将这两个系统合并为混合系统的可能性。

第七章 软件集锦

> 人是可以在年纪轻轻的时候就创造出让人受用终身的东西的。看看微软、苹果、谷歌、Facebook、推特吧，把它们创造出来的，都是非常非常年轻的人。那些有着非凡想法的年轻人，他们很清楚自己的想法会一鸣惊人。
>
> ——史蒂夫·沃兹尼亚克

多年来的经验告诉我们，除了操作系统本身，可用的软件对这些系统的成败起到了关键性的作用。现在的情况依然如此，历史上不乏优秀的操作系统，但由于缺乏软件而无法流行。虽然操作系统一般会附带基本的程序，但真正对硬件的成功至关重要的所谓“杀手级应用程序”往往是可供选购的程序。

软件、程序、App

软件这个概念的意义是非常丰富的，本章的标题也可以从广义角度来理解，毕竟操作系统、驱动程序、BIOS或者数据库都是软件。但是，本章涉及的主要是与日常事务相关的程序，例如文字处理程序，游戏也包括在内，不过我会用单独的一个章节来介绍游戏。眼下，“App”（Application的缩写）也已经跻身计算机术语的行列。最初，这个词指的是用于移动设备系统的没有固定窗口结构的应用程序，它们可以在显示器上自由移动，比如Windows或Mac OS X里的程序。然而现在什么都可以被称作App，一个程序就等于一个App（反之亦然）。

7.1 软件——计算机的控制指令

在20世纪50年代，软件和硬件仍然是一个整体，当时并没有单独的软件的说法，它只是整体的一部分，被称为程序代码或干脆称为控制指令。今天，我们的软件是存储在各种数据媒介上的，它包含了下达给处理器的控制指令，可以从数据媒介加载或安装它。

早在1850年，“软件”和“硬件”这两个词就被用来指代废料，腐烂的废料称为“软件”，未腐烂的废料称为“硬件”。1958年，美国统计学家约翰·怀尔德·图基在《美国数学月刊》上刊登的一篇文章中首次在与计算机相关的语境里提到了“软件”这个词。然而，图基指的仍旧是电子计算器而非计算机。保罗·尼奎特声称他早在1953年就使用并创造了这个词。

计算机的控制指令很早就以各种各样的形式存在，比“软件”这个术语要早得多。用于提花纺织机的穿孔卡片已经可以被认为是软件的一种形式，因为它们也包含控制指令，可以指挥硬件完成特定的工作。这里我是从最广义的角度使用了“软件”这个词，因为现在已经没有人会把穿孔卡片和软件联系在一起。如前所述，今天与计算机相关的软件，应该被理解为：存储在数据媒介上的、下达给处理器执行的指令。

像计算机这样的多功能机器可以扮演许多不同的角色。但是，如果没有软件来告诉它该做什么，它就毫无用处。只有相应的软件才能指挥计算机在各个领域发挥不同的作用，让我们的日常生活变得更加轻松。

实现硬件和日常软件之间的沟通也必须依赖特殊的软件，那就是操作系统或驱动程序。

第一批机械计算机，例如安提基特拉机械或莱布尼茨计算机并不需要程序，因为对机械进程的控制是融合在计算机的结构中的。没有程序的机器是什么样的呢？一个比较典型的例子是最早的游戏机，安装有乒乓球电视游戏的米罗华奥德赛。它没有程序，更不用说微处理器了，游戏直接由硬接线电路生成，不需要软件就可以运行。

在软件历史的开端，计算机的指令首先是由研究人员或计算机使用者自己编写的，对于一些特殊的任务则往往需要数学家和物理学家出马。因此，逐渐出现了专门为计算机提供必要指令的人，由此发展出了新的职业领域——程序员。一开始，系统的专门化程度仍旧非常高，必须直接在机器上对操作软件进行编程。只有到了机器成批量生产的时候，才可能实现远程开发。

20世纪70年代，IBM开始在它的发票上分别列出软件和硬件的名称。这是商业领域里的第一次，软件从硬件中分离了出来，促成了专门从事软件开发的公司在20世纪70年代的蓬勃发展，微软和思爱普（SAP）就在其中。

随后不同类别的软件渐渐产生了。首先是关于计算机运行的软件，例如操作系统、驱动程序和模拟器。用于开发软件的软件也非常重要，例如汇编器、编译器和链接器，这些软件后来发展成了完整的开发环境，其中包含了所有重要的工具。更重要的是纷繁复杂的应用软件领域，例如文字处理、电子表格、数据库、图形程序或 CAD 系统。当然，我们不能忘了游戏，它们是当今软件行业中最赚钱的部分。

7.2　“德国制造”的软件公司

没错，德国不仅可以出口计算机，而且在软件行业也称得上出类拔萃，虽然信息行业在德国这样的汽车国家还没有得到真正的重视。德国最大的软件公司——思爱普（SAP）公司，与微软、甲骨文和 IBM 等软件巨头一起跻身全球十大知名软件公司之列。规模不如思爱普，但年销售额也以亿欧元计算的公司，比如 Software AG（创办于 1969 年）、DATEV（创办于 1966 年）、CompuGroup Medical（创办于 1987 年）或 Nemetschek AG（创办于 1963 年），也都是全球范围内非常受欢迎的软件出口供应商。

思爱普是当今最有价值的德国公司。这家公司有趣的创业道路也值得在这里多花些笔墨。它起源于穿孔卡片的时代，经历了大型机的没落和个人计算机的兴起，凭借极强的应变能力始终屹立于市场。要知道不计其数的软件公司都未能在时代的更迭和技术的更新中幸存下来。当然，思爱普的成功也不是一蹴而就的。

故事还得从 IBM 说起。迪特马尔·霍普和他的助手哈索·普拉特纳是 IBM 曼海姆分公司的客户经理，厄斯特林根的 ICI 尼龙纤维工厂是他们负责维护的客户之一。他们要为 ICI 的大型计算机编写一个用于订单处理的系统，以便财务管理的各个工作流程能够实现自动化。在 1972 年的当时，穿孔卡片普遍被用于批处理。IBM 则向 ICI 建议了一个革命性的方式，即通过键盘和屏幕完成数据输入，而不是穿孔卡片。

这个建议被采纳了，IBM 为屏幕和键盘编写了一个订单开发系统。这个革命性的解决办法吸引了 IBM 的其他客户，他们纷纷表示希望拥有同样的技术。由于每家公司在财会方面的需求大同小异，霍普和普拉特纳非常看好这个类型的软件的前景，希望进一步推广。但是 IBM 并不打算在这方面投入开发人员，所以错失了这个绝佳的机会，而霍普和普拉特纳却没有放弃。

在 ICI 公司的要求下，除了订单开发之外，他们还制作了一个用于采购、库存管理和发票核对的屏幕支持版本。为此，他们与 ICI 达成协议，可以将这些软件作为自己公司的产品出售。他们招募了包括克劳斯·韦伦瑞斯、汉斯·沃纳·赫克托以及克劳斯·切拉在内的其他IBM同事，于1972年在距离曼海姆约5千米的小镇魏因海姆成立了系统分析和程序开发公司。新软件被命名为SAP R/1发售，字母“R”代表Realtime（实时），包括之后的SAP R/2和SAP R/3在内，这个名字一直沿用了好几十年。随着时间的推移，越来越多的模块被开发出来，比如金融财会、采购、订单引入或物料计划。用户可以使用一个系统执行多项任务，且各个组成部分之间存在合理的联系。例如，物料计划的数据可以立即传输到财务会计模块，在那里完成发票核对和入账。在各个模块之间流动的数据共享一个数据库。

1976年，公司正式改名为思爱普有限公司。1986年，它凭借SAP R/2进入了世界市场。1988年，公司改制为股份公司。

实时系统

这种键盘、屏幕组合在当时是革命性的。用户利用键盘发送了一个查询命令，即刻就能在屏幕上得到反馈。而通过穿孔卡片进行批处理，必须在完成了若干个中间步骤后才能收到带有答案的穿孔卡片。所以这个系统被称为“实时系统”。

大型机用于普通办公用途的时代接近尾声，个人计算机开始占领市场。SAP投入大量资金，开发了新一代的企业资源规划系统软件R/3，开拓了全新的客户群体。1994年，营业额突破10亿欧元大关，系统向多个平台开放，甚至行业巨头IBM和微软也位列思爱普的知名客户名单之中。

思爱普成立于1972年，当时只有9名员工，销售额为32万欧元。如今这家公司拥有超过10万名员工，营业额达250亿欧元。思爱普的发展史可谓鼓舞人心，但在当今时代却似乎无法复制。与许多其他公司一样，思爱普经过多年的发展才能够达到如今的盛况。而在我们这个飞速发展的时代，如果一个新成立的公司不能在第一时间就交出一个开创性的软件，那么它就很难躲过大公司的吞并，长久地生存下去。

7.3　电子表格软件征服办公室（始于1982年）

如今的头号软件巨头显然是微软。除了操作系统，它还销售各种领先市场的办公软件，比如包含Word、Excel的Office软件等。不过，在最初的阶段，微软并没有开发整个办公套件。它在 1982 年推出过一款电子表格软件 Multiplan。这个软件原先是为 CP/M 系统开发的，后来移植到了 MS-DOS、Xenix 和 Apple Ⅱ上面，它就是 Excel 的前身。

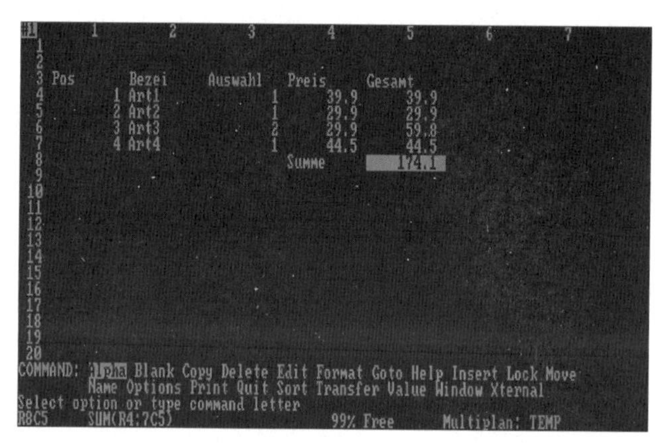

图 7.1　微软的 Multiplan 是 Excel 的前身

最早的电子表格软件是丹·布里克林和鲍伯·弗兰克斯顿在 1979 年开发的 Visicalc。微软很有可能从这款具有传奇色彩的软件中汲取了许多灵感，当然也做了很多改进，最终取得了更大的成功。Apple Ⅱ的畅销很大程度上要归功于 Visicalc，许多用户是冲着它才购买的 Apple Ⅱ。它让不具备编程知识的普通用户也能在计算机上进行商务计算，而最初，Visical 也被用于与计算相关的文字处理。除了 Apple Ⅱ、Apple Ⅲ、Atari 400 和 Atari 800，最后包括 IBM-PC，也都安装了 Visicalc。可惜布里克林和弗兰克斯顿没有及时为这个软件的原理和技术申请专

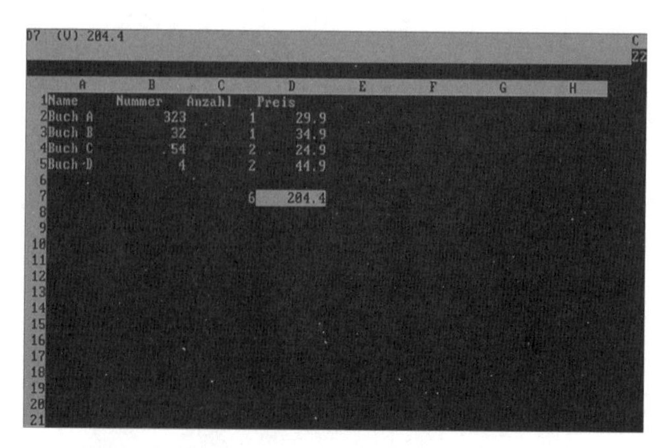

图 7.2　运行中的第一个电子表格程序 Visicalc

利，不然他们今天就可以从每一份 Excel 及其他相关软件的副本上赚取版权使用费了。不过 Visicalc 本身也已经售出了 70 万份。当 1983 年专为 IBM-PC 和其他 MS-DOS 系统计算机开发的 Lotus 1–2–3 电子表格软件上市时，Visicalc 和 Multiplan 的时代就画上了句号。Visicalc 的地位随后被 Lotus 1–2–3 代替，最终退出了市场。

Lotus 1–2–3 由莲花软件开发，后来被 IBM 接管。这款软件是在 1983 年专为 IBM-PC 和其他 MS-DOS 系统计算机发布的，在 DOS 下运行。它称得上是一个杀手级应用程序了，因为它对 IBM-PC 的成功做出了决定性的贡献。起初，它只是相当于改进版的 Visicalc，但随着时间的推移，它的性能不断地被提升，逐步成为电子表格的市场引领者。当然，它的统治地位不可能永远持续下去。当图形用户界面开始出现在个人计算机上时，除了用于 OS/2 的版本之外，Lotus 1–2–3 也发布了适用于 Windows 系统和麦金塔的版本，但微软在开发 Windows 2.x 的同时连带开发了一款电子表格程序 Excel，它渐渐取代了 Visicalc 的地位。到了 20 世纪 90 年代，微软的办公软件套件越来越受欢迎，莲花软件同样发布了一款办公软件套件——Lotus SmartSuite，它的性能甚至被认为优于微软的 Office 产品，尽管如此，后者也已经无法扭转面对微软的劣势。莲花（已归 IBM 旗下）最后的尝试，是发布了基于 OpenOffice 的 Lotus Symphony，但它的市场反响仍旧谈不上热烈。2014 年，IBM 完全终止了软件的维护更新支持。

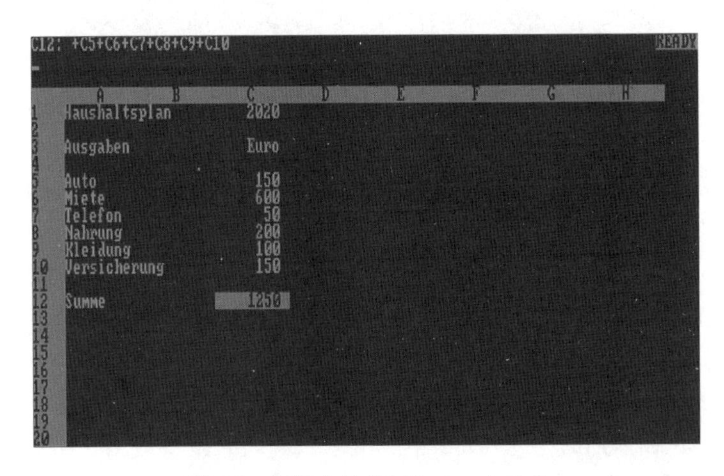

图 7.3 运行中的 IBM Lotus 1–2–3

1985 年，微软发布 Excel，它是用于苹果麦金塔的 Multiplan 的后继产品。与 Multiplan 不同，Excel 是一个纯粹面向图形的电子表格软件。Windows 2.0 出现后，第一个适用于 IBM 兼容 PC 的版本 Excel 2.0 也随之而来。从那时起，它渐渐成为迄今为止使用最广泛的电子表格程序。

7.4　文字处理程序（始于 1976 年）

30 多年前，我还在用传统的打字机写文章，写下的东西是不能更改的。当我拥有了第一台家用计算机之后，写作过程就便捷了很多，错误可以立即删除，整个段落也可以轻松地重写。当时我使用的第一个软件是 C64 上的 Vizawrite。这是一个可靠的程序，已经可以执行宏指令。

当时的市场引领者还不是微软的 Word。1984 年，微处理国际公司的 WordStar 才是文字处理市场的霸主。这是当时最畅销的文字处理软件，由罗布・巴纳比在 1979 年为 CP/M 操作系统研发。后来它也被移植到 Apple Ⅱ、MS-DOS 和 Windows 2.0 上。

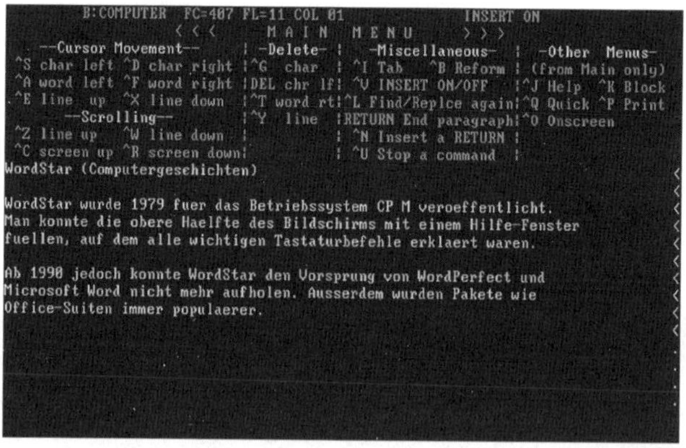

图 7.4　微处理国际公司的 WordStar 曾经是最畅销的文字处理软件

WordStar 并不是第一个家用文字处理软件，迈克尔・思瑞尔在 1976 年用英特尔 8080 机器语言为麻省理工的 Altair 8800 编写的电子铅笔才是最早的文字处理软件。这样的产品显然是有相当大的市场需求，思瑞尔一共为 78 款不同的计算机和操作系统编写了这个程序，适用于 IBM-PC 的版本则诞生于 1982 年。电子铅笔当时几乎成为文字处理器的代名词。随着时间的推移，它也遭遇了越来越多的竞争对手。

例如，1979 年约翰・德雷珀为 Apple Ⅱ 编写了文字处理软件 Easywriter，这是适用于 Apple Ⅱ 的第一个文字处理器。约翰・德雷珀又名“嘎吱船长”，是一位传奇黑客，他因用玩具哨子“入侵”电话并且向全世界免费拨打电话而入狱。在一个开放式监狱里，他编写了 Easywriter 软件。不过，除了 Apple Ⅱ，这个程序并没有在他处发挥重要作用。

嘎吱船长

如果“嘎吱船长”这个名字让你想起早餐麦片，那就对了。约翰·德雷珀在用嘎吱船长牌早餐麦片盒子里附带的哨子破解了 AT&T 电话系统后得到了这个绰号。这个玩具哨子可以发出两种声音，其中之一的频率为 2 600 Hz。播放这个声音，同时再输入两个代码，就可以在全球范围内拨打免费（模拟）电话了。这样的电话线黑客被称为“飞客”。不过最早发现这种非法入侵电话线方法的并不是约翰·德雷珀，而是乔恩·格雷西亚，一位来自加利福尼亚的盲人学生。他能够用嘴发出这个 2 600 Hz 的音频。约翰·德雷珀则是进一步开发了这个方法，使它声名大噪。他在磁带上记录下这个 2 600 Hz 的信号，可以利用它来操纵任何一部电话。这个过程在当时被称为“蓝盒子”，不过也常被犯罪分子利用。

在 WordStar 的没落和 Word 的兴起之间，还存在另一个文字处理程序——WordPerfect，它也曾剧烈地搅动了市场。WordPerfect 由卫星软件国际公司开发，长期以来一直是 DOS 环境下的标准文字处理软件。但是，当 Windows 的图形用户界面开始确立自己的地位时，它并没有

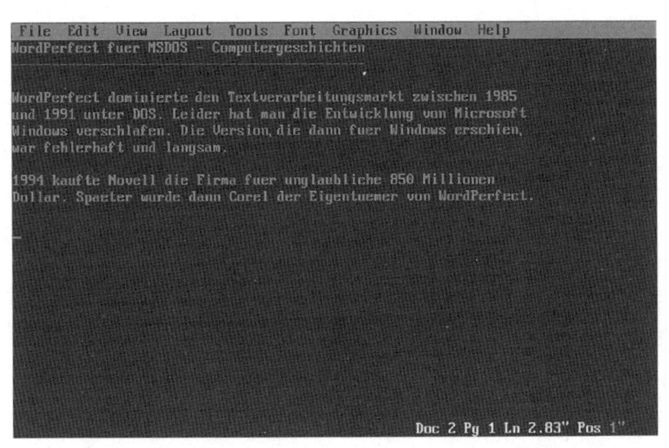

图 7.5　运行中的 WordPerfect（用于 DOS）

及时推出相应的版本，而之后发布的 Windows 版本又包含了太多的瑕疵。

微软的 Word 毫无疑问是当今文字处理领域的佼佼者。我的这本书也是用 Word 写的。第一个微软 Word 版本被称为 Multi-Tool Word，于 1983 年针对 Xerox 和 MS-DOS 发布。这是施乐帕克研究中心的研发人员查尔斯·西蒙尼被吸引到了微软后领导开发的项目。早在 1974 年他就在施乐奥托上开发了带有图形用户界面的文字处理器 Bravo，这款软件引入了粗体或斜体等文本标记概念，还有一个可选的鼠标控件。

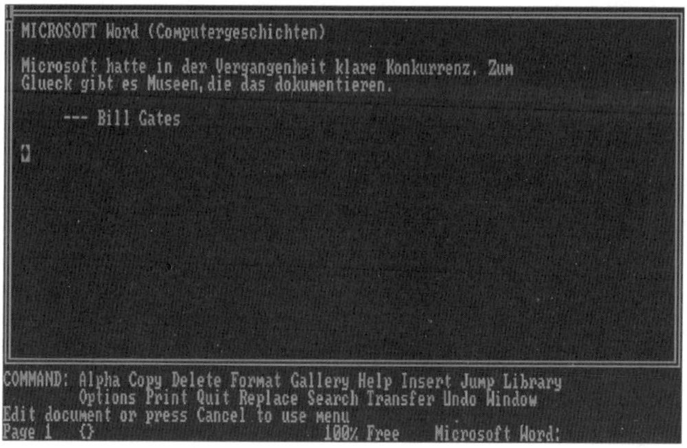

图 7.6　DOS 下的第一个 Word 版本已经有文本菜单和可选的鼠标控件

适用于麦金塔的版本出现在 1985 年。与 MS-DOS 版本不同，用于麦金塔的 Word 版本真正实现了 WYSIWYG。

WYSIWYG

这个缩写意为“What You See Is What You Get”（所见即所得）。对于文字处理程序来说，根据所见即所得原则，文档在处理过程中的显示方式应该与在打印机上输出时的外观完全相同。

虽然 DOS 系统上的 Word 不得不让 WordStar 和 WordPerfect 分一杯羹，但它的麦金塔版本无疑是遥遥领先的应用程序。1989 年，第一个在 Windows 环境下运行的 Word 问世了，第二个版本出现在 1991 年，不过 Windows 版本在操作上仍旧与 DOS 版（Word 5.5）适配。1993 年问世的 Word 6.0 是 DOS 系统上的最后一个版本。随着 Windows 的日益流行，Windows 版 Word 也凭借自身的操作便捷与功能强大，把其他竞争者远远地甩在了身后。

Word 与 Excel 双双迅速成为办公领域的标准配置。最迟到 1993 年，微软已经成为无可争议的市场领导者。

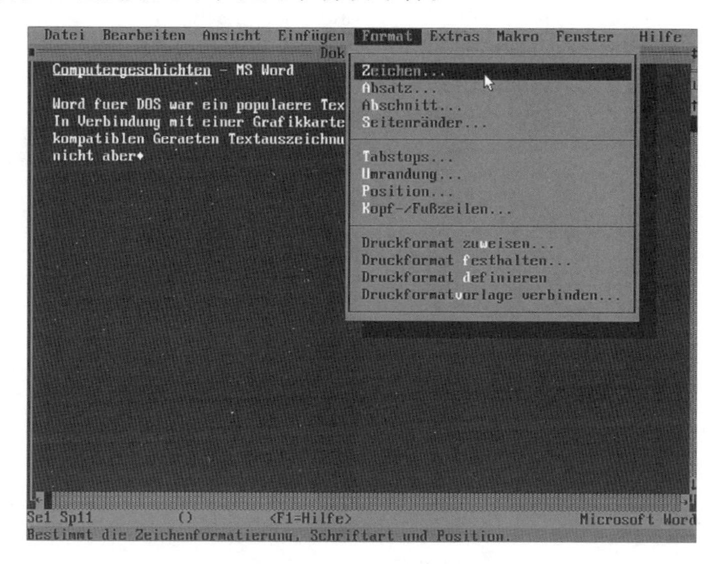

图 7.7　用于 DOS 的 Word 5.5 也有下拉菜单，同样可以通过对话框进行操作

7.5　PowerPoint 的历史（始于 1986 年）

PowerPoint 演示文稿已成为讲座、工作组和研讨会不可或缺的一部分。在 20 世纪 70 年代，日常的演示需求仍然完全依赖透镜式投影仪。用于演示的文稿必须精心绘制在透明的胶片上，稍有不慎就影响投影效果。

Genigraphics 原本是通用电气公司的一个部门，致力于为 NASA 的飞行模拟器创建用于高分辨率图形的数据处理系统。1982 年，Genigraphics 从通用电气公司脱离，成为独立的企业，向软件行业、研究机构或者特定行业提供文稿制作、展示方面的技术支持。当时在这个领域里，它根本没有竞争对手。

第一个用于 DOS 系统个人计算机的商业演示程序，是哈佛演示图形软件，后来简称为“哈佛图形”。用户凭借它可以在一个程序中创建图表、图形和文本，然后在屏幕上演示，或通过打印机、绘图仪输出。1990 年，哈佛图形推出了 OS/2 版本，一年后推出了 Windows 3.0 版本。到 1990 年为止，哈佛图形在 DOS 系统的个人计算机市场上至少占有 70% 的市场份额，成为名副其实的市场领导者，不过当时的市场相对来说也比较简单。

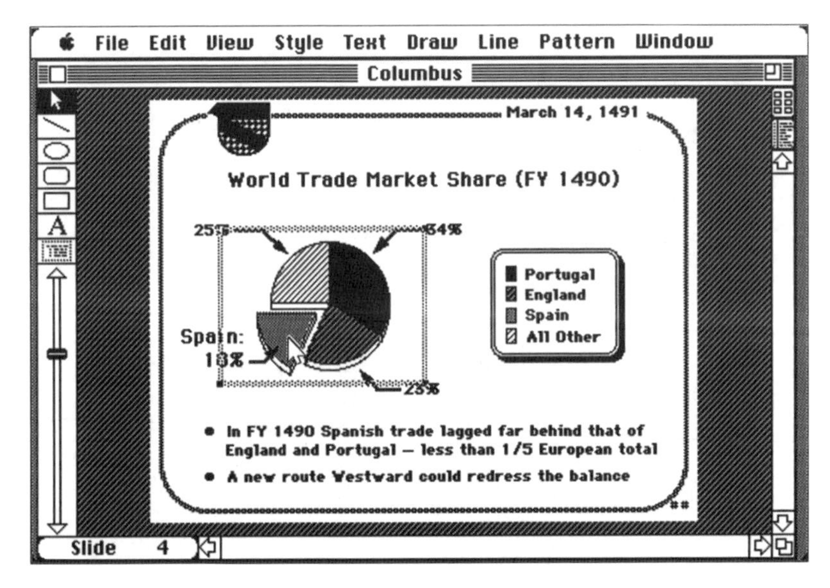

图 7.8　最早的 PowerPoint 在苹果麦金塔上的工作界面（此处为 mini vMac 模拟器）

鲍勃·加斯金斯和他的公司 Forethought Inc. 也在研究用计算机创建带有图形和图表的演示文稿的方法。起初他们想用 Presenter 这个名字来称呼他们的工作成果，但这个名字已经被注册了。于是他们决定采用 PowerPoint 这个名称，字面意义为“强有力的论点”。1987 年，经过 3 年的开发，鲍勃·加斯金斯和丹尼斯·奥斯丁推出了这款演示软件的第一个版本。它首先搭载在主存为 512KB 的苹果麦金塔上。

虽然软件相当出色，但一开始的销量却不尽如人意，反而是微软的经理们对这个概念深信不疑，仅在几个月后就以 1 400 万美元的价格收购了 Forethought Inc.，从而也获得了这款演示软件的营销权和进一步开发的权利。1988 年，已经属于微软旗下的 PowerPoint 推出了第二个版本，同样用于麦金塔计算机（系统 4.1），而且是一个彩色版本。

他们与 Genigraphics 公司（如前所述，当时是图形商务演示技术的市场领导者）共同开发了 PowerPoint 2.0。2 年后，即 1990 年，它的 Windows 版本已准备就绪，这个版本添加了许多新功能，例如项目符号、哈佛图形导出、对齐辅助线等。PowerPoint 2.0 随着 Windows 3.0 一起上市，它的销售数字开始猛烈增长，不久就超越了哈佛图形，在这一类办公应用程序中获得了市场主导地位。如今的竞争对手，比如 Mac 上的 Keynote、Impress（开源）或者一些基于云计算的免费演示工具，比如谷歌的产品，暂时都没有对 PowerPoint 的地位造成任何影响。

7.6 办公软件套件（始于 1985 年）

在挑选合适的计算机时，Office 应用程序一直是非常重要的评判标准。1989 年，微软首次用 Word、Excel 和 PowerPoint 程序为麦金塔组合了一个办公套件，整体的售价低于单个产品价格的总和。Windows 版本的套件则直到 1990 年才出现，但很快就确立了自己作为标准办公套件的地位。直到 1992 年，Office 3.0 版本问世时，第一个敢于挑战微软的竞争对手出现了。

莲花软件用电子表格 Lotus 1–2–3、文字处理器 Ami Pro（后来的 Lotus Word Pro）、演示程序 Freelance Graphics 和数据库 Approach，组成名为 Lotus SmartSuite 的套件提供给 Windows 和 OS/2。其中的电子表格 Lotus 1–2–3 是莲花自身开发的，其余部分购买自其他制造商。

网威公司（Novell）也用传奇的 WordPerfect、Quattro Pro 和 Presentations 为 IBM-PC 整合了一个办公套件。前两个版本仍被称为 Borland Office，随后从中诞生了 Novell Perfect Office，出售给科亿尔公司后，又更名为 Corel WordPerfect Office。科亿尔公司今天仍旧在销售这款软件，市场上最新的版本为 WordPerfect Office 2020。

Microsoft Office 的大多数竞争对手基本上只是购买了单个办公软件，对其进行调整，然后组合成套装。不过，有一家德国制造商即 Star Division 独立开发了适用于 Windows、OS/2 和 UNIX 系统的跨平台办公套件 StarOffice。这部分内容我将在下一节中单独讨论。Star Division 在 1999 年被太阳微系统公司收购，它的产品后来作为开源软件发布，从中诞生了免费的办公套件 OpenOffice。这款软件可以从网上免费下载，适用于 Windows、Linux 和 Mac OS，直到今天仍在不断成长和壮大。

如今，微软在办公套件领域的地位无人能够撼动。此外，OpenOffice 及其衍生产品 LibreOffice 在市场上也扮演着一个不大的角色。在 Mac OS 上，虽然仍然是 Microsoft Office 占据主导地位，但许多家庭用户习惯使用苹果的 iWork 软件套件（包含 Pages、Numbers 和

Keynote）。而基于云计算的服务，比如谷歌的 G Suite，也吸引了一部分客户。G Suite 是相关免费谷歌工具（如 Gmail、Google Drive、Google Docs、Google Sheets、Google Slides 等）的商业版本。当然，微软早就以 Microsoft Office 365 Online 对这类产品做出了回应。

7.7 “德国比尔·盖茨”

在前一节中我提到了 Star Division 公司的 StarOffice，这个软件的发明者马科·波瑞斯的经历是一个典型的“从零到英雄”的故事，他还因此得了个“德国比尔·盖茨”的称号。在我看来，他显然是一个能登入 IT 历史名人堂的人物。15 岁那年，马科·波瑞斯在 IT 和高科技行业的圣地硅谷做交换生，他在那里收集了足够多的灵感，然后带着这些收获回到家乡吕讷堡。1985 年，年仅 16 岁的他创立了 Star Division 公司。由于他还没有达到法定年龄，办理工商注册签字是由他的父母出面完成的。同一年，他提前结束了在 Oedeme 文理高中的学业。一年之后，他就推出了用于个人计算机的文字处理程序 StarWriter。

接着他把这个软件扩展为一个名叫 StarOffice 的完整办公套件。虽然 StarOffice 在功能方面与它的竞争对手并没有什么差别，但是它的价格要低得多。就凭这一优势，马科·波瑞斯就敢于与微软及其他制造商的办公套件进行正面较量。事实上，这个计划确实奏效了。

一年后，StarOffice 的销售额已经达到数百万德国马克。到了 1996 年，它的市场份额为 26%，仅次于 Microsoft Office。StarSuite 的总销量已超过 2 500 万份。

1995 年，IBM 想要获得 StarOffice 的授权，作为其 OS/2 的办公套件。在手续基本上就要完成的时候，IBM 突然改变了主意，决定收购莲花软件公司，推出一款自己的办公套件。据说，当时 IBM 不得不支付高额赔偿才得以解除合同，有说法是 3 000 万德国马克。

1997 年，原来的小公司 Star Division 已经拥有了 200 名员工。1998 年，公司向个人用户开放从网络上免费下载和使用 StarOffice 的权限，以便从微软手中夺得更多市场份额。公司盈利则依赖于向企业客户销售软件。谷歌后来在基于云计算的办公软件上也应用了相同的策略。StarOffice 软件套件还有一个网络版本——StarPortal，凭借它，用户可以通过网络浏览器来完成工作，而不必再坐在一台安装了办公软件的计算机前。

1999 年，马科·波瑞斯把 Star Division 卖给了太阳微系统，后者给出了高于 IBM 的价格，据估计金额高达上千万美元——价值 7 000 万美元的股票。太阳微系统接手了软件的销售和进一步的开发工作，他们公布了源代码，把这个办公套件发展成一款名为 OpenOffice.org 的自由软件。由于使用许可是免费的，OpenOffice.org 发布之后便诞生了许多分支，如今仍然存在的有 OpenOffice、LibreOffice 和 NeoOffice。

太阳微系统还聘请了马科·波瑞斯担任负责应用软件的副总裁。不过，他只在圣克拉拉的公司工作了 2 年。2001 年，他便离职创立了自己的公司 Verdisoft。

新公司 Verdisoft 引起了搜索引擎运营商雅虎的极大兴趣，雅虎在 2005 年以 6 000 万美元的价格收购了它，这个时候 Verdisoft 甚至还没有具体的产品。这一次，马科·波瑞斯被雅虎聘用为 Connected Life 部门的高级副总裁。

早在 1997 年，马科·波瑞斯就与 Sparkassen 银行共同创立了银行软件公司 Star Finanz。这个公司不属于太阳微系统的收购项目。它开发了欧洲最成功的网上银行系统 StarMoney，几乎所有的德国银行都向客户提供这个网上银行软件套件。这家公司及这款明星产品在今天仍然运转良好。

2009 年，马科·波瑞斯在柏林成立了一家新公司。他把自己的第四家公司恰如其分地命名为 NumberFour。但直到 2017 年，他才以 enfore AG 这个名字正式向公众宣布了这个公司的存在。这是一个面向小型企业、结合在线服务、软件和硬件业务的商业平台，目的是支持小型企业进入互联网。enfore 的目标客户是小型零售商，对他们来说，SAP 或 Salesforce 这样的大型平台既无利可图又过于复杂。这一次，马科·波瑞斯的目标群体是全球 2 亿企业家。

7.8　数据库（始于 1966 年）

不得不承认，数据库或者说数据库系统的历史，并没有操作系统、应用软件、编程语言或者电子游戏的历史那么扣人心弦，但既然数据库在我们的日常生活中同样扮演着核心的角色，因此也有必要在这里简要介绍一下它的发展轨迹。在数据存储的开拓时期，每天复制、混合和重组数据是司空见惯的，管理数据需要耗费大量的时间。因此，人们引入了一个新的软件层面，它作为操作系统和应用程序之间的一个部分对数据进行管理，即数据库或数据库系统。

早在 20 世纪 60 年代，就已经出现了层次数据库系统，即 IBM 把

IMS（Information Management System，信息管理系统）用于阿波罗登月计划的零件清单管理。另一个基于网络的模式是 CODASYL[1]。第一个在商业上取得成功的数据库系统是 Sabre，IBM 用它为美国航空公司创建了一个电子预订系统，使顾客可以通过终端在全球范围内查找航班、酒店床位和其他服务并且进行预订。这个系统可不是摆设，有 53 000 家旅行社、400 家航空公司、数千家酒店、游轮等各种服务商接入了这个预订系统。

埃德加·科德在 1970 年发表的一篇关于关系型数据库的文章[2]，对数据库系统产生了不可忽视的推动作用，关系型数据库可以让并不精通信息技术的用户利用简单的英文命令从数据库中查询信息。科德的论文和之后发布的指导原则，为日后关系型数据库的发展奠定了基础，也仍然是当今数据库技术的标准。

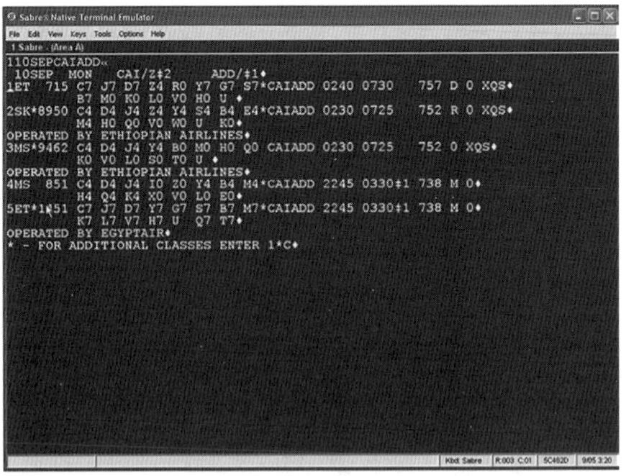

图 7.9　Sabre 可以算作第一个商业数据库系统，至今仍在广泛使用

科德还积极参与了 System R 的开发。它与 Ingres 都是关系型数据库系统的原型。Ingres（来自 UBC）使用 QUEL 作为数据库语言，System R（来自 IBM）则使用 SEQUEL 作为查询语言。在 Ingres 的基础上产生了许多数据库系统，比如 MS SQL Server、Sybase 等。

[1]　这是 20 世纪 70 年代数据系统语言研究会 CODASYL（Conference on Data System Language）提出的网状数据库模型以及数据定义和数据操纵语言的标准，所描述的网状模型被称为 CODASYL 模型。

[2]　文章原英语标题：“A Relational Model of Data for Large Shared Data Banks”，即《大型共享数据库数据的关系模型》。

从 Sysytem R 中也衍生出了许多著名的数据库系统，比如 B. DB2、Allbase、Oracle。关系型数据库管理系统（RDBMS）这个概念也是在此期间定型的。SEQUEL 发展成为 SQL，后被采纳为行业标准，受到 ISO 的保护和促进。下面是用 SQL 进行数据库查询的一个简单示例：

```
SELECT * FROM Kunde
WHERE Stadt = 'Berlin'
ORDER BY KundenName ASC;
```

这段代码表示从（FROM）表“Kunde（顾客）”中选择（SELECT）所有（*）数据，其中（WHERE）“Stadt（城市）”是“Berlin（柏林）”。输出按（ORDER BY）“KundenName（客户姓名）”的降序 [ASC（ent）] 字母顺序排序。

20 世纪 80 年代，关系型数据库系统取得了巨大的成功。甲骨文公司（当时还是 SDL 和 RSI）开始崭露头角。IBM 推出了 DB2。专门从事数据库的新公司接连涌现，新系统不断进入市场，例如：B. dBASE Ⅲ 和 IV，OS/2 数据库管理器和 Watcom SQL。

20 世纪 90 年代，这个市场经历了一次去粗取精的过程，许多专营数据库的公司被淘汰或者被收购。最终只剩下少数几家公司主导了市场，它们是 IBM、Informix、dBASE、微软和甲骨文。

随着互联网的发展，对数据库的需求开始增大。从 2000 年开始，MySQL 和 PostgreSQL 等开源数据库管理系统获得了可观的市场份额。

进入 2000 年，NoSQL 数据库发挥了重要作用。这些非关系型数据库不使用固定的表模式并且支持水平扩展。知名的非关系型数据库有 MongoDB、CouchDB、Apache Cassandra 和 Riak。NoSQL 数据库并不会取代关系型数据库，但也凭借 MongoDB、Redis 和 Cassandra 这三个数据库挤进了当前的前十名榜单，成功地替换掉了甲骨文、微软和 IBM 这些耳熟能详的名字。不过，MySQL 和 PostgreSQL 仍旧占据了很大的市场份额。

7.9　宝兰公司和 Ashton-Tate 公司（始于 1983 年）

提到数据库，我想到了一个问题：宝兰公司今天到底在做些什么？我会从数据库联想到宝兰，是因为宝兰为了数据库系统 dBASE 收购了

Ashton-Tate 公司。当年我是用宝兰的产品来学习编程的，比如 Turbo C，以及后来的 Borland C++。

宝兰公司由菲利普·卡恩在 1983 年创立，它的产品还包括 Quattro Pro 电子表格和 Paradox 数据库。使宝兰声名在外的是 Turbo Pascal，它是用于 CP/M 和 MS-DOS 的 Pascal 编程语言的集成开发环境，这款开发环境通常被认为比微软的开发工具更好。随后他们也研制了 Windows 下的开发环境，同样带有“Turbo”标签。20 世纪 90 年代初，宝兰公司推出的高品质软件工具 Borland Delphi 和 Borland C++ 风靡全球。它的 Paradox 数据库也是与微软 Access 竞争的有力对手。1991 年，考虑到数据库的市场前景，宝兰以 4.39 亿美元收购了它的直接竞争对手 Ashton-Tate，后者是市场领先的 DOS 数据库系统 dBASE 的制造商。宝兰的原计划是要对 dBASE 进行修改，但只要看一眼当今的大型数据库系统，就知道宝兰的计划显然没有成功。宝兰因收购 dBASE 而开始从软件工具市场的巅峰位置滑落，在 2009 年，被 Micro Focus 公司收购。

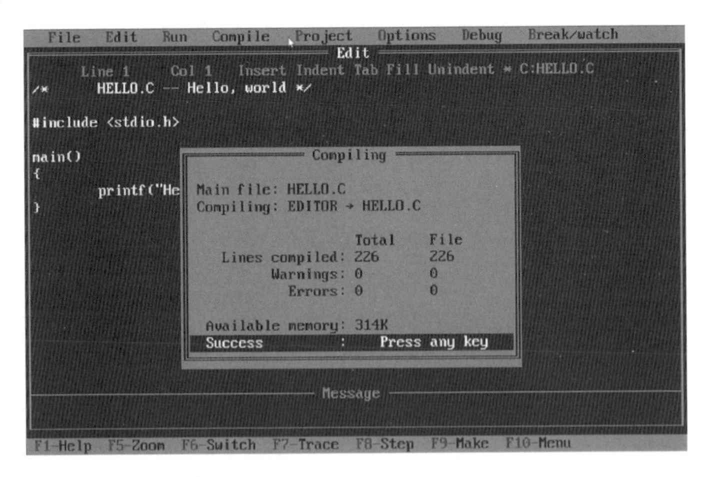

图 7.10　宝兰 Turbo C 是我在 MS-DOS 环境下使用的第一个编译器

Ashton-Tate 公司由乔治·塔特和哈尔·拉什利在 1980 年 1 月创立，当时名为 Software Plus, Inc.（SPI），是一家从事软件零售的小公司。公司稳步上升，发展速度并不快。直到有客户要订购一款名为 Vulcan 的数据库程序，塔特和拉什利开始寻找这个产品。

比起 Ashton-Tate 公司的历史，dBASE 本身的历史要悠久得多。它的起源要从 20 世纪 60 年代谈起。Tymshare, Inc. 的 RETRIEVE 是一款用于大型机系统的数据库软件，在当时的市场上占据主导地位。它的主要用户之一是为美国宇航局建造火箭驱动器的喷气推进实验室。JPL 的程序员杰布·龙对 RETRIEVE 进行了改编并运用在了实验室的 UNIVAC 1108 上，称为 JPLDIS（JPL Date-Management and Information-Retrieval System，喷气推进实验室显示信息系统）。

一个叫韦恩·拉特利夫的人了解到了这个数据库系统，并产生了一个疯狂的念头。他是 NASA 维京计划的参与者之一，曾为火星维京探测器开发了一个名为 mFile 的数据库系统。看到办公室的同事都对赌球充满了热情，自己也总是属于不走运的那一方，他便萌生了一个在数据库程序中比较各个球队成绩的想法。借鉴了 JPLDIS 之后，他用汇编语言在自己的 CP/M 计算机上编写了一个新的数据库系统。作为《星际迷航》的铁杆粉丝，他把这个数据库命名为 Vulcan，这是尖耳朵 Spock 先生的家乡。鉴于赌球上并不总能交好运，他打算以 50 美元的价格出售这个程序的副本。结果，副本销售太火爆，复制和邮寄的工作很快就让他不堪重负，以至于不得不停止了这桩生意。

但是，存在这样一个数据库系统的消息，在计算机用户中不胫而走。塔特和拉什利也闻讯而来，找到了韦恩·拉特利夫，并在 1980 年说服他将销售权转让。为了让韦恩·拉特利夫能继续赚他的 50 美元，他们把软件的价格定为 695 美元，并把它命名为 dBASE Ⅱ，因为他们相信，一款软件的第一个版本总是不怎么卖得出去。

dBASE Ⅱ取得了巨大的成功，当然不仅仅因为它是作为第二个版本发布的。dBASE 很快就从 CP/M 移植到了 PC-DOS 上。1983 年，软件贸易公司 SPI 从韦恩·拉特利夫手中买走了 dBASE 的全部权利，并把他聘为开发主管。当年，公司更名为 Ashton-Tate。

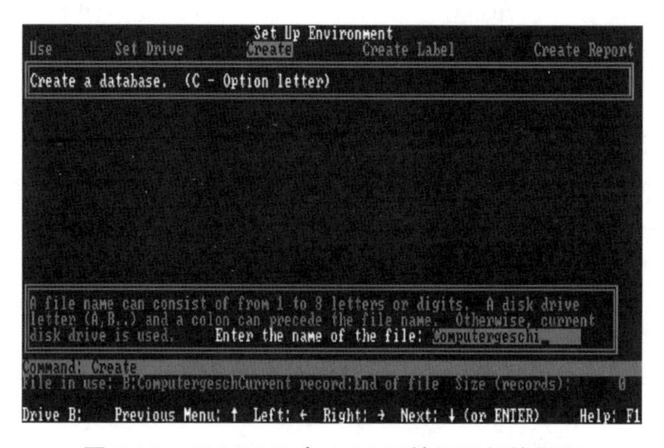

图 7.11　dBASE III 在 DOS 环境下运行的界面

Ashton-Tate 凭借 dBASE Ⅲ和 dBASE Ⅱ Plus 取得了真正的成功。仅在欧洲，它在用于个人计算机的数据库系统市场上就占了 67% 的份额。当时的主要竞争对手是一款叫作 Paradox 的数据库，它就是宝兰公司的产品。

但是 Ashton-Tate 在第四个版本上犯了一个严重的错误。它不是去稳扎稳打地继续改进这款产品，而是直接往里面打包了新功能，把 SQL 作为数据库语言添加进去，并且预估了过于仓促的销售日期。在推迟了一次日期后，他们不得不跳过十分必要但非常耗时的最终测试，直接把产品抛进了市场。就在这个时间点，宝兰介入了进来。

但即使有了宝兰，dBASE 也无法重新夺回失去的市场份额。

7.10 从免费软件到开源软件（1983 年）

开源是软件历史上的又一个重要概念，而且它还并不那么古老。今天我们所使用的许多应用程序归功于开源软件，或者说，它们是建立在开源的基础之上的：网络服务器如阿帕奇，编程语言如 PHP、Python 和 Ruby，数据库如 MySQL、PostgreSQL 和 MongoDB，服务器操作系统如 Linux Debian、SUSE、Red Hat 和 BSD，内容管理系统如 TYPO3、Drupal，等等。这个列表可以无穷无尽地写下去。我们经常在不知情的情况下就与开源应用程序打起了交道。许多嵌入式系统、家用路由器、机顶盒或手机系统（例如谷歌的安卓）都使用开源 Linux 操作系统作为平台。

开源背后的理念非常简单，用一条座右铭就可以归纳：不需要每次都重新发明车轮。如果能够借用其他开发人员的工作成果来实现以及传递自己的设想，那么每个人都可以从中获益。发明往往并不意味着从头去创造百分之百全新的东西，而是利用现有的技术，从中开发出新的成果。上面提到的诸多应用程序的实例，都证明这条原则是非常有效的。那些在自己的设备中使用了 Linux 的企业，比如开发了安卓系统的谷歌，也会为进一步完善这个开源的平台做出自己的贡献。而另一些开源产品，则可以通过提供服务支持来获取利益。

大型软件公司也参与并支持以开源方式开发软件。例如，IBM 为收购红帽（Red Hat）[1] 的所有已发行股份支付了 340 亿美元。微软的史蒂

[1] Red Hat 是全球最重要的 Linux 和开源技术提供商。

夫·鲍尔默曾将开源文化斥为“毒瘤”，但后来微软为GitHub[1]投资了75亿美元。

大公司参与开源项目是非常重要的。许多开源项目是建立在一些并不知名的开源组件的基础之上，而负责这些组件的（业余）开发人员往往不具备充足的时间或金钱来对代码进行安全检查。

开源理念在1985年随着理查德·斯托曼创立的自由软件运动（FSF）而诞生。斯托曼早在1983年就创立了GNU项目[2]。对他来说，重要的是（1）用户可以自主地使用软件；（2）源代码可供研究；（3）用户可以基于自己的目的改编软件；（4）与他人共享软件。为此，斯托曼引入了GNU通用公共许可证（GPL），用于保障这四个方面的软件自由。在这个许可的基础上，被GPL认证的代码也必须在GPL框架下公开。因此，公司也完全可以销售一个软件的副本，只要用户同样可以使用它的代码。

许多程序员遵循了这个原则。其中最重要的一位恐怕就是开发了Linux内核的林纳斯·托瓦兹。当时GNU项目迟迟没有完成内核的开发，因此GNU与Linux内核结合起来便可以形成一个完整的操作系统。

GNU/Linux立刻受到了用户的青睐，经常被用于驱动网络服务器，随之也连带产生了一系列其他工具，例如阿帕奇网络服务器、MySQL数据库以及编程语言，比如PHP。从这些例子中就可以非常清楚地看到，开发者们是如何利用现存的成果的，如何把它们与其他软件结合或者对它们做出新的改动。GPL通用公共许可证是GNU项目中最为重要的协议许可证，但它并不是唯一的。根据另一些许可证，公司也能够使用这些代码创建专利软件，即商业自由软件。

自由软件，是在1998年前一直使用的术语。由于斯托曼自始至终都是自由软件的激进倡导者，他和他的FSF可能并不太乐意看到越来越多的大公司使用这些代码开发专利产品。部分开发人员担心“自由软件”这个概念和斯托曼的执着理念会败坏企业的兴趣，便开始研究如何使这笔关于公共代码的思想财富以及他们未来的工作能够更具吸引力和商业友好性。为此，他们引入了“开源”这个标签，你当然也可以把它理解为“自由软件”的新营销术语。

---

[1]　GitHub是一个面向开源及私有软件项目的托管平台，主要提供基于Git版本格式的托管服务。

[2]　参考6.17节。

开源终于在新世纪到来了。2004 年，戴维・海涅迈尔・汉森发布了他的开源框架 Ruby on Rails，它迅速成为推特和 Kickstarter 等服务的重要开发工具。2006 年，雅虎宣布成为阿帕奇软件基金会的赞助人，资助了用于可扩展的分布式软件开源框架。2008 年，阿帕奇软件基金会宣布 Ruby on Rails 成为顶级项目。Facebook、IBM、美国在线、百度、推特和 eBay 等大型企业先后都成为开源软件的用户。2008 年，太阳微系统接管了 MySQL AB，后来又在 2010 年被甲骨文收购。同样在 2008 年，第一款搭载谷歌安卓系统的智能手机出现，并将 Linux 平台引入移动设备。这样的故事我可以滔滔不绝地一直讲下去，对于我在开头提到的那层意思——开源在今天无处不在，它们都是绝佳的证明。

而且，并非只有我们很容易想见的那些常用程序，比如桌面应用程序 LibreOffice、GIMP、Firefox、OpenOffice、VLC Media Player 之类，它们背后有着开源的支持，那些乍一看并不“可见”的应用程序，往往也是开源的，例如网络服务器、编程语言、数据库、服务器系统和操作系统、CMS[1]、应用程序服务器、加密等等。

[1] Content Management System 的缩写，意为内容管理系统。

第八章
编程语言

> 这就是我的人生：吃饭，睡觉，上过大学，做过编程，读了很多封电子邮件。我知道我的一些朋友有更多的性行为，但这没关系。坦率地说，我的大多数朋友也是失败者。
>
> ——林纳斯·托瓦兹

为了简化处理器和软件开发人员之间的交流，便产生了编程语言。编程语言就是计算机时代的锤子和凿子。计算机的历史，是从什么地方、什么时候开始的呢？或许是在约瑟夫·玛丽·雅卡尔的可编程织布机出现的时候？穿孔卡片的编写人员在那个时候就会用穿孔纸带对图案进行“编程”了。或者我们应该从爱达·洛芙莱斯算起？她为查尔斯·巴贝奇的分析引擎创建了第一个算法。关于这两件事，相信你已经在我的书里读到过了。

直到20世纪40年代，第一批计算机仍然是纯粹的机械计算机。那时候不存在晶体管、芯片，当然也不存在集成电路。重达几吨的机器，配备真空管和耗电巨大的继电器。ENIAC计算机便是如此，它是通过反复接插电线进行编程的——ENIAC的女程序员们当时的工作内容，相信你也已经了解了。

作为与ENIAC团队进行探讨的理论基础，约翰·冯·诺依曼提出了他的构想，今天所有的现代计算机都基于这个构想。他为计算机规定了一个简单而固定的结构，可以在不改变硬件的情况下执行不同的程序——也就是说，软件和硬件是分开的。此外，程序代码和数据应能够保存在计算机中。程序执行可以中断并在另一点继续，这就是分支、循环或函数调用的基础，这个构想后来被称为冯·诺依曼架构。

在20世纪40年代末出现的第一台冯·诺依曼计算机，仍然使用二进制机器语言和16位命令进行编程，4位用于操作码，12位用于地址码。一次计算包含大量命令，程序员必须使用穿孔卡片将这些由0和1组合的命令输入计算机。

这非常烦琐耗时，因此不久便诞生了第一种编程语言。

编程语言的小概述

在这一章里，我会从几十年来发展出的众多编程语言中挑选一小部分向你展示。当前存在数量惊人的编程语言，然而很少有新语言是“无中生有”的，绝大多数语言受到其他语言的影响。我会提及不少“古老”的编程语言，今天几乎已经没有人再学习它们了，但用它们编写的程序还在应用，所以这些语言并没有完全消失。

8.1 Plankalkül——未完成的最早的高级语言（1942—1946 年）

“计算机变得像人类一样”的危险，并不像“人类变得像计算机一样”的危险那么大。

——康拉德·楚泽

语言	地点	时间	发明者
Plankalkül	德国	1942—1946 年	康拉德·楚泽

编程语言 Plankalkül 是由康拉德·楚泽在 1942—1946 年间发明的。它被认为是世界上第一个高级编程语言，并且还包含了循环和条件语句。楚泽借鉴了阿兰佐·丘奇和史蒂芬·克林在 1930 年关于 Lambda 演算的工作成果。Lambda 演算是一种用于研究函数的形式语言，不仅是理论计算机科学的重要组成部分，也被广泛地用于高阶逻辑和语言学。这里我们用这种最早的编程语言 Plankalkül 来展示经典的 Hello-Welt[1] 示例：

```
v
R1.1 (V0 [: sig]) => R0
R1.2 (V0 [: m x sig]) => R0
0 => i | m + 1 => j
[W [i <j -> [R1.1 (V0 [i: m x sig]) => R0 | i + 1 => i]]] END
R1.3 () => R0
```

[1] “Hallo World”的德语写法，后文多次以此为例。

```
'H';'a';'l';'l';'o';' ';'W';'e';'l';'t'; => Z0 [: m x sig] R1.2 (Z0)
=> R0
END
```

楚泽想将 Plankalkül 用于 Z3 的后继机型，但是很遗憾，这个想法并没有实现。他的高级编程语言始终没有转化到实践中去，只是停留于纸面上。这个语言在 1972 年首次发布；1975 年，约阿希姆·霍曼开发了一种编译器作为其博士论文的一部分，可以翻译用这门编程语言编写的代码。所以 Plankalkül 只是存在于历史意义上的最早的编程语言。

高级编程语言

简单来说，高级编程语言是一种简化的或人工的语言，它并不以某一台计算机在机器语言层面上的特征为导向，因此可以在任何一个系统上使用，只要它提供针对这门语言的编译器或解释器。编译器或解释器可以将这门语言翻译成相应系统的机器语言。

8.2 汇编语言——贴近机器的语言（1948—1950 年）

真正的程序员可以用任何语言编写汇编代码。

——拉里·沃尔

语言	地点	时间	发明者
汇编语言	美国	1948—1950 年	纳撒尼尔·罗切斯特

最早的编程语言是 1950 年前后产生的汇编语言，通过它可以将以前复杂且极易出错的机器代码编程转换到计算机上。第一个汇编程序是纳撒尼尔·罗切斯特在 1948—1950 年间为 IBM 701 编写的。同一时期在英国，EDSAC 也是用汇编语言进行编程的。

这种语言用便于记忆的命令缩写（也称为助记符）替换了操作码，常见的缩写，比如 LD 表示加载（load），MOV 表示移动（move）。由于用这种语言编程非常接近硬件层面，所以写出的程序显得快速而简洁。一个称为汇编程序的特殊程序把汇编指令转化为机器代码，同时负责内存分配。

然而这种语言也有缺点。汇编程序的使用，受计算机系统结构的限制较大。每种类型的计算机都有自己的指令集，包含部分完全不同的命令缩写。实现程序在不同计算机系统间的转化，需要耗费大量的工作，甚至是重写程序代码。另外，用汇编语言编写大型程序也很麻烦。即使是一个简单的“添加”（Addition），如：gesamt = val1 + val2 + val3 + val4，在汇编语言中也不能简单地用一条语句来执行，因为汇编器一次只能将两个数字相加，同时还必须注意程序寄存器内存中的（中间）结果。例如，在较新的 x86_64 汇编语言中，“添加”的代码可能如下所示：

```
mov rax, [val1]        ; val1 in das Register rax schieben -> mov
add rax, [val2]        ; val2 hinzuaddieren (add)
add rax, [val3]        ; val3 hinzuaddieren (add)
add rax, [val4]        ; val4 hinzuaddieren (add)
```

不过汇编语言具有相当长的使用历史。它被用来创建操作系统或驱动程序，甚至在 20 世纪 90 年代，还会使用汇编语言编写家用计算机或游戏机上的部分游戏，从而保证良好的游戏性能。毕竟，当时这些系统的内存还是非常有限的。

由于今天计算机的内存和计算能力都大幅提高，汇编语言开始渐渐退出历史舞台。即便如此，仍有很多人在学习这门语言，因为了解汇编语言有助于更好地理解处理器的工作方式。

为了克服汇编语言的缺点，诞生了所谓的高级语言，使得独立于硬件的编程成为可能。这类高级语言还包含了许多命令和函数，可以简化编程的难度，提高编程的速度。

8.3 Fortran——白大褂的语言（1957 年）

直接进监狱。不得经过 GO。不能领取 200 美元。[1]

——当你往一台 Xerox Sigma 7 的 Fortran 编译器中输入 GO TO JAIL 命令时，你会得到这样的提示

[1] 《大富翁》游戏里可能抽到的指示。

语言	地点	时间	发明者
Fortran	美国	1957 年	约翰·巴克斯（IBM）

随着时间的推移，用户对程序的要求越来越高，程序的内容也变得越来越五花八门。由于汇编语言烦琐且不够灵活，程序出错的频率也就越来越高。IBM 的程序员约翰·巴克斯向他的上司提议，开发一种表述更为简单的新程序语言，因为计算机中心的大部分花费是由寻找故障和排除故障造成的。在巴克斯的指导下，IBM 成立了一支研发团队，在 1954 年开始了开发编译器的工作。在开发过程中巴克斯始终坚持的一点是，用这种新语言编写的程序必须达到与汇编程序相似的运行速度。因此，原计划 6 个月成熟上市的新语言，耗费了 3 年才最终完成。1957 年，巴克斯团队开发的第一个编译器在 IBM 704 系统上交付运行。随之诞生了最早的高级编程语言（楚泽的 Plankalkül 并没有应用于实际）——Fortran，它也是编程语言历史上的一块里程碑。

Fortran 在当时主要应用于数学计算。它的经济与高效也主要体现在简短的数学标记符号上。Fortran，即 Foumula Translator（公式翻译器）的缩写。即使在今天，Fortran 仍然是活跃在数学和科学领域的一种编程语言。

多年来，Fortran 编程语言也在不断地变化和更新。1957—1962 年间，Fortran Ⅱ 到 Fortran Ⅳ 相继出现。由于硬件的效率和利用率对各种架构上的 Fortran 语言开发起着重要作用，因此硬件制造商往往会开发自己的 Fortran 版本，所以 Fortran 程序的兼容性相当低。为此，美国国家标准协会（ANSI）着手进行 Fortran 语言标准化的研究工作，于 1966 年推出了 Fortran 66 作为语言标准，它是第一个标准化的高级编程语言。1978 年 Fortran 77 引入了合理的分支。在这之前，必须依赖臭名昭著的 GOTO 命令语句才能实现程序中的跳出。

在 Fortran 90 之前，计算机使用的仍旧是穿孔卡片。每条指令都必须另起一行开始（或者说换一张新的穿孔卡片，每张卡片表示程序中的一行）。一行中的第 7 到第 72 列是语句区，用于指令文本。如果此区域不够，可以附加行，并把新卡片第 6 列中的字符标记为上一张的续行。用于识别指令的指令标号，只能在第 1 至第 5 列中注明。只有遵循了这些烦琐的规则，穿孔卡片上的程序才能顺利运行。Fortran 90 不再使用穿孔卡片，之后发布的版本为 Fortran 95 和 Fortran 2003。Fortran 2008 是当前的标准。

GOTO 和意大利面代码

在有适当的分支之前，在各种编程语言的早期版本中，使用 GOTO 命令通常是进行分支的唯一方法。在程序中间进行 GOTO 跳转会令代码看起来难以理解，尤其是当代码中充斥着大量这样的 GOTO 命令。这种控制结构混乱的代码往往被戏称为意大利面代码。

下面的例子是用 Fortran 语言写的小程序，输出文本“Hallo Welt!”：

```
program hallo
   implicit none
   write(*,*) 'Hallo Welt!'
end program hallo
```

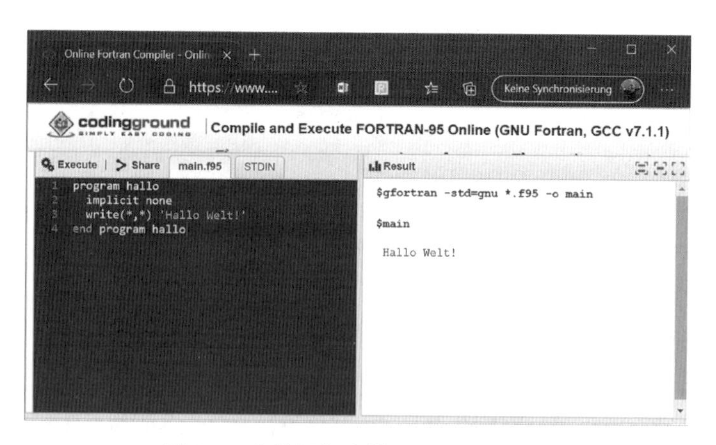

图 8.1　在线运行中的 Fortran 编译器

在每个 Fortran 程序中，最后必须以“end”语句结尾。为清晰起见，还建议以“program”作为程序的开头并在后面附上此程序的名称（此处为“hallo”），然后可以在“end”语句中再次引用此名称。如果要编译程序，则需要用到 Fortran 编译器。GNU Fortran 可以算作是最常用的 Fortran 编译器，它是 GCC[1]（GNU 集合）的一部分。你可以使用包管理器在 Linux 发行版中安装这个编译器。你还可以使

[1]　GNU Compiler Collection，GNU 编译器套件，是由 GNU 开发的编程语言编译器。

用 Cygwin[1] 在 Windows 上使用和安装 GNU 集合，否则的话，这些程序只能在 POSIX 系统（比如 GNU/Linux、BSD 或 UNIX）下运行。如果你已将程序以“hallo.f90”的名称保存，可以用命令“$ gfortan -o hallo hallo.f90”生成程序，并用“./hallo”执行它，Shell 终端中就会输出文本“Hallo Welt！”了。

编译器

接下来你会频繁地读到“编译器”这个名称，因此我打算先简要地介绍一下这个概念。编译器是一种程序，作用是把某种编程语言的源代码翻译成计算机可以执行的目标代码。这样你就可以从源代码创建可执行的程序。历史上的第一个编译器是美国人格蕾丝·赫柏发明的，就是计算机史上第一只“虫”的发现者。不过许多专业人士并没有就这一点达成一致，因为格蕾丝·赫柏发明的“第一个”编译器 A-0，并不符合今天对编译器的定义。1952 年被用于 UNIVAC 大型机的 A-0，更像是一个管理子程序的程序，根据需求把子程序添加到主程序中。所以 A-0 更接近加载器或链接器，而不是编译器。

8.4　Cobol——终结者 T-800 的语言（1960 年）

语言	地点	时间	发明者
Cobol	美国	1960 年	格蕾丝·赫柏

任何熟悉《终结者》系列电影的人一定都想知道第一部里终结者 T-800 的红色平视显示器中的数字 CSM-101 到底是什么。这其实是 Apple Ⅱ 计算机中 6502 微处理器的一个代码。电影里还出现了其他代码，比如会计软件常用的 Cobol 语言所编写的代码。

1959 年，编程仍然依靠汇编语言，Fortran 则用于工程计算和科学领域。随着用于会计或银行账户管理等商务数据存量的增加，FLOW-MATIC、AIMACO、COMTRAN 等为特殊设备量身定制的专门语言接二连三地被开发出来。为了改善不同语言无序发展的局面，很有必要为商务领域的程序创建一种独立于硬件的标准化语言。玛丽·霍丝首先提

[1]　在 Windows 平台上运行的类 UNIX 模拟环境。

出开发一种新的商用语言。在美国国防部的赞助下，她于1959年在宾夕法尼亚大学召开了第一次会议讨论此事，与会人员包括了格蕾丝·赫柏。如前文所述，她就是“第一个”编译器A–0和FLOW-MATIC语言的开发者。

随后，CODASYL委员会（Committee on Data Systems Language，数据系统语言委员会）成立，旨在讨论研发一种基于自然语言的更简单的编程语言。由一个委员会协同开发一种语言，这在历史上还是第一次。这门新语言被命名为Cobol（Common Business Oriented Language，面向商务的通用语言）。自1960年第一版草案发布以来，Cobol经历了一系列的发展并被标准化（ANSI、ISO）。它被广泛应用于经济及商业领域（也归功于IBM系统的市场影响力），今天仍然在许多应用程序中发挥着作用（归功于IBM大型机）。在大量金融交易同时进行的应用中，例如银行、保险公司或者旅游行业的预订系统等，往往就能发现Cobol的身影。

用其他的编程语言去重写Cobol编写的单个程序，都将意味着巨大的工作量，还必须面对随着每个新软件的诞生而产生的未知风险。多年来，Cobol编写的应用程序已经证明了自己的价值，并且经受住了各种各样的考验。

下面是Cobol语言的一个简单代码示例：

```
IDENTIFICATION DIVISION.
PROGRAM-ID. SCHLEIFENDEMO.

DATA DIVISION.
WORKING-STORAGE SECTION.
01 WERT PIC 99 VALUE 1.

PROCEDURE DIVISION.
PERFORM TITEL
PERFORM COUNTRUN 10 TIMES.
STOP RUN.

TITEL.
DISPLAY “Computergeschichten”.
DISPLAY “-------------------”.
```

COUNTRUN.

DISPLAY WERT ".Durchlauf".

ADD 1 TO WERT.

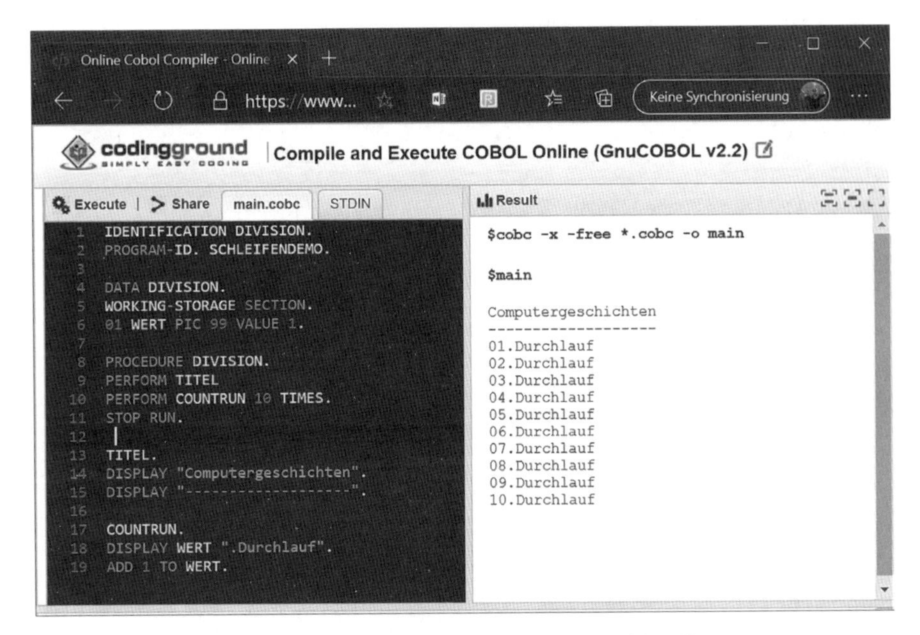

图 8.2 运行中的（GNU）Cobol 在线模拟器

这个例子清楚地展现了这种语言的易读性。任何熟悉现代编程语言的人都能够立即注意到它的文字密集性。在写代码之前，需要许多定义。这门语言的句法称得上相当独特，但用户确实可以在短时间内学会利用它高效地处理商务。

这个示例的任务是，先输出单词“Computergeschichten”[1]，然后循环执行 10 次，每次循环后，值加 1。这个值在每次循环中都会输出。

值得注意的是，Cobol 程序被划分为不同的“部”（Division），如示例中的标识部（用于程序名称等）、数据部（用于程序变量、数据结构）和过程部（用于过程指令）。此外还有一个在示例中未出现的环境部，用于操作系统的接口。

如果你想尝试 Cobol 语言，并不需要坐在一台大型机前，最简单的方式仍旧是使用 GNU 集合。你可以在其中找到一款 GnuCOBOL，来翻

[1] 德语，意为“计算机史”，这个单词将在后文的示例中多次出现。

译 Cobol 的源文本。如果你只想编译和测试几行 Cobol 代码，也可以到互联网在线 Cobol 编译器中选择一款。

8.5 Lisp——第一种解释型语言（1958 年）

语言	地点	时间	发明者
Lisp	美国	1958 年	约翰·麦卡锡

使用编译器，可以将一个程序的源文本翻译成一种可执行的机器代码。在这之后，人们又引入了解释器这个概念。

这一概念始于约翰·麦卡锡。1958 年，他在麻省理工学院设计了 Lisp 编程语言。他的一个学生史蒂夫·拉塞尔在这个设计的基础之上，为表达式编写一个解释器，这个解释器可以“直接”移植到广泛使用的 IBM 704 中。到了 20 世纪七八十年代，专门针对 Lisp 程序开发的 Lisp 机器问世并进入市场。Lisp 意为 List Prosessing（列表处理），与 Prolog 编程语言同为在人工智能（AI）研究和应用中占重要地位的两种人工智能程序设计语言。使用这种编程语言，可以执行复杂的符号计算，比如在 Lambda 演算中所要求的计算。之后，在 Lisp 的基础上，又发展出了其他方言，如 Common Lisp 和 Scheme。下面是一个简单的 Lisp 示例：

```
(princ “Computergeschichten”)
(terpri)
(princ “-------------------”)
(terpri)

;; Addiere 12 und 32 und 43:
(princ “Summe: ”)
(princ (+ 12 33 43))
(terpri)

;; Definiere eine Funktion, die ihr Argument verdoppelt:
(defun verdoppeln (x)
(* x 2))
```

```
;; Verdoppelt die Zahl 125:
(princ "125 * 2 = ")
(princ (verdoppeln 125))
```

由于频繁使用括号，Lisp 经常被戏称为“Lots of Irritating Superfluous Parentheses”（许多令人恼火的多余括号）。上面的示例要求输出文本“Computergeschichten”以及求数字 12、32、43 的总和；此外，还演示了一个函数“翻倍”（verdoppeln），即把作为自变量递交的值乘以 2。在这里同样推荐使用 GNU 编译器集合中的 GNU CLISP 来运行示例。

> **解释器**
>
> 与编译器不同，解释器在程序运行时处理源代码。它是逐行工作的，一条指令被读取、检查、执行之后，立即处理下一行。程序会持续运行，直到到达终点或者产生错误。这意味着用户可以立即知道错误发生的位置，由此能够更快地解决问题。然而，解释器并不创造可执行程序，而只是充当编程语言和计算机之间的一个过渡层。由于每一行代码都是即时处理的，所以这种解释器语言的缺点就是，速度低于编译语言。

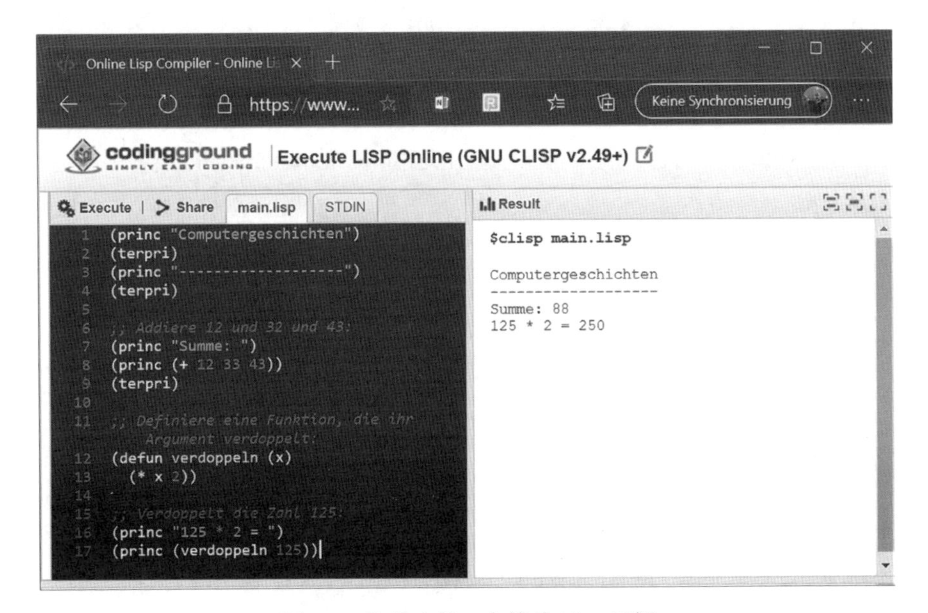

图 8.3　执行中的一个简单 Lisp 示例

8.6 Algol 60——终于拥有了一目了然的结构（1958—1963 年）

语言	地点	时间	发明者
Algol 60	美国	1958—1963 年	约翰·巴克斯

有一颗星，几乎总会挂在夜晚的天空中，它就是那些最闪亮的星中的一员——大陵五（Algol）。在某种程度上，Algol 语言在当今的诸多程序语言中也扮演着一个耀眼的角色。这种语言本身从未真正流行起来，但它起到了传播结构化编程思想的作用。它背后的某些根本性构想影响了一大批更新的编程语言，为它们指明了改进的方向。其中最重要的贡献，是引入了“块结构”这个概念。这些块由“begin ...end”（开始……结束）来标记，在单个块内部的（栈）内存中可以创建局部变量，这些局部变量在块退出时会从内存中再次释放。它们也仅在块内可见。这在当时是革命性的。通过这种块结构，就可以实现更加复杂的控制结构，例如循环。递归也是首次在 Algol 语言中实现的。别忘了，在使用 Fortran 或 Cobol 语言的时候，仍然只能借助 GOTO 命令在代码中疯狂跳转。

Algol 60 在 1958—1963 年间作为国际计算机学会（ACM）的一个项目，由约翰·巴克斯领导的团队开发，他也是 Fortran 开发团队的负责人。Algol 是 Algorithmic Language（算法语言）的缩写，60 代表开发完成的年份。它的最终修订版在 1963 年正式发布。Algol 60 语言不涉及商业利益，开发目的是为科研以及当时的数据工作提供支持。下面是一个用 Algol 60 语言编写的关于输出文本“Computergeschichten”的简单程序：

```
BEGIN
   FILE F(KIND=REMOTE);
   WRITE(F, <“COMPUTERGESCHICHTEN”>);
END.
```

由于 Algol 60 并不为输入 / 输出功能制定标准，因此它在各种编译器下的实现都会有所不同。所以从来不存在一个可以到处移植的 Hello-Welt 程序（你可以试着找一下）。有一些编译器使用 Outstring ()、Write text () 或 print 作为输出指令，而不是这个示例中的 Write。

之后的 Algol 68 又是一个全新的设计，旨在更好地满足计算机科学领域的要求。但是，尽管这门语言确实设定了一些标准，但它在历史上没有起到太大作用。下面是用 Algol 68 来演示上文中 Algol 60 的示例：

```
( print("Computergeschichten") )
```

Algol 语言虽然自始至终都非常小众，但它确实已经比 Fortran 以及 Cobol 更容易掌握。而且它也已经脱离了穿孔卡片的模式。

8.7　BASIC——开机，开动（1964 年）

语言	地点	时间	发明者
BASIC	美国（汉诺威）	1964 年	约翰・G. 凯梅尼、托马斯・E. 库尔茨、玛丽・肯尼斯・凯勒

那些熟悉当前各种编程语言的人，可能会认为我把 BASIC 也称为里程碑的举动纯属多余，但这门语言确实可以说是家用计算机时代的重要组成部分。甚至有大胆的论断声称，如果没有 BASIC，家用计算机将永远不会以这种形式存在。

20 世纪 80 年代后期，我开始摸索着在 C64 上用 BASIC 编写程序。它是我接触的第一门编程语言，尽管经常有人对我说，BASIC 其实不能算是一种编程语言。那个时候，杂志后面会附赠几页长的 BASIC 代码列表，我们抄写这些代码，试着东修西改，就这样迈进了编程的大门。这些程序本质上都很简单，不过我就是凭借这样的方式学会了对输入和输出进行处理。而且 BASIC 几乎无处不在，差不多在每个系统上都可以找到。还买不起软盘驱动器的我，就用 Datasette 把自己的程序备份在盒式磁带上。当然，在没有存储介质的情况下，我也完全可以用 BASIC 编写程序。后来在学校的计算机课上，坐在 IBM-PC 前的我如鱼得水，不仅能拿到这门课的好分数，还能做各种想做的事，这当然要归功于 BASIC 语言。

BASIC 是一种命令式语言，程序由一连串的命令组成，这些命令告诉计算机在什么时候使用哪个变量执行什么。用户仍然可以在程序中使用 GOTO 指令灵活地跳来跳去，而无须定义变量和函数。总之，可以往里写任何如今被称为草率代码的内容。为了让 GOTO 知道该跳去哪里，

BASIC 在每一行指令前面都标注了数字编号。

BASIC 的出现要大大早于 C64 时代，它是 1964 年由达特茅斯学院的约翰·G. 凯梅尼、托马斯·E. 库尔茨、玛丽·肯尼斯·凯勒开发的。它的开发目的显然是希望使编程对初学者来说变得更加容易（与 Fortran、Cobol 或 Algol 相比）。BASIC 在当时对学校是免费的，是学校计算机课上经常教授的语言。计算机制造商很快也为他们的小型计算机提供了 BASIC 解释器，因此有越来越多的中产阶级或早或晚地接触到了这种语言。

等到第一批微型计算机诞生，BASIC 也恰好顺应了 20 世纪 70 年代中期的业余爱好者的需求。BASIC 非常适合这些存储空间有限的设备，20 世纪 80 年代的家用计算机便是在此基础上应运而生，几乎其中的每一台都包含了一个 BASIC 解释器作为用户界面。别忘了，BASIC 也是微软在推出 MS-DOS 前的第一个主要产品。比尔·盖茨还为 Altair 8800 开发了第一个 BASIC 方言。即使在 MS-DOS 操作系统上，BASIC 一开始也占据了一席之地。然而，事情就是从那个时候开始发生了变化，C 语言等高级语言开始博得更多用户的青睐。

总而言之，作为一个计算机爱好者，在当时是不可能不接触 BASIC 语言相关知识的，哪怕计算机专家艾兹格·迪科斯彻这样激情昂扬的批评家曾说过：当学生被 BASIC“污染”之后，就很难教会他们如何正确地编程了。

我们来试试执行 BASIC 命令。例如，输入：

```
PRINT "Computergeschichten"
```

这是用 PRINT 命令输出文本“Computergeschichten”，我们也可以直接用 PRINT 命令输出计算结果。例如：

```
PRINT 500 / 22
```

这一条命令输出的是除法的结果。你也可以使用 C64–BASIC 中的 SQR 函数来开平方根：

```
PRINT SQR(5.33)
```

图 8.4　图中是以直接模式执行各条 BASIC 命令

如果你在 BASIC 命令前输入一个行号，解释器会将此行记录为程序的一部分并将其存储在内存中，或者用它去替换具有相同行号的现有程序。对于我们的第一个 BASIC 列表，我首先在命令行中输入以下指令，用软重置来重置内存：

```
SYS 64738
```

现在要编写一个 BASIC 小程序，你只需把以下带有行号的列表输入进去：

```
10 JAHR=1900
20 PRINT “ZEITMASCHINE”
30 PRINT JAHR
40 JAHR = JAHR + 10
50 IF JAHR <= 2010 GOTO 30
60 PRINT “GEGENWART - ”;JAHR
```

输入列表后，你可以使用 RUN 和回车键启动它。在第 10 行中，变量 Jahr（年份）被初始化为 1900。第 20 行输出文本 Zeitmaschine（时间机器）。第 30 行输出变量 Jahr 的当前值。在第 40 行中，将变量的值

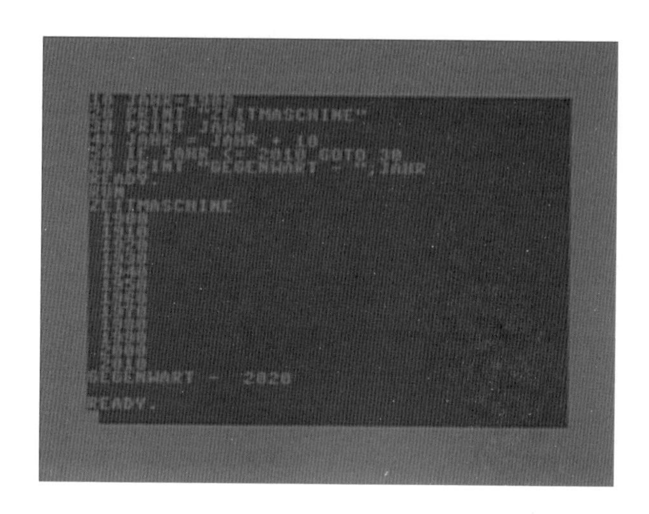

图 8.5　C64 上的最小的 BASIC 程序，其中包含了大名鼎鼎的 GOTO 指令

增加 10。第 50 行，检查 Jahr 的值是否（IF）小于或等于 2010。如果此条件为真，则执行那条任性的 GOTO 跳转指令，跳转到第 30 行，变量的值再次增加 10。这个过程反复执行，一直到 Jahr 的值大于 2010。这个时候将不再调用 GOTO 指令，程序继续执行第 60 行的内容。你可以随时使用 LIST 命令显示内存中 BASIC 列表的内容。

如今，BASIC 语言已经基本退出了历史舞台。但 BASIC 解释器仍然存在，不过它们也不再被直接使用，行号同样也已经被取消。

微软在 1991 年开发了 Visual BASIC，再次引发了人们对 BASIC 的兴趣。这是一个用于 Windows 可视化开发环境的编程语言，借助它就能以非常简单的方式在图形用户界面上创建 Windows 应用程序。在第 4 版 Visual BASIC 之前，它仍然是一种解释型语言。在这个版本之后，就可以用 Visual BASIC 编译“真正的”程序。不过，Visual BASIC 与原来的 BASIC 并没有太大联系，它是一种结构化的、面向对象的语言。简单的文本输出在 Visual BASIC 的文本控制台中是这样的：

```
Module VBModule
    Sub Main()
        Console.WriteLine(“Computergeschichten”)
    End Sub
End Module
```

到版本 6 为止的 Visual BASIC 都属于经典版本。Visual BASIC .NET 则代表了新的 Visual BASIC 时代，它们不再是经典 Visual BASIC 的直接沿袭，而是在很大程度上重新开发并且融入 .NET 框架之中。

8.8 Pascal——远离意大利面代码（1971 年）

语言	地点	时间	发明者
Pascal	瑞士（苏黎世）	1971 年	尼克劳斯·沃斯

与 Algol 一样，Pascal 编程语言也为推动结构化编程做出了重要的贡献。它于 1971 年由尼克劳斯·沃斯在苏黎世联邦理工学院发布。他之前曾为 Algol 60 开发了一个后续版本——Algol W。而 Algol W 的进一步发展促成了 Pascal 的诞生。因此我们可以认为，Pascal 是在 Algol 的基础上发展起来的。

尼克劳斯·沃斯的目标是编写一种能够促使他的学生采用结构化编程的语言，让他们远离“意大利面代码”。他成功地使这门语言成为计算机教学中的重要语言。Pascal 在计算机科学领域流传甚广，对它的成功起到促进作用的，还包括各种带有说明和练习的手册，这在当时是前所未有的。

Pascal 的第一个版本仍然是在 CDC 6600 超级计算机上运行，但家用计算机领域的第一批追随者很快就出现了。Pascal 真正流行起来，是凭借 1983 年宝兰公司推出的 Turbo Pascal 版本。在这个版本中，Pascal 新增了不少有趣的概念，甚至发展成为一种面向对象的语言。

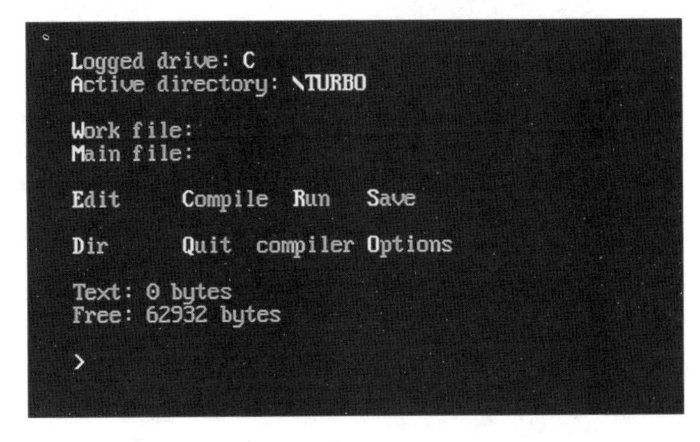

图 8.6 Turbo Pascal 1.0 是第一个将编译器和编辑器结合在一个界面上的编程语言

Pascal 其实完全有可能成为今天的 C 语言。与当时的其他语言不同，它易于学习且功能强大。甚至在 C 语言之前，它就已经有了用于超级计算机 CDC 和克雷（Cray）的编译器。当然，有一些特质是它不具备的（例如接近硬件的编程），但这些完全可能在几年时间里通过标准化得到补充。尼克劳斯・沃斯曾将该语言设计为针对学生的教学语言，然而他没有继续打磨 Pascal，而是创造了新的语言 Modula–2 和后来的 Oberon。不过，这两种语言都没有 Pascal 那样成功。

我们回到 Turbo Pascal 的开发环境，它彻底改变了当时开发工具的市场。后来还在微软参与 .NET 工作并且负责编程语言 C# 和 TypeScript 的安德斯・海尔斯伯格也参与了设计 Turbo Pascal 的工作。他开发了编译器，宝兰公司为它开发了用户界面。在此之前，使用已有的编译器或解释器去运行这些程序总是非常困难，那时还没有多任务处理。在 Turbo Pascal 上，用户现在可以在一个界面下找到编辑器、编译器以及后来的调试器，而无须更换或退出程序。这个开发环境成为 20 世纪 80 年代许多开发人员、中小学生和大学生的标准应用程序。可以这样说，如果没有 Turbo Pascal，Pascal 语言也不会流行这么长时间。

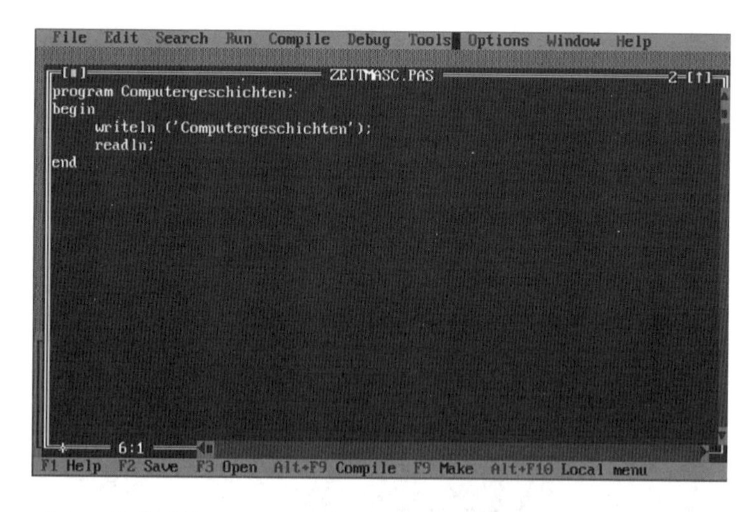

图 8.7　来自宝兰公司的 Turbo Pascal（这里已经是较新的版本 7）拥有许多追随者。图片中使用的是在线模拟器

随着 20 世纪 90 年代初期 Visual BASIC 的引入，Turbo Pascal 失去了它的重要地位。它的继承者是支持编程语言 Object Pascal 的 Delphi 开发环境，借鉴了 Visual BASIC 的方法，可以通过一个图形用户界面

快速而便捷地创建应用程序。这意味着，至少在一段时间内，Pascal 语言又获得了新生，被转化成了一种称得上现代的语言。Delphi 后来被 CodeGear 收购，现在由 Embarcader 在互联网上进行销售。

8.9 Smalltalk——面向对象（1972 年）

语言	地点	时间	发明者
Smalltalk	美国（施乐帕克）	1972 年	艾伦・凯、丹・英格尔斯、阿黛尔・戈德堡

Simula 67 是面向对象编程语言的第一个先驱，它是由奥斯陆大学的奥利－约翰・达尔于 1967 年设计的，用于对离散事件系统进行仿真实验。类和对象这两个概念首次出现在了编程语言中。第一种纯面向对象的编程语言是 Smalltalk，它与许多其他新发明一样，起源于施乐帕克研究中心。在 20 世纪 70 年代，除了丹・英格尔斯和阿黛尔・戈德堡之外，艾伦・凯（在 4.1.1 节中提出动态笔记本概念的那位先生）也参与了 Smalltalk 的开发。它的第一个标准化版本在 1980 年以 Smalltalk-80 的名称发布。除了借鉴了 Simula 的类的概念，Smalltalk 还受到 Lisp 的垃圾回收算法的影响。

在这里，所谓“纯”面向对象，意味着一切都是对象，包括用于展示的数据、数字或字符，都被作为所属的类的对象而实现。对象是带有方法（或者也称为函数）的数据——换句话说，就是数据和方法合为一体。在 Smalltalk 中，一切都是对象，不存在简单的数据类型。这在 C++ 等其他面向对象的语言中是不可能的。

这种语言基于自然语言，由于它所包含的语言结构相对较少，因此比较容易学习。创建者的用意在于，希望使用者通过阅读代码就能看懂这种语言。下面仍旧是一个关于输出文本“Computergeschichten”的例子：

```
Transcript show: ‘Computergeschichten’
```

这门语言使用一个虚拟机，可以把编程期间对代码所做的任何改动立即转换为字节码。在运行时，这些字节码被中间解释器转换成机器指令。这使得 Smalltalk 可以独立于计算机架构，在不同的操作系统和不同的接口下运行，由此省略了长时间的编译过程。

Smalltalk 在 20 世纪 80 年代无法与 C++ 相抗衡，与其说是语言本身的原因，不如说是缘于 Smalltalk 对硬件有一定的要求，而当时只有昂贵的工作站才能达到这样的性能。所以说，这种语言比它的时代超前了 10—15 年。这也意味着 Smalltalk 的用户数量并不大。C 语言作为一种非面向对象的语言占领了市场，但随着图形用户界面的出现，面向对象的 C++ 也问世了，许多原先使用 C 语言的开发人员也开始使用 C++。

到了 20 世纪 90 年代，Smalltalk 被用于专家系统等领域。IBM 等较大的公司也开始在项目中使用 Smalltalk。但 Java 的出现很快就结束了 Smalltalk 的短暂兴盛。虽然今天仍然有人使用 Smalltalk，但它始终是一个小众产品。

面向对象的编程

面向对象的编程是很难在这里用三言两语解释清楚的。不过，至少你应该知道，面向对象的编程（object oriented programming，OOP）不再像经典的面向过程编程那样，将数据和代码分开。属于面向过程的语言有 Fortran、Cobol、Algol、C 以及 Pascal。在 OOP 的情况下，数据和代码被封装在一个对象中。要访问这个对象的数据，就只能通过对象本身提供的接口。在很多 OOP 语言中，这种对数据和代码的封装并不是绝对必要的，开发者可以自由定义它的对象。

8.10 C 语言——铸就传奇（1972 年）

用 C 语言或 C++ 编程，就像不戴任何防护装置使用电锯。

——鲍勃·格雷

语言	地点	时间	发明者
C	美国	1972 年	丹尼斯·里奇

6.2 节“UNIX 的开发（1969 年）”中，我们已经了解了 C 编程语言在 UNIX 的发展过程中是如何产生的。不过我略过了丹尼斯·里奇和布莱恩·克尼汉开发的其他编程语言，它们是通向 C 语言的一个中间步

骤。如前所述，UNIX 最初是用汇编语言编写的，后来才用 C 语言重新编写了它的内核。

最初，来自贝尔实验室的两位开发者，是想为 UNIX（当时的名称还是 Unics）开发一种用于系统编程的编程语言。由于他们只有一台主存十分有限的（8KB）PDP–7 可供使用，所以当时流行的其他编程语言如 Fortran、PL/I 或 Algol 68 都不适用。于是他们决定修改和精简由马丁・理察兹在 1966 年开发的 BCPL 编程语言，一种来自 Algol 家族的语言，由此诞生了编程语言 B。由于 PDP–7 的硬件资源十分有限，导致 B 语言缺少一些 BCPL 所具有的重要特征，这会使翻译过程变得更加烦琐。比如说它只包含一种数据类型，只有在使用运算符或函数时才被赋予含义。因此 B 语言是一种无类型语言。PDP–7（主存 8KB）被 PDP–11（主存 24KB）取代之后，UNIX 被移植到了 PDP–11 上。于是，用 B 语言编写的程序现在也可以在 PDP–11 上执行了。随着为 PDP–11 和 UNIX 编写的软件越来越多，B 语言的弱点也更清楚地暴露了出来。用 B 语言输出文本 “Computergeschichten” 的程序如下所示：

```
main() {
    printf(“Computergeschichten”);
}
```

B 语言中已经包含了许多后来出现在 C 语言中的语言属性。丹尼斯・里奇又对 B 语言做了更为彻底的修改，由此形成了编程语言 NB（New B）。B 语言仍旧需要依赖解释器，而 NB 只需要经过编译器编译，如此一来速度就大幅提高了。1969—1970 年间，C 语言的第一个版本制作完成。3 年之后，已臻成熟的 C 语言被用来重写了 UNIX 内核。C 语言的目标之一就是使它编写的程序能够移植到其他计算机。UNIX 的源代码被提供给公司、大学以及各种机构之后，UNIX 开始迅速传播，C 语言也随之广为流传，逐渐成为最重要的编程语言之一。下面是用 C 语言输出 “Computergeschichten” 的一个程序示例：

```
#include <stdio.h>

int main() {
  printf(“Computergeschichten\n”);
```

```
    return 0;
}
```

起初C语言中还不存在标准。1989年，布莱恩·克尼汉和丹尼斯·里奇合著的《C程序设计语言》[1]一书一经出版便被奉为圣经，书中介绍的C语言标准也被人们称作K&R C，即K&R标准。但随着时间的推移，C语言不断扩展，UNIX编译器也并没有精确地实现K&R规范，因此，对C语言进行标准化势在必行。1983年，美国国家标准协会（ANSI）开始涉足这项工作，并于1989年发布了ANSI X3.159–1989标准（C89）。一年后，国际标准化组织（ISO）采用了原先的纯美国标准作为国际标准，即ISO/IEC 9899:1990（C90）。C89和C90指的是同一个版本。C编程语言今天仍然非常流行，并在工业和开源领域得到广泛应用。经过几番修订，C99和C11分别于1999年与2011年发布，如今的现行标准为C18。不过与C11相比，C18只是新增了错误修复。

说到这里要提一下的是，并不是每个人都乐于看到像C语言这样的编程语言传播得如此广泛。使用C语言，是一种非常接近硬件或系统的编程，针对编程错误的保护措施就不太起作用，这就带来了很多不安全因素。“C语言用户必须知道自己在做什么”这句话并不是一句儿戏，毕竟C语言被设计为一种用于创建系统软件的语言，考虑得更多的是计算机的工作方式，而不是程序员本身。

8.11 C++——包含“类”的C语言（1983年）

> C语言可以让你轻松地用枪打到自己的脚；用C++更难一些，但如果你能做到，它会打飞你的整条腿。
>
> ——本贾尼·斯特劳斯特卢普

语言	地点	时间	发明者
C++	美国	1983年	本贾尼·斯特劳斯特卢普

这句话是C++开发者本贾尼·斯特劳斯特卢普亲口说的，他并没

[1] 原英语书名为：*The C-Programming Language*。

有开玩笑。在剑桥大学求学期间，他在写博士论文的过程中深入了解了Simula和BCPL这两门编程语言，很快就注意到了它们的缺点。比如，Simula语言的结构妨碍了编写程序的效率，而BCPL则不太适合大型项目。

在贝尔实验室，他在研究分布式计算环境的UNIX操作系统内核的同时，向C语言添加了“类”。他向C语言中融入了其他语言里已经存在的各种概念，比如Simula 67中的类概念、Algol 68中任意位置的变量声明、ADA或ML中的模板理念和异常处理机制。UNIX平台和C语言在当时已经相当普及，C语言还很容易移植到其他平台并快速生成代码。建立在这两个绝佳的基础之上，斯特劳斯特卢普添加了类概念的C语言很快就流传开来。1983年，带有类的C语言更名为C++，同时综合进了许多其他概念。C++语言进一步发展的过程中，还产生了一个标准库，它由一个输入/输出流库组成，用来替代传统的C语言输入/输出函数，如printf()或scanf()，后来还添加了惠普实验室开发的标准模板库（STL）。

C++渐渐地从C语言中脱离了出来，在应用程序开发的广阔领域中站稳了脚跟。1998年，C++被ISO标准化，它的第一个标准化版本是ISO / IEC 14882: 1998，简称为“C++ 98”。C++现在仍活跃在各个领域，先后推出了C++ 11和C++ 14，现在的最新版本为C++ 20。下一代的计划也很可能已经确定。

用C++实现文本输出“Computergeschichten”，如下所示：

```
#include <iostream>
using namespace std;

int main()
 {
      cout << “Computergeschichten” << endl;
       return 0;
}
```

或者用同样的例子来演示一下OOP的方法，只需先创建一个“Zeitmaschine”类的对象，然后用hello()方法输出：

```
#include <iostream>
using namespace std;

class Zeitmaschine { // Die Klasse Zeitmaschine
  public:// Zugriff festlegen
    void hallo() {// Methoden/Funktion
          cout << "Computergeschichten" << endl;
    }
};#

int main() {
  Zeitmaschine maschine01; // Neues Objekt Zeitmaschine anlegen
  maschine01.hallo();// Die Methode hallo() aufrufen
  return 0;
}
```

如果你想亲自尝试这些例子，仍旧可以在网上找到许多在线编译器。如前所述，C++ 已经征服了世界各地的无数开发人员，至今仍旧是一种非常受欢迎的语言。不过，也不是所有人都是它的拥护者。当时有不少人希望 C++ 能从 C 语言中彻底分离出去，这样就不会因为一个错误而把整条腿都扯掉了。

这个愿望很快就通过 Java 实现了。

8.12 Objective-C——苹果的语言（1984 年）

语言	地点	时间	发明者
Objective-C	美国	1984 年	汤姆·洛夫、布拉德·考克斯

或许有人觉得，Objective-C 语言的影响并不足以使它在这里占据一席之地。不过，每一个拥有苹果公司产品的人都免不了和它打交道，因为苹果产品的所有应用程序都是由这门语言编写的。当前，苹果公司发布了新的 Swift 编程语言，已经在应用程序的开发中取代了 Objective-C，但 iOS 操作系统中的大部分代码仍旧是用 Objective-C 编写的。下面的例子是用 Objective-C 语言来输出“Computergeschichten”：

```
#import <Foundation/Foundation.h>

int main (int argc, const char * argv[])
{
   NSAutoreleasePool *pool = [[NSAutoreleasePool alloc] init]; NSLog
(@"Computergeschichten");
    [pool drain];
    return 0;
}
```

Objective-C 并不是 iPhone 应用程序在手机行业掀起革命的时候才出现的，它的诞生要追溯到 40 年前。苹果公司在 2001 年推出的 Mac OS X 操作系统就是基于 Objective-C 开发的，NeXTStep（OS X 的前身）同样建立在它的基础之上。但 Objective-C 并不是苹果公司或者史蒂夫·乔布斯本人的发明。

Objective-C 的发明者是布拉德·考克斯和汤姆·洛夫。20 世纪 80 年代，这两位开发人员正在寻找一种可以提高程序员生产力的编程语言。面向对象的编程语言 Smalltalk 80 的出现，使考克斯和洛夫大受启发。两人立即意识到了 OOP 的优势，尤其是它可以大幅提高编写新程序的速度，也就是说，程序员可以使用现有代码而无须一次又一次从头开始。

他们想到把 Smalltalk 与 C 语言结合，并将他们的版本称为 OOPC。当时的新语言 C++ 同样将 C 语言与面向对象的构想结合起来，与 C++ 相比，考克斯和洛夫的版本要简单一些。为了将自己的想法推向市场，他们创立了 PPI（Productivity Products International，后来更名为 Stepstone）公司，并把新语言重新命名为 Objective-C。

公司的主要业务是销售用 Objective-C 编写的对象库，以及向客户出售 Objective-C 语言的使用许可，因为不少客户有自行调整或开发新功能的需求。史蒂夫·乔布斯就是其中的一员，他在 1988 年购买了 Objective-C 的许可权，把它用作 NeXTStep 开发环境的语言。这门语言不断与新的构想结合，始终没有停下发展的脚步，但 Stepstone 公司的业务却有到头的那一天。1995 年，Stepstone 把 Objective-C 的所有权利卖给了 NeXT，而苹果公司在一年之后收购了 NeXT（同时史蒂夫·乔布斯重回苹果），从而获得了 Objective-C 的所有权利，并接手了这门语言的后续开发工作。

Objective-C 也属于 C 语言的扩展，这意味着任何 C 语言程序都可以用 Objective-C 编译器编译。

8.13 Perl——“瑞士军用电锯”（1987 年）

> Perl 是唯一一种在 RSA[1] 加密前后看起来没有什么区别的语言。
>
> ——基思·博斯蒂克

语言	地点	时间	发明者
Perl	美国	1987 年	拉里·沃尔

上面引用的基思·博斯蒂克的话已经表明，Perl 语言是一种适合专业人士操作的语言，而不是一种随便什么人都能学会的语言。不过，一旦了解了 Perl 的优点，你就会发觉几乎没有什么是它解决不了的。Perl 语言这种极端的多功能性以及相比之下较为复杂的用法为它赢得了一个亲切的外号——“瑞士军用电锯”，暗指它像瑞士军刀一样包含了复杂的功能。

在用正则表达式处理文本类型的数据方面，Perl 尤其能显示出自身的优势。拉里·沃尔也正是出于这个目的在 1987 年开发了 Perl。作为管理员和程序员，他接受了一个为美国国家安全局（NSA）开发安全网络的任务，为其创建用于监控和远程维护的工具，主要任务是从日志文件生成报告。尽管功能强大的 UNIX 工具是现成的，例如 sed、awk 和 grep，而且拉里·沃尔自己也使用 C 语言，但他想要把所有东西都融为一体。Perl 语言因而可以被认为是 C 语言和许多 UNIX 工具（如 sed、awk 或 grep）的综合体。他在 Usenet 上以 Perl 1.0 的名称发布了 Perl 的第一个版本。作为信徒，拉里·沃尔原本想用马太福音中的“珍珠”（Pearl）一词作为名称，可惜这个名称的编程语言已经注册过了。Perl 是一种用 C 语言编写的解释器，即一种将 Perl 脚本保存为文本文件的脚

[1] RSA 加密算法是一种非对称加密算法，加密和解密使用不同的密钥，它是现代密码学的代表。

本语言。

Perl 奉行的原则是："不止一种解决方法"（There is more than one way you can do it）以及"使简单的工作变得容易，使困难的工作成为可能"（Perl makes easy jobs easy and hard jobs possible）。这些原则很好地概括了 Perl 的特点。程序员拥有很大的自由，可以用数不清的方法来解决问题。所以快速轻松地完成（复杂的）任务也一直是 Perl 擅长的领域。

长期以来，Perl 还被用作通过 CGI 脚本创建的动态页面的网络开发语言。这些 CGI 程序是在网络服务器上运行的，而不是在用户的网络浏览器中。如今，在系统管理领域，Perl 仍然发挥着巨大的作用，尤其在处理大量数据方面。因此，Perl 非常适用于金融领域的大数据。

Perl 语言一直在成长，目前的版本是 5.32。早在 2000 年，Perl 6 的设计工作就开始了，但直到 2019 年才发布，并且更名为 Raku。Raku 也属于 Perl 编程语言家族中的一员。不过 Raku 的解释器和基础结构已经完全重新开发，与 Perl 5 的兼容性并不是设计思路的重点，尽管并不排除两者互操作的可能性。总之，Perl 语言经历了一番去芜存菁，并被赋予了新的功能。

8.14　Python——"瑞士军刀"（1990 年）

语言	地点	时间	发明者
Python	荷兰（阿姆斯特丹）	1990 年	吉多·范·罗苏姆

Python 是当前非常流行的一种编程语言，它在应用上的丰富可能性，为它赢得了"编程语言中的瑞士军刀"的称号。今天，Python 广泛应用于各个信息学领域，例如网络开发、数据分析、系统管理、自动化、人工智能、机器学习、微控制器……Python 还可以与人工智能等学科相结合，在科研领域也具有举足轻重的地位。

这种语言是开源的，学习起来也相对容易。尽管它看起来像是一种较新的语言，但它的根源其实可以追溯到 30 年前。它是由阿姆斯特丹数学研究中心的吉多·范·罗苏姆于 1990 年开发的。罗苏姆当时参与设计了用于教学的 ABC 语言，在它的基础上开发了这种新的编程语言。它的名称，其实与蛇并无关联，尽管媒体经常围绕"蟒蛇"大做文章。实际上，这个名称是为了致敬因《飞行马戏团》系列而闻名的英国喜剧团体蒙提·派森（Monty Python）。

8.15 Java——不仅仅是一个岛屿（1991—1992 年）

语言	地点	时间	发明者
Java	美国	1991—1992 年	詹姆斯·高斯林（太阳微系统公司）

Java 的历史可以追溯到 1991 年的“绿色项目”，众多开发者在太阳微系统公司的召集下参与了这个项目，其中一位（主要）开发人员是詹姆斯·高斯林。项目的初衷并不是开发另一种编程语言，而是一个完整的操作系统环境，用于智能家电控制。那个时候，Java 还被称作 Oak（Object Application Kernel，对象应用程序内核）。然而 Oak 这个名字已经存在了，于是人们改称它为 Java（爪哇）。我们都知道，同名的咖啡品种便起源于这个岛屿。

时光倒回到 Oak 开发前一年，即 1990 年，“绿色项目”开发了一种基于 5 英寸触摸屏的设备控制原型，它的图形用户界面被称为 * 7。这个设备可以满足遥控、电子编程手册、日程表等各种功能。为此，他们移植了最小版本的 UNIX，并且利用闪存实现了文件系统。他们首先考虑使用 C++ 作为编程语言，但 C++ 显然并不适合，会给开发人员造成过多困难。因此，詹姆斯·高斯林着手为 * 7 开发一种新语言。它必须满足一系列的要求，包括网络支持、安全性、稳定性、独立于平台、程序小巧以及句法简单。

1992 年夏天，高斯林完成了新语言的开发，并把它命名为 Oak。* 7 设备就是第一个基于 Oak 的应用程序。用户通过一个名为 Duke 的图形助手就可以与 *7 进行交互，Duke 便成为 Java 的吉祥物。在 Oak 解释器上运行的操作系统在当时被称为 Green OS。

* 7 引起了太阳微系统公司的注意，绿色项目被转化成了 First Person 有限公司，开始营销 * 7 设备。然而，这款设备从未真正上市。当他们听说时代华纳正在征求一个电视机顶盒系统时，便立刻改变了目标，提出了一个机顶盒平台的方案。但他们在这个方向上的努力也没有任何进展。

1994 年，First Person 有限公司宣告破产。随着互联网的繁荣，新的市场不断打开。太阳微系统公司很快意识到了独立于平台的编程环境的重要性，便打算凭借 Oak 打入这个市场。显而易见，Oak 已经具备了

图 8.8　运行中的 HotJava 网络浏览器，

你可以通过网站 http://www.dejavu.org/hotjawin.htm 模拟这款网络浏览器

投入网络应用的所有属性。于是，Oak 成为 Java。项目组成员仿照第一个图形化网络浏览器 Mosaic，开发了一个基于 Java 的网络浏览器——WebRunner，后来更名为 HotJava。但真正习惯于使用这款网络浏览器的用户并不多。

当网景公司宣布，将 Java 嵌入网络浏览器网景导航者时，Java 终于迎来了重大突破。导航者在 1995 年上市。1996 年 1 月，开发工具 JDK 1.0[1] 发布，绿色项目的其余成员成立了 JavaSoft 分公司，为 Java 的胜利进军铺平道路。借助 JDK 1.0，程序员可以编写 Java 应用程序和 Web 小程序。Java 小程序具有极高的可移植性，可以在 Windows、Mac 和 UNIX 工作站上运行，只需在客户端安装 Java 虚拟机软件。Java 虚拟机主要负责把 Java 小程序生成的字节码解释成具体系统平台上的机器指令，如此就不再需要额外的编译器。用 Java 语言来输出文本“Computergeschichten”的示例如下：

```
public class Main
{
    public static void main(String[] args) {
    System.out.println(“Computergeschichten”);
  }
}
```

[1]　Java Development Kit，是太阳微系统公司针对 Java 开发人员发布的免费软件开发工具包。

此后，桌面应用程序渐渐风光不再，服务器应用程序开始大行其道。2010 年，甲骨文收购了太阳微系统。

与此同时，Java 也日渐式微。如今，交互式网页找到了更适合的编程语言，例如 JavaScript 或者 PHP。有些情况下甚至建议卸载 Java，因为存在严重的安全漏洞。

微软、Java 和 C#

起初，微软也把 Java 语言使用在了 Windows 中，他们研发了 Visual J++ 作为开发环境的一部分，以及微软 Java 虚拟机作为 Java 语言的运行环境。为此，他们从太阳微系统取得了 Java 的许可。不过微软添加了许多并不符合 Java 标准的扩展，给这种独立于平台的语言打上了 Windows 的烙印。这导致使用 J++ 创建的应用程序无法在其他平台上运行。太阳微系统于是起诉了微软，他们的诉求得到了法院的支持。微软随后停止了 J++ 的研发，将全部精力投入到 .NET 框架开发中。他们开发了自己的编程语言 C#，作为对 Java 和 C++ 的回应。

但是，C# 仿佛随着 .NET 框架一同在 Windows 平台上“定居”了。虽然也存在 Mono 这样的项目，致力于把 C# 移植到其他系统，并且得到了微软的支持，但 C# 总是没有摆脱边缘化的处境。不过，在未来这点或许会有改观，因为微软已经宣布，.NET 5.0 将会在很大程度上不依赖于平台。

8.16 PHP——“人人讨厌 Perl”（1994 年）

语言	地点	时间	发明者
PHP（Hypertext Preprocessor，超文本预处理器）	加拿大（多伦多）	1994 年	拉斯姆斯·勒多夫、安迪·古曼兹（自 PHP 2 起）、泽埃夫·苏拉斯基（自 PHP 2 起）

PHP 脚本语言的历史并不长，但大量网络应用程序基于这种语言，它也是今天最常用的网页编程语言之一。在 1998 年前后，大约只有 10% 的网络服务器借助 PHP 运行，但到了今天，网络托管服务商预装 PHP 已经成为一种标准做法。大多数 CMS（Content-Management-Systeme，内容管理系统）如 WordPress、Joomla、Drupal、TYPO 3 等是基于 PHP 的。当然，PHP 并不是“人人讨厌 Perl”（People hate

Perl）的缩写，而是代表了“个人主页”（Personal Home Page）。

PHP的发明者拉斯姆斯·勒多夫在1994年到1995年间开发的第一个版本还是一个Perl语言的脚本集合，用于记录和统计自己网站的访问情况。他把这个版本称为个人主页工具。之后他编写了一个内容更加丰富的版本，其中包含一些附加功能，例如用C语言编写的数据库链接——如今PHP也在用C语言编写扩展。他把他的第二个版本称为PHP/FI，FI表示表单解释器。它虽然与Perl颇为相似，但局限性却要大得多。拉斯姆斯·勒多夫随后公开了PHP/FI的源代码，使它成为开源程序，以便得到来自其他程序员的代码片段的补充。同时，他自己也在不断继续打磨PHP/FI。

PHP/FI开始被越来越多的人用作网站CGI工具，但还算不上一种真正的编程语言。到了1998年，在大约60 000个域里面，估计有1%使用了PHP。

由于PHP / FI 2.0尚不具备很多重要特性，并不适合电子商务应用之类的领域，来自特拉维夫的安迪·古曼兹和泽埃夫·苏拉斯基主动联系了拉斯姆斯·勒多夫，与他讨论了PHP的新发展。1997年，三人开始重新编写PHP。新语言以PHP的名称发布，这三个字母是Hypertext Preprocessor的递归首字母缩写词。PHP 3版本一经推出，这门语言便进入了突飞猛进的发展轨道。多样的扩展可能性吸引了更多开发人员的参与。到了1998年，在使用PHP的服务器中，PHP 3已经占到了10%。

古曼兹和苏拉斯基在发布PHP 3后马不停蹄地投身到了向更复杂的应用程序提供支持以及改进模块化的工作中。2000年，他们发布了Zend引擎作为PHP的核心，而PHP 4就是这套崭新的Zend引擎的第一个实作产品。随着互联网的发展，把脚本语言用于动态网站创建的需求越来越大。从PHP 4开始，PHP已经成为最流行的网络开发语言，甚至超越了当时占据支配地位的Perl语言。从语言本身来说，PHP相对Perl并没有明显的优势，但它是为网络开发量身定制的，而且更容易学习。

目前，PHP在网络编程中仍然非常受欢迎，但是在网络开发领域，它的光环日渐黯淡。JavaScript和Python已经拥有了与它不相上下的影响力。

8.17 JavaScript——“JavaScript 无处不在”（1995 年）

语言	地点	时间	发明者
JavaScript	美国	1995 年	布伦丹・艾奇（网景）

JavaScript 在今天的重要意义是不容置疑的。网络浏览器、服务器、桌面甚至移动设备中的无数应用程序当前都是用 JavaScript 编写的。JavaScript 原本是专门为网络页面开发而创制的，但现在却被广泛应用于各种应用程序，甚至是游戏。你在这本书里看到的许多模拟器是基于 JavaScript 语言开发的。它可以在任意一个浏览器中运行，几乎不依赖于系统。在服务器端（或者说网络浏览器之外），Node.js 赢得了良好的口碑，而移动应用的开发人员则偏爱 React Native。它们也都是用 JavaScript 语言编写的。

JavaScript 的历史始于 1995 年，当时网景公司推出了最新版本的网络浏览器——网景导航者 2.0，它包含了一种可动态改变 HTML 页面的新语言——LiveScript。LiveScript 的解释器据说是由布伦丹・艾奇在短短 10 天内开发的。这个最初版本能够实现的功能还非常有限，但用户至少已经可以动态访问 HTML 文档。

通过与太阳微系统的合作，网景公司试图借助 LiveConnect 接口把 LiveScript 与 Java 小程序融合在一起，LiveScrpit 也相应地被重新命名为 JavaScript。随着 1996 年 Netscape Navigator 3.0 的发布，它所内置的添加了新功能的 JavaScript 1.1 也进入了公众的视线。LiveConnect 则作为一个不可更改的组成部分，被保留在网络浏览器中。

与此同时，微软推出了 Jscript 予以回击，这其实是一个针对 IE 浏览器的 JavaScript 变体。它涵盖了 JavaScript 的全部功能，还拥有负责 Windows 操作系统其他任务的独创指令。著名的浏览器大战由此拉开了序幕，相关内容我将在本书的 10.3.3 节做详细介绍。这场争端的后果，最终是由网络程序员和网络浏览器用户来承担的。网络程序员不得不绞尽脑汁同时为两个版本编写代码，这意味着加倍的工作量，不然的话，就必须立即做出决断，到底是用 Netscape Navigator 还是 Internet Explorer 来查看网页。

为了终结这种局面，JavaScript 的语言核心必须得到标准化。为此，欧洲计算机制造商协会成立了一个工作组，在 1997 年发布了 ECMAScript 的第一个版本（ECMA-262），它成为独立于平台的编程语言 JavaScript 的核心。然而，网络浏览器的标准是由万维网联盟制定的，这个标准被命名为 DOM（Dokument Object Model，文档对象模型）。1998 年，W3C 发布了 DOM Level 1 作为官方推荐。DOM 充当了用于创建网页的标记语言 HTML 和具有动态特征的 JavaScript 之间的接口。因而，JavaScript 语言根据 ECMAScript 进行标准化，而 DOM 则规定了对 HTML 上的文档进行访问和处理的标准方法。

ECMAScript 标准的第二个和第三个版本分别在 1998 年和 1999 年发布。除此之外，这种语言始终没有掀起什么波澜。第四版标准甚至没有最终发布，因为大家无法就 JavaScript 未来的发展方向达成一致。直到 2005 年，JavaScript 终于经历了质的飞跃。首先是 Ajax 的诞生，它允许通过 JavaScript 在后台与服务器交换数据来更新网页。这意味着可以更新网页的部分，而不需要重新加载整个页面。随后，数不胜数的 JavaScript 库便应运而生，比如 jQuery 或者 Prototype.js。JavaScript 成了网络开发者不可或缺的编程语言。

2008 年，谷歌推出的 Chrome 浏览器成为 JavaScript 的又一个火力加速器；与此同时，与浏览器一起使用的 V8 引擎作为开源发布，为 JavaScript 开辟了新的可能性。2009 年，瑞安·达尔基于谷歌的 V8 引擎开发了 Node.js。这是一个开源的 JavaScript 运行环境，提供了一种在网络浏览器之外运行 JavaScript 的途径，从而开创了所谓“JavaScript 无处不在”的范式。JavaScript 第五个版本也在这个时候问世。2010 年，AngularJS 和 Backbone 框架的出现，为单页面应用程序的普及打响了起跑的发令枪。2013 年，Facebook 同样开发了它的网络框架 React.js。

第九章
电子游戏和计算机游戏的历史

> 游戏能让成年人再次变得质朴天真，它提供了一种思考和记忆的方式。成年人本质上还是孩子，只不过对伦理和道德有了更多意识，仅此而已。
>
> ——宫本茂

这本书当然不能忽略了电子游戏和计算机游戏这个主题。即便不是每个人都喜欢游戏，但不容否定的是，这种类型的软件已成为推动计算机行业发展的强大力量。眼下的游戏行业正试图超越音乐和电影。而传统玩具行业，面对计算机行业的崛起，也承受着越来越大的压力，以至于连乐高这样的制造商也已跨入了数字游戏的世界。

计算机游戏是 21 世纪最具影响力的娱乐活动之一。由此发展出的 Let’s Play 模式[1]也证明了这一点。游戏玩家们把自己玩游戏的表现录成视频与他人分享，并且十分享受观众们的有趣评论。在 YouTube 上，这种类型的视频受到了极大的欢迎，比如 PewDiePie，它因 Let’s Play 而闻名，多年来一直是订阅人数最多的 YouTube 用户（如今排在印度音乐和电影公司 T 系列之后）。计算机游戏的积极与消极影响早已成为社会上的热议话题，尤其是在出现与计算机游戏相关的犯罪案件的时候。电子竞技也早已确立了自己的地位，在德国定期举办比赛并且设置了高额奖金：获胜者可以得到六位数的奖励。在职业电子竞技联盟（CPL，Cyberathlete Professional League）的世界巡回赛上，奖金额度已经打破了百万美元大关，知名选手们还可能得到回报丰厚的赞助合同。

不过在接下来的章节中，我并不打算去探查计算机游戏行业的概况，只是简短回顾一下电子游戏和计算机游戏的历史，并且从中挑选出一些经典产品与大家共赏。其中的许多游戏现在仍旧可以直接在网络浏览器或者在模拟器里运行。当然，不论是选择标准还是体验评价，里面难免会掺杂我个人的喜好。

---

[1] 这个术语起源于英语网络视频社区，指在玩计算机游戏的同时进行演示和解说，并录制上传到视频门户或者直接在平台上直播。

模拟器和 ROM 文件[1]

这里不得不指出，游戏的 ROM 文件受版权保护。即使这些游戏已经很长时间不再出售，它的版权仍然存在。尽管网络上轻易就能找到无数 ROM 文件的存档可供下载，但你应该清楚，下载这些 ROM 文件是非法的，只有购买原版才是合法的。虽然根据“合理使用”原则，即出于教育或者报道的目的（比如本书的情况），可以使用部分未经授权的内容，但是这个具有一定灵活性的概念并不是没有边界的。

另外，模拟器是被认定为合法的，因为它们只是模拟用于运行游戏软件的特定系统，只要不使用受保护的代码，就没有任何问题。但是一旦在模拟器上运行 ROM 文件，就涉足了法律的灰色地带，因为使用了受版权保护的软件。一些游戏制造商对此非常重视，尤其是任天堂，他们对模拟器的存在也非常反感，毕竟缺了（非法）ROM 文件，模拟器是没有任何意义的。

9.1 让我们玩起来吧——第一批游戏

最早的时候，玩游戏只是计算机的一种非常边缘的附带功能。毕竟这些设备在当时十分昂贵，没有人会想专门把它们用于游戏。用户最多是用计算机模拟棋盘游戏，实际目的也是研究人机交互和算法，这也为人工智能奠定了基础。

在第一批游戏出现的时候，完全谈不上公开发售，因为这些游戏通常只在研究机构或大学的大型机上运行，当时只有极少数人能够接触到此类设备。

9.1.1 第一款电子游戏（1947 年）

游戏	时间	平台	开发者
阴极射线管娱乐装置	1947 年	阴极射线管	小托马斯·T. 戈德史密斯、埃斯特尔·雷·曼

阴极射线管娱乐装置由小托马斯·T. 戈德史密斯和埃斯特尔·雷·曼

[1] ROM 文件源于原游戏机的 ROM 芯片或者 ROM 卡带，是记录数据副本的计算机文件，可以在计算机上通过游戏机模拟器运行。

设计，它被认为是第一款具有 CRT 屏幕（阴极射线管）的交互式电子游戏。游戏的玩法是控制导弹击中 CRT 屏幕的透明覆膜上的目标，整个游戏是通过一个按钮来调整飞弹航线与速度。这款从第二次世界大战雷达屏幕中获得灵感的机器从来没有出售过，只存在一台原型机。不过这个游戏并不是在计算机上运行的，所以从技术上讲，它不能算是计算机游戏，但它仍然不失为游戏世界的一位拓荒者。

9.1.2 《大脑伯蒂》（1950 年）

游戏	时间	平台	开发者
《大脑伯蒂》	1950 年		约瑟夫・凯茨

1950 年，约瑟夫・凯茨为在多伦多举办的国家展览会开发了《大脑伯蒂》（*Bertie the Brain*）。这是一台 4 米高的巨型机器，人们可以通过这台装置跟计算机玩各种难度级别的井字游戏。这款游戏使用了真正的计算机，是人工智能研究成果的首次展示。不过，装置没有电子屏幕，是在 3 × 3 的“棋盘”上使用灯泡来演示 X 和 O，也不太符合我们现在对电子游戏的理解，所以它更像是一台超大的传感器。

9.1.3 *Nim*——火柴游戏（1951 年）

游戏	时间	平台	开发者
Nim	1951 年		约翰・梅克皮斯・贝内特、雷蒙德・斯图尔特－威廉姆斯

Nimrod 是费朗蒂公司在 1951 年为英国的一个展览而开发的设备。在这台设备上可以与计算机对战 *Nim* 游戏。这是一款有着各种各样变体的古老游戏，其中的一个版本是：两个人轮流从一堆火柴中取走一定数量的火柴，谁不得不拿走最后一根火柴，谁就输了。同年，这个游戏还在柏林工业展上亮相，当时的经济部长路德维希・艾哈德亲身尝试了一局并且输给了人工智能。展览结束后，不再有任何用处的 Nimrod 机器就被拆解了。如果你身在柏林并想找 Nimrod 碰碰运气，可以去柏林电脑游戏博物馆，那里放着一台复制品。

9.1.4　第一款电子跳棋游戏（1952 年）

游戏	时间	平台	开发者
跳棋游戏	1952 年	IBM 701	亚瑟·L. 塞缪尔

第一款跳棋游戏是由 IBM 研究员亚瑟·L. 塞缪尔在 1952 年编写的，它被认为是有史以来最早的计算机游戏程序之一。亚瑟·L. 塞缪尔是人工智能和计算机游戏的先驱之一，当时他开发了一种早期的散列表，并通过一个跳棋程序来展示 IBM 701 的性能。这个跳棋程序虽然仍然敌不过优秀的棋手，但它代表了人工智能发展中的一个重要节点。它使用了一个特殊的搜索功能（Alpha-Beta 搜索），具有学习能力，并且能够根据对手的下棋方法调整策略。在接下来的几年里，塞缪尔多次改善了这个跳棋游戏。

游戏	时间	平台	开发者
跳棋游戏	1952 年	曼彻斯特“马克 1 号” 或者费朗蒂“马克 1 号”	克里斯托弗·S. 斯特雷奇

英国计算机专家克里斯托弗·S. 斯特雷奇在业余时间里也研究过一款跳棋游戏。它的第一个版本早在 1951 年就已准备就绪，但 Pilot ACE[1] 的内存支持不了这款游戏。当斯特雷奇得知曼彻斯特“马克 1 号”具有

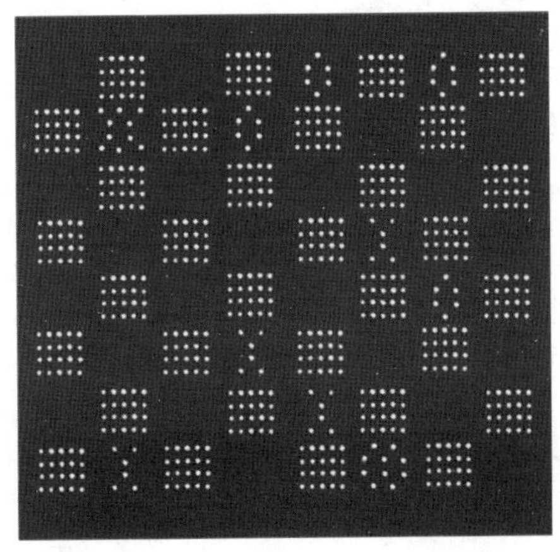

图 9.1　克里斯托弗·S. 斯特雷奇的跳棋游戏（1952 年）

[1]　英国的第一代电子计算机，由英国国家物理实验室在 20 世纪 50 年代早期设计制造。

更大的内存时，就向艾伦·麦席森·图灵索要了这台计算机的手册，改写了适用于这台机器的代码。1952 年，这款跳棋游戏正式完成，不过无法确定的是，它究竟是在曼彻斯特“马克 1 号”上还是在后继机型费朗蒂“马克 1 号”上运行的。

9.1.5 EDSAC 上的井字游戏（1952 年）

游戏	时间	平台	开发者
井字游戏 *OXO*	1952 年	EDSAC	桑迪·道格拉斯

同样在 1952 年，桑迪·道格拉斯在 EDSAC[1] 上开发了一款井字游戏，研究成果作为他在牛津大学研究人机互动的博士论文的一部分。他让井字游戏显示在 35 × 16 像素的屏幕上，通过电话拨号盘上的数字 1—9，向 9 个格子里输入图形。道格拉斯自己并没有为这款游戏命名，它后来被研究计算机史的专家马丁·坎贝尔 – 凯利称为 *OXO*。这位专家还在华威大学编写并发表了一个 EDSAC 模拟器。这款游戏同样是人工智能的一个辅助研究工具，并且可以算作是最早带有图形输入的游戏之一。

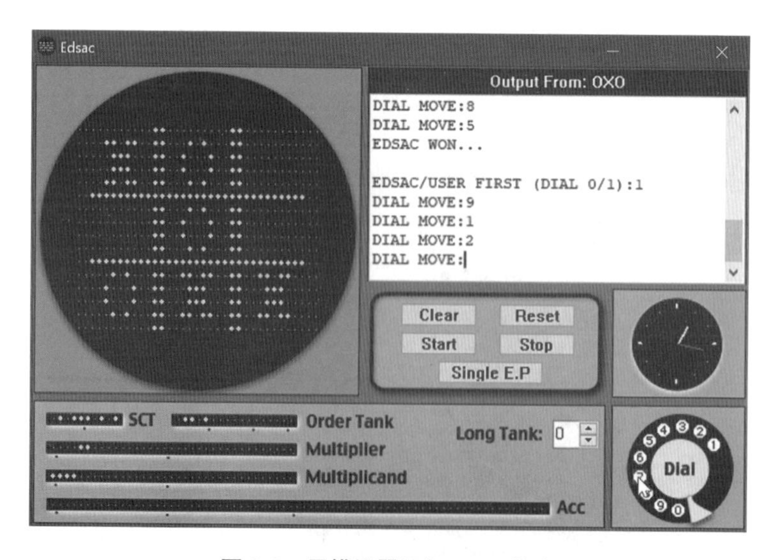

图 9.2 用模拟器运行 *OXO* 游戏

[1] 英国的早期计算机，20 世纪 40 年代在英国剑桥大学设计和建造，是世界上第一台实际运行的存储程序式电子计算机。

9.1.6　《双人网球》（1958 年）

游戏	时间	平台	开发者
《双人网球》	1958 年	模拟计算机和示波器	威廉·希金博坦

1958 年，威廉·希金博坦和他的技术员罗伯特·德沃夏克为布鲁克海文国家实验室一年一度的开放日设计了这款《双人网球》（*Tennis for two*）游戏（也叫《计算机网球》）。威廉·希金博坦把模拟计算机和示波器结合到一起，组成了这台游戏设备。玩家可以借助两个铝质控制器进行网球对战。示波器上显示的是一个网球场的侧视图和一个充当网球的移动光点。通过控制器上的旋转按钮可以调整击球角度，按下另一个按钮，就可以将球击打过网。球的运动受到重力影响。这项运动被认为是传奇游戏《砰》的前身。不过，威廉·希金博坦从未为这款游戏申请专利。

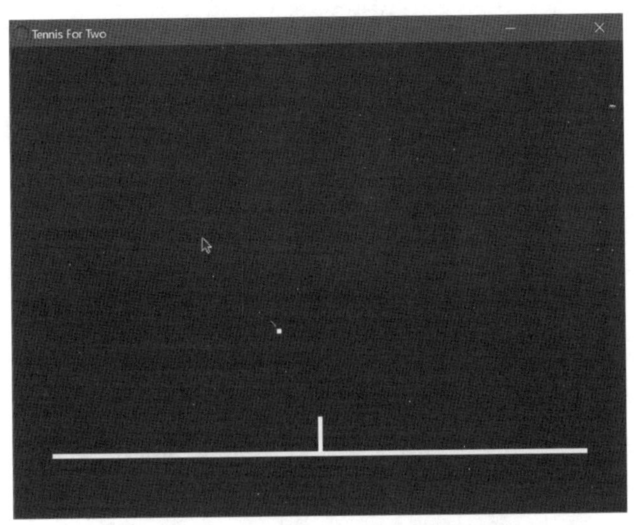

图 9.3　《双人网球》模拟运行的界面

9.1.7　《太空大战》——PDP-1 上的动作游戏（1962 年）

游戏	时间	平台	开发者
《太空大战》	1962 年	PDP-1	史蒂夫·拉塞尔

史蒂夫·拉塞尔也参与了编程语言 Lisp 的开发工作。1961 年，他

在麻省理工学院花了 6 个月时间，编写了《太空大战》（*Spacewar*）游戏的第一个版本。这是一个非常简单的双人游戏，两个玩家控制自己的宇宙飞船击毁对方的飞船。之后，拉塞尔与铁路模型技术俱乐部[1]的其他同伴们，彼得·萨姆森、丹·爱德华兹、马丁·格雷茨，为游戏增添了新的细节，比如考虑到了宇宙飞船所受到的引力，加入了有天文学依据的星象图背景。因为这款游戏可以充分展示 PDP–1 处理器和屏幕的性能，所以 DEC 公司把它随 PDP–1 一起提供给用户。一个游戏可以在系列生产的多台计算机上运行，这在游戏史上还是第一次。

在改进后的游戏中，两艘宇宙飞船围绕太阳航行，可以由玩家也可以由计算机控制。船只本身和弹药发射都受到引力场的作用。玩家的目标就是击毁对方的飞船，但同时必须注意不要让自己的飞船被太阳吸走，不然对方就算赢得了游戏。《太空大战》被认为是最早的真正的电子游戏之一，对即将到来的电子游戏行业产生了巨大的影响。

图 9.4 《太空大战》模拟运行的界面

9.2 20 世纪 70 年代的里程碑

20 世纪 70 年代，电子游戏慢慢走上了商业化道路。不过这个时候

[1] 麻省理工学院的著名学生极客团体。

的游戏都不是在计算机上运行的，而是在投币电子游戏机上运行。这种又被称为街机的机器对所有人开放，你能在超市、电影院等各种公共场所看到它们的身影，它们会在一眨眼的时间里让人花掉口袋里所有的零花钱。不久之后，电子游戏就进入了家庭，玩家终于可以坐在家里的电视机前享受游戏的乐趣了。

9.2.1　《计算机太空战》（1971 年）

游戏	时间	平台	开发者
《计算机太空战》	1971 年	投币游戏机	诺兰·布什内尔、泰德·达布尼

1971 年，街机厂商 Nutting Associates 推出了第一款商业街机游戏《计算机太空战》。它的发明者之一诺兰·布什内尔就是后来雅达利的创始人。这款游戏与史蒂夫·拉塞尔开发的《太空大战》极其相似。游戏玩家驾驶一艘宇宙飞船与两架飞碟对战，一边躲避对方的攻击，一边向对方射击。

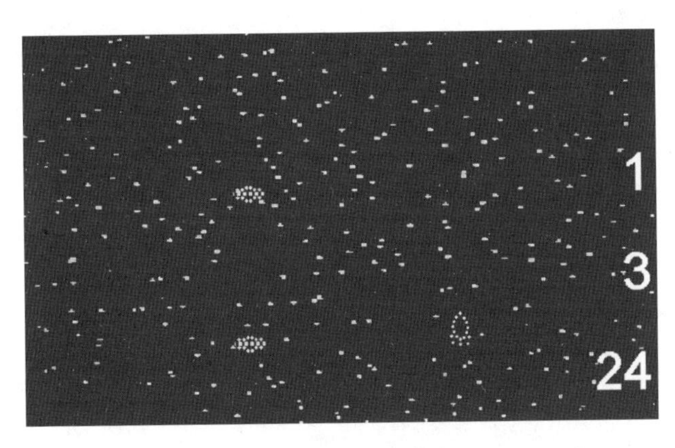

图 9.5　第一个商业街机游戏《计算机太空战》

游戏机上有一个带有四个按钮的控制面板：两个按钮用于控制飞船，一个用于加速，另一个用于射击。后续还有带游戏手柄的版本。游戏机的外壳有多种颜色，亮黄色、红色、金色、白色等等，未来感十足。用作屏幕的是通用电气生产的 15 英寸黑白电视机。当时一共有 1 500 台这样的机器进入市场，并没有在商业上创造出令人印象深刻的成绩。另外，这些机器还没有使用微处理器，而是依赖逻辑电路运行。

游戏	时间	平台	开发者
《银河游戏》	1971 年	PDP–11	比尔·皮茨、休·塔克

在《计算机太空战》问世前两个月，休·塔克和比尔·皮茨制作完成了《银河游戏》。它同样是一款以《太空大战》为范本的游戏。不过这款游戏并没有以投币游戏机为载体投放市场，唯一的原型机只在斯坦福大学的校园里露过脸。阻止它走上市场的是成本，因为它是在售价为 14 000 美元的 PDP–11 上编写的，还不包括其他制造机器所需的费用，而当时大多数即将推出的街机售价仅为 1 000 美元。

9.2.2 《砰》——两线一点征服世界（1972 年）

游戏	时间	平台	开发者
《砰》	1972 年	街机	雅达利

在 20 世纪 70 年代，世界上最受欢迎的游戏要属《砰》（*Pong*）。1972 年，雅达利发布了这款游戏，最早的版本是针对街机的，后来也推出了与电视机相连的电子游戏机版本。第一台《砰》游戏机还不曾使用微处理器，而只是一个硬接线电路。游戏原理很简单，与网球或者乒乓球十分类似。两条上下移动的短直线作为球拍，一个左右跳动的点作为球，通过旋钮移动球拍接球，让球反弹回去。游戏过程中会显示得分，谁先获得 11 分，谁就是游戏的获胜者。

1975 年，雅达利用电视机版的《砰》征服了千家万户的客厅。随后市场上便出现了许多《砰》游戏机的仿制品。1977 年，雅达利的 Atari 2600 电子游戏机进入了市场，这台机器游戏库里的《电子奥运会》游戏就包含了各种各样的《砰》类型游戏。《砰》也是我玩过的第一个电子游戏。那是在 1980 年，我 6 岁的时候，在一个叔叔家里看到了这个游戏，当时的场景直到今天还历历在目。

《打砖块》（*Breakout*）是从《砰》模式发展而来的。它类似一场单人乒乓球比赛，玩家移动球拍，用球击打屏幕上方的砖块使它们消失。当所有的砖块都消失，这一局就获胜了，可以升入下一个级别。这款游戏最早也是在投币游戏机上运行的，史蒂夫·沃兹尼亚克和史蒂夫·乔布斯都参与了开发工作。

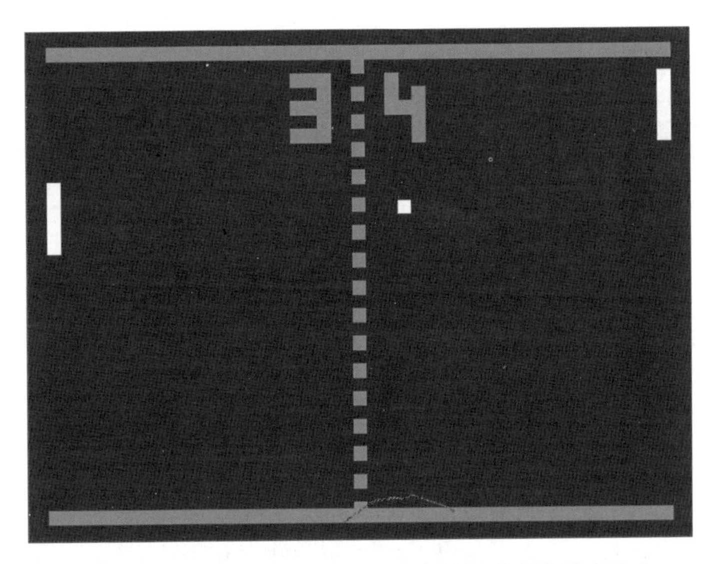

图 9.6　《砰》可能是 20 世纪 70 年代最成功的游戏模式

《砰》和第一款家用游戏机米罗华奥德赛

《砰》类型游戏的发明者或许应该追溯到拉尔夫·亨利·贝尔，他开发了游戏机米罗华奥德赛，模拟了乒乓球比赛，与《砰》游戏的玩法非常相似。1982 年，米罗华公司起诉雅达利侵犯专利权并且在法庭上赢得了胜利，雅达利必须支付 70 万美元才能使用米罗华的专利。我们已经在 5.1.1 节中介绍过了米罗华奥德赛。

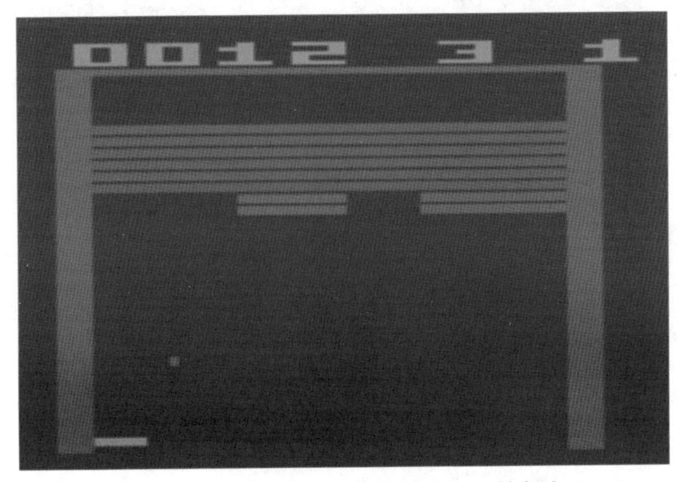

图 9.7　《打砖块》在 Atari 2600 上的版本

9.2.3 《冒险》——第一款冒险游戏（1975 年）

游戏	时间	平台	开发者
《冒险》	1975 年	PDP–10	威廉·克劳瑟、唐·伍兹

在我看来，文字类游戏《冒险》（*Adventure*），又名《巨穴探险》，是游戏历史上的又一块里程碑，虽然这款游戏完全没有商业背景。在游戏里，玩家要探索一个埋藏着宝藏也潜伏着危险的庞大洞穴。这是一种纯文字形式的探险，没有图形，事件和环境都依靠文字描述，玩家通过输入诸如“look”（看）、“get key”（获取钥匙）、“south”（向南）或“go”（走）等命令实现游戏中的动作。

威廉·克劳瑟最初开发这款游戏是为了编写一个基于文本的程序来模拟探查洞穴系统。为了让女儿们能从游戏里获得更多快乐、摆脱父母离异的阴影，克劳瑟渐渐向游戏中添加了宝藏、矮人、迷宫和法术等奇幻元素。唐·伍兹后来用更多的谜题、地点、人物和物品大大地丰富了这款游戏。

这款用 Fortran 语言编写的游戏程序后来被 C 语言改写，这样它就可以在所有 UNIX 计算机上运行。

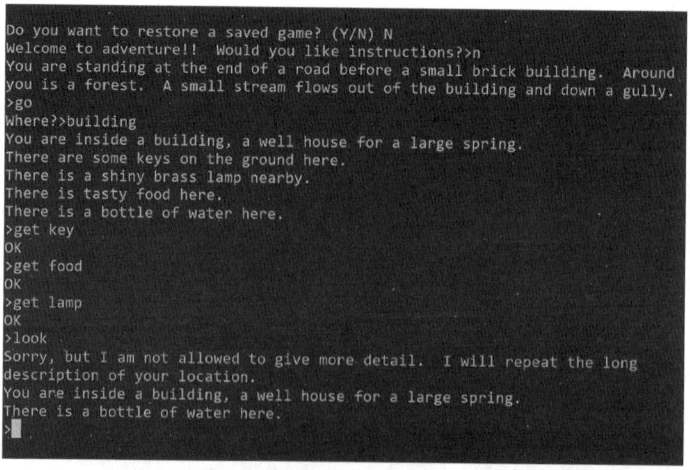

```
Do you want to restore a saved game? (Y/N) N
Welcome to adventure!!  Would you like instructions?>n
You are standing at the end of a road before a small brick building.  Around
you is a forest.  A small stream flows out of the building and down a gully.
>go
Where?>building
You are inside a building, a well house for a large spring.
There are some keys on the ground here.
There is a shiny brass lamp nearby.
There is tasty food here.
There is a bottle of water here.
>get key
OK
>get food
OK
>get lamp
OK
>look
Sorry, but I am not allowed to give more detail.  I will repeat the long
description of your location.
You are inside a building, a well house for a large spring.
There is a bottle of water here.
>
```

图 9.8 《冒险》被认为是除《太空大战》之外 20 世纪 70 年代最成功的计算机游戏之一

角色扮演游戏《龙与地下城》的灵感便来自这款游戏。《魔域帝国》

《迷之屋》《疯狂大楼》等所谓互动小说式游戏也是以它为模版的。这些游戏从单纯的文字冒险越来越多地发展为图形冒险。

9.2.4 《太空入侵者》（1978 年）

游戏	时间	平台	开发者
《太空入侵者》	1978 年	PDP-10	西角友宏（Taito）

1978 年，《星球大战》上映大约一年后，《太空入侵者》（*Space Invaders*）问世了，它借助着《星球大战》的热潮得到了极大的关注。有趣的是，当西角友宏在开发这款游戏的时候，《星球大战》其实还没有出现在日本。游戏的操作方法很简单：外星人成群结队地从屏幕顶端缓慢向下移动，玩家用屏幕底端的一门大炮击落这些不断逼近的外星人，当然敌人也会射来反击的炮火。借助屏幕上的彩色覆膜，《太空入侵者》成了第一款彩色街机游戏。

一年之后，当这款游戏出现在 Atari 2600 游戏机上时，雅达利低迷的销售数字立刻开始迅速攀升，因为游戏往往是说服消费者购买某款游戏机的唯一原因。在接下来的几年中，市场上难免也出现了许多修改版

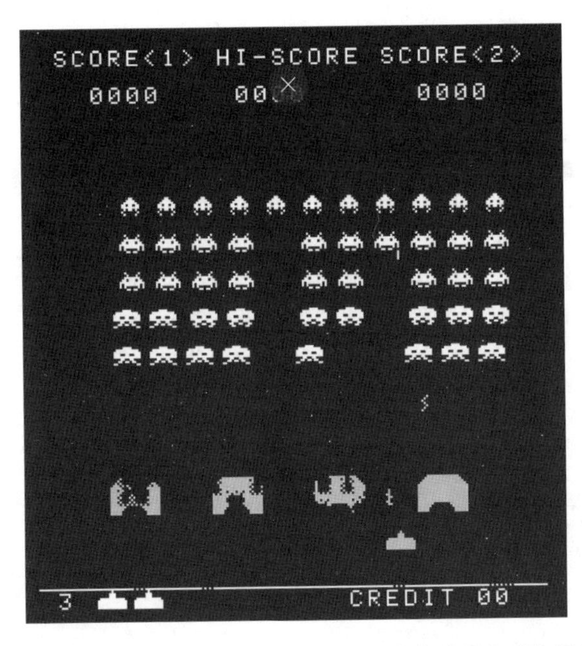

图 9.9　在《太空入侵者》中，玩家的任务是从外星人手中拯救地球

本和克隆版本，而太东公司在接下来的几十年里也推出了这个系列的更多衍生版本。《太空入侵者》开创了太空射击游戏这个门类，让玩家实现了成为人类救世主的梦想。

1979 年，南梦宫发布的《小蜜蜂》是一款与之非常相似且同样成功的街机游戏。这是第一款使用真实 RGB 颜色来显示画面的游戏。与《太空入侵者》不同的是，这款游戏里的对手有时会采取自杀式俯冲的攻击方式，而不仅仅是成群结队地缓缓降落。

9.2.5 《小行星》（1979 年）

游戏	时间	平台	开发者
《小行星》	1979 年	投币游戏机	莱尔·雷恩斯、埃德·洛格（雅达利）

我想用太空游戏《小行星》来结束对 20 世纪 70 年代经典游戏的介绍。游戏里，玩家乘坐小型三角形宇宙飞船在太空中穿越不断有飞行物来袭的小行星区域。在这个过程中，玩家必须小心避开小行星和飞碟并试图把它们击落。这款街机对雅达利来说是一个巨大的成功，全球售出超过 7 万台。当然，这款游戏也移植到了几乎所有的家用计算机和游戏机上，并且吸引了各路游戏制造商竞相效仿。

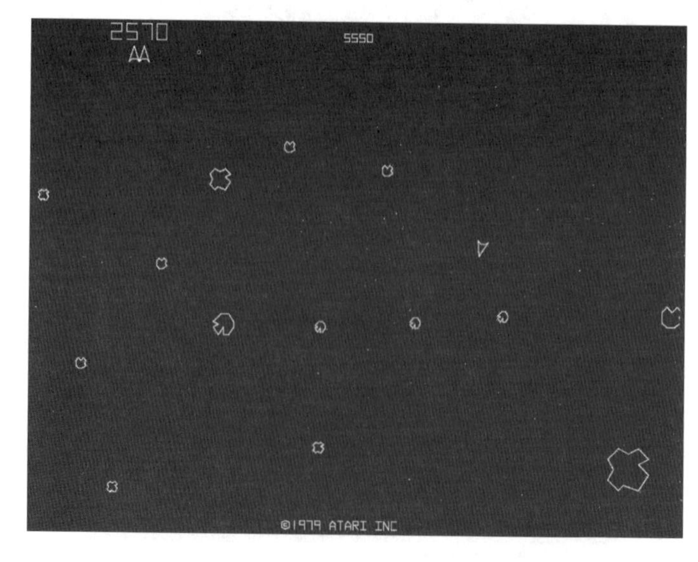

图 9.10　雅达利的《小行星》游戏街机已在全球销售超过 7 万台

9.3　20 世纪 80 年代的里程碑

到了 20 世纪 80 年代，电子游戏开始加速发展，电子游戏机吸引了越来越多的家庭用户，而街机则逐渐失去了霸主地位。安装着游戏的家用计算机和个人计算机也开始向市场大举进军。从这个时候开始，电子游戏分化为游戏机游戏和计算机游戏。起初，C64 等家用计算机一统天下，只有当具备了像样的 16 色 EGA 显卡（增强图形适配器）和性能出色的声卡时，个人计算机才成为家用计算机和游戏机之外的另一种选择，而掌上游戏机是在 20 世纪 80 年代末进入市场的。

9.3.1　《吃豆人》（1980 年）

游戏	时间	平台	开发者
《吃豆人》	1980 年	投币游戏机	岩谷彻（南梦宫）

另一个在街机上首次亮相就成为大热门的游戏，是一款游戏主角不断张嘴吞吃黄色小圆点的游戏。它的通关条件是吃掉迷宫里的所有小黄豆，同时还要提防不要被对手撞到。迷宫里还有一种能量丸，吃了它就能在短时间里把变成蓝色的鬼也吞掉；吃掉水果也能获得加分。这就是大名鼎鼎的《吃豆人》（*Pac-Man*）游戏，最初由南梦宫公司在 1980 年作为街机游戏发布。它很快就成为当时最畅销的游戏，几乎每个系统中都能找到无数的克隆版本和改编版本。

根据一个经久不衰的传言，游戏设计师岩谷彻是在吃一块缺了一角的比萨时突然灵感乍现开发这款游戏的。不过这个故事在日本这样的国家听起来多少有点神奇。游戏以“*Puck-Man*”这个名字在日本发行。它来自日语拟声词“paku paku”，意思是“不断地开合嘴巴”。“Puck”在英语中可以表示“圆盘”或“冰球圆盘”，也有“地精”的意思。不过这个名字到了美国就变成了“*Pac-Man*”，因为人们担心原来的“Puck-Man”会让人联想起“Fuck-Man”。

第 256 关结束

到了第 256 关，（原版）游戏就会因为错误而永远结束不了。因为最大的 8 位整数 255 溢出到 256，处理器里 0xFF 就会变为 0x00。于是到了第 256 关，屏幕上就会出现一堆混乱的数字和字母。所以这最后一关也被称为杀屏。玩家到了这一关只能找到 114 颗豆子（包括 2 颗能量丸），而不是成功通关所需要的 244 颗豆子（包括能量丸）。挑战破解最后一关的玩家数不胜数，第一个用了 6 个小时创下吃豆人世界纪录的美国选手比利・米切尔（Billy Mitchell），甚至为通过关卡的玩家提供了 10 万美元的奖金。但是直到今天，仍然没有人能领到这笔奖金。

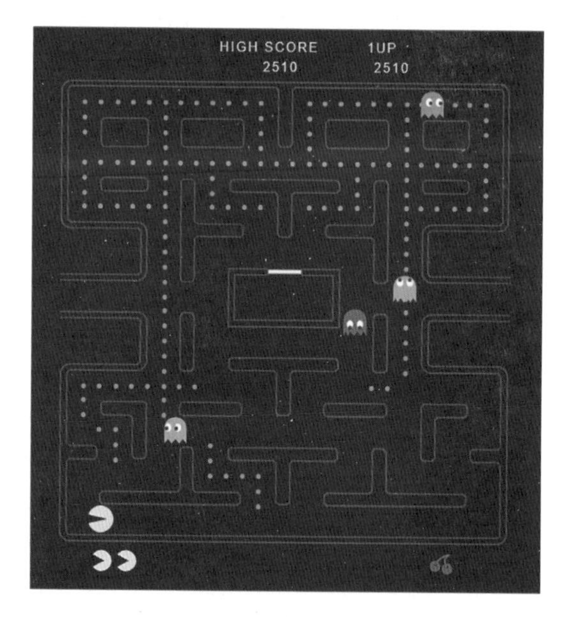

图 9.11 《吃豆人》在今天仍旧是人们茶余饭后娱乐放松的首选游戏之一

9.3.2 *Rogue*（1980 年）

游戏	时间	平台	开发者
Rogue	1980 年	UNIX、BSD	迈克尔・托伊、格伦・威奇曼、肯・阿诺德

Rogue 游戏是在《冒险》《魔域帝国》等文本游戏的基础上发展出来的。尽管它继续使用文本模式，但引入了 ASCII 图形输出，演变成了一款回合制角色扮演游戏。最早的版本是由迈克尔・托伊、格伦・威奇曼和后来的肯・阿诺德为 UNIX 大型机系统而开发的，并且作为免费软件（公共流通软件）流传了开来，之后成为 BSD 操作系统的一部分。

Epyx 公司发售了它的商业移植版本，可以在所有常见的家用计算机和个人计算机上运行。后来从这个游戏中衍生出了一种新的游戏类型：*Rogue* 类型。

ASCII 图形

游戏中的 ASCII 图形并不是真正意义上的图形，而是由字母、数字和特殊字符组成。在计算机上使用的是 ASCII 字符集，因为它在全球几乎所有系统上都可用。

这个游戏的结构比较简单，不需要长时间的熟悉就可以很快上手。每一回合都是重新生成的，所以玩家永远也无法预知接下来会发生什么。主角由一个小 ASCII 字符表示，在同样由 ASCII 图形构成的地下迷宫中徘徊，试图从 Yendor 那里取回护身符。地牢中还居住着怪物和其他敌人，它们统统由字母表示，比如 Z 就代表了僵尸。玩家必须躲避敌人的追捕，同时收集诸如武器、魔法药水、魔法咒语、装备、黄金等各种物品，才能进入更高的关卡。

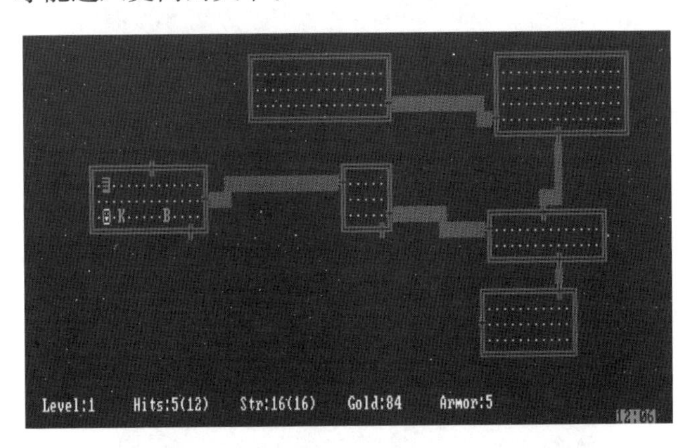

图 9.12　ASCII 图形角色扮演游戏 *Rogue* 在今天看来仍然十分有趣

9.3.3　《大金刚》——平台跳跃游戏的里程碑（1981 年）

游戏	时间	平台	开发者
《大金刚》	1981 年	投币游戏机	宫本茂、横井军平（任天堂）

1981 年，任天堂出品的《大金刚》（*Donkey Kong*）可以说是为之

后的一系列大获成功、活跃至今的电子游戏开辟了道路。最先推出的街机版成为有史以来第二受欢迎的街机游戏。之后，用于家用计算机和电子游戏机的移植版本也纷纷上市。在这款游戏里，玩家必须指挥木匠跳跳人爬过各种垂直的梯子躲避各种障碍物，把他的女朋友从大猩猩的魔爪中解救出来。

跳跳人后来成为有史以来最成功的电子游戏系列的主角——马里奥，就是那个家喻户晓的留着胡子的意大利水管工。

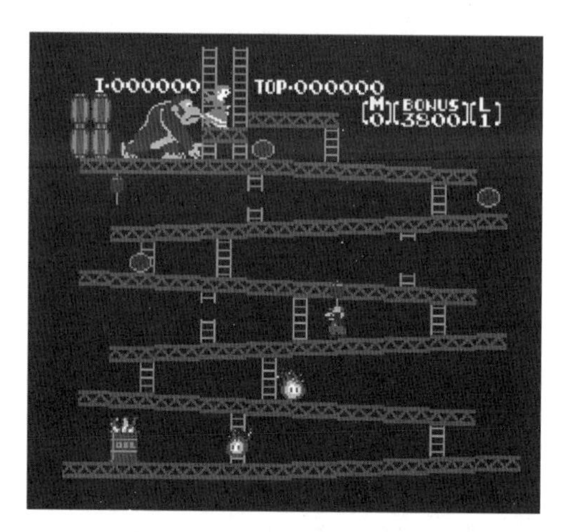

图 9.13 《大金刚》预示着跳跑游戏的黄金时代

《大金刚》开创了跳跑游戏类型，但它本身并不是第一款平台跳

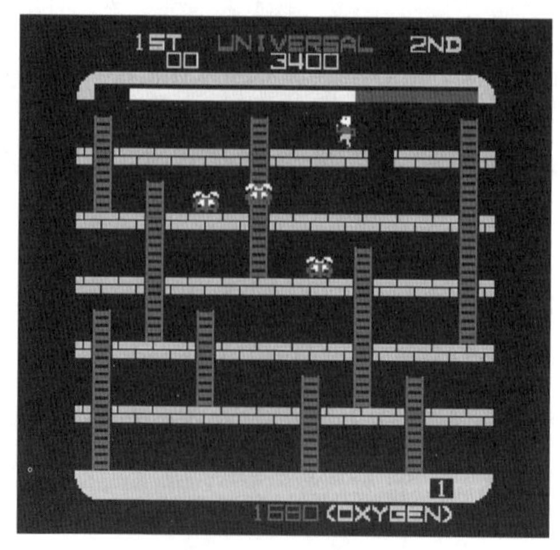

图 9.14 《太空惊魂记》被认为是第一款平台跳跃游戏

跃游戏。第一款平台跳跃游戏要数克里斯·克劳福德在1980年开发的街机游戏《太空惊魂记》。与《大金刚》相比，《太空惊魂记》的玩家还不能让游戏中的人物跳起来，而是控制一个宇航员在多个层面以及梯子上不断移动，躲避外星怪物，并且设置陷阱来消灭它们，而宇航员的氧气供应量决定了剩余的时间。不过，这款游戏没有真正流传开来。

9.3.4　《乌托邦》——第一款即时战略类游戏（1981年）

游戏	时间	平台	开发者
《乌托邦》	1981年	Intellivision、Mattel Aquarius	唐·达格洛（美泰）

尽管唐·达格洛的《乌托邦》（*Utopia*）并不是美泰的家用计算机Aquarius和游戏机Intellivision上最畅销的游戏，但它作为第一款上帝模拟游戏对战略类游戏发展的重要意义是不言而喻的。《乌托邦》模拟场景的细节对于当时的水平来说可以算相当出色。最理想的玩法是双人模式：每个玩家都从上帝视角管理着自己的岛国，通过提高居民的满意度来取得游戏的胜利。玩家在食品供应、安全、住房等各个方面的不同选择，都会对满意度产生不同的影响。满意度由分数来体现，得分高的玩家就是游戏的赢家。另外，玩家可能会遇到飓风、热带风暴、海盗等各种突发问题，这样游戏就有了更多的变数，预测游戏走向的难度就大为增加。

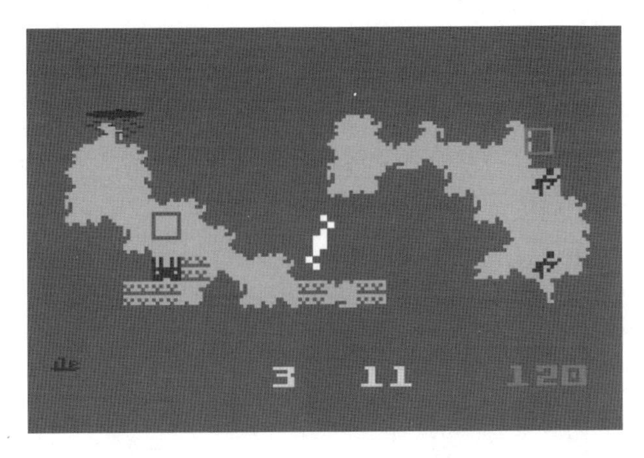

图9.15　《乌托邦》是第一款带有即时战略元素的上帝模拟游戏

虽然这款游戏是回合制的，但它多少已经带有了一些即时战略类游戏的元素，因此在今天通常被称为是这个类型的开山之作。它同时也为《模拟城市》或《文明》等模拟经营类游戏奠定了基础。1989 年，电子艺界推出的《上帝也疯狂》同样是一款非常成功的上帝模拟游戏。

9.3.5 *M.U.L.E.*（1983 年）

游戏	时间	平台	开发者
M.U.L.E.	1983 年	Atari 800	电子艺界

“M.U.L.E.”这四个字母是 Multiple Use Labor Element（多用途劳动力元素）的缩写，在英语中也有“驴”的意思。在 20 世纪 80 年代，我本人并没有对 *M.U.L.E.* 产生多少兴趣，但这款游戏到了今天已经拥有了一大批狂热的追随者，所以时隔 30 多年我打算重新认识它一下。虽然当年没有对它一见钟情，但这一次我被这款游戏深深吸引了。它最多可容 4 名玩家共同参与，每个人在一个叫 Irata 的星球上（试着把 Atari 倒过来读）停留 12 轮，直到被宇宙飞船接回地球。玩家当然也可以独自参与游戏，那么剩下 3 个位置就由计算机来接替。

这个星球上有 44 个区域可用于开采电力、矿石、宝石和食物。一开始需要通过竞拍购置土地，获得土地显然是最为重要的。理想情况下，玩家应该选择一块靠近河流的土地积累食物，开阔的平原则适合获取能源，而矿石主要分布在山区。一切都和现实中一样。

M.U.L.E. 是用来开采食物、能源、矿石或宝石的机械驴，根据不同的任务必须为它配备不同的工具。游戏的每一轮都需要一定的能源——也取决于 M.U.L.E. 的数量；可用于土地开发的时间由食物储备决定；矿石用于制造新的 M.U.L.E.；宝石则可以作为用于投机的资产。为了推动星球的发展，玩家之间的贸易交流也是必不可少的，各种价格会随着供求关系的改变而波动。

我不得不承认，到了今天我终于能理解，为什么这款游戏吸引了那么多狂热的粉丝。这是一款十分逼真的模拟经营类游戏，尤其适合多人参与的游戏。威尔·赖特（《模拟城市》的发明者）和席德·梅尔（《文明》的发明者）等知名设计师都称 *M.U.L.E.* 是有史以来最重要的游戏，也是他们后来研发的热门游戏的灵感来源。

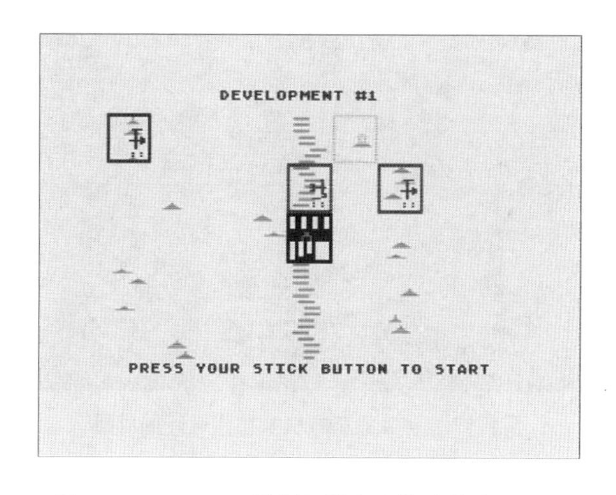

图 9.16　*M.U.L.E.* 是最早的多人策略游戏之一，
如图所示，我用 VICE 模拟器运行适用于 C64 的游戏版本

9.3.6　《俄罗斯方块》——俄罗斯制造（1984 年）

游戏	时间	平台	开发者
《俄罗斯方块》	1984 年	Elektronika 60	阿列克谢・帕希特诺

作为一个例外，《俄罗斯方块》（*Tetris*）的故事发生在电子游戏大区日本和美国之外。1984 年，在莫斯科的苏联科学院工作的俄罗斯人阿列克谢・帕希特诺，萌生了一个把童年的五格拼板游戏开发成计算机游戏的想法。除了五格拼板，两格拼板也是不少俄罗斯人从小非常熟悉的游戏。它们都是多块拼板游戏的衍生形式，由 n 个互相连接的嵌块组成，只不过一个是十二种，一个是五种。

帕希特诺在他的 Elektronika 60 上开发了第一个版本。这台计算机使用了 DEC 出产的 LSI–11[1] 的克隆产品，相当于一个 PDP–11，只不过处理器更加便宜。*Tetris*（《俄罗斯方块》）这个名字是从 Tetromino 和 Tennis 这两个词中各取一部分合成的。《俄罗斯方块》的每块积木就是一块四格拼板，帕希特诺只使用了它的七种形式，而没有采用五格拼板的十二种形式，是为了避免编程的工作量不至于过于庞大。这个游戏一上市就几乎迷倒了每个人，在很短的时间内就征服了俄罗斯的每一台计算机。

[1]　LSI–11 微处理机，DEC 公司的 PDP–11 小型计算机的微型化产品。

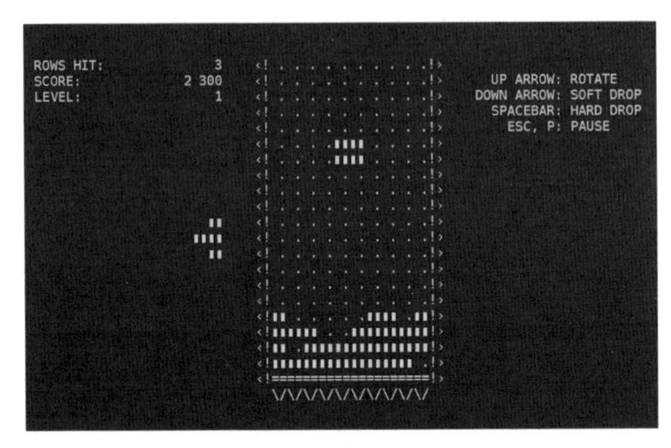

图 9.17 《俄罗斯方块》初代运行的界面

今天，几乎没有人不熟悉这个游戏的玩法：七种由小正方形组成的图形，从上方落下。玩家必须转动这些图形，尽可能填满所有空间，避免空隙。当一行被完全填满时，这一行的方块会消失，并且上面的方块会掉下来。当积累的方块满到顶部时，游戏就失败了。

这款来自俄罗斯的游戏究竟如何成为有史以来最受欢迎的游戏之一，是一个曲折而有趣的故事。想了解详情的读者，我向你推荐一份档案记录——《俄罗斯方块——怀着爱从俄罗斯来》。

不过《俄罗斯方块》还是在 1988 年移植到 NES 上之后才真正取得了突破，销量达到了 800 万次。随着任天堂便携式游戏机的出现，这一纪录再一次被刷新：安装在 Game Boy 上的《俄罗斯方块》的柜台交易

图 9.18 图中是 Game Boy 版的《俄罗斯方块》

次数超过了 3 000 万次，要说它是 Game Boy 取得成功的最主要原因也不为过。

9.3.7　《幽灵》——第一人称射击游戏（1985 年）

游戏	时间	平台	开发者
《幽灵》	1985 年	雅达利 XL	卢卡斯影业游戏

卢卡斯影业游戏在 1985 年发行的游戏《幽灵》（*The Eidolon*），属于最早的第一人称射击游戏，最初是为雅达利 XL 家用计算机系列开发的，后来也移植到了其他家用计算机上。我曾在 Schneider / Amstrad CPC 和后来的 C64 上玩过这款游戏，游戏中的洞穴系统是由分形图形来实现的。

游戏的玩法很简单，玩家必须打败怪物才能夺得被严加看守的宝石，凭借这些宝石就可以击败盘踞在洞穴出口的巨龙，升入下一个关卡。洞穴中随机分布的能量球也具有特殊的作用。球分四种，每种都有自己的特征，比如，红球的能量最大，破坏力也最大。

图 9.19　《幽灵》模拟运行的界面

9.3.8　《超级马里奥兄弟》（1985 年）

游戏	时间	平台	开发者
《超级马里奥兄弟》	1985 年	NES、Famicom	宫本茂（任天堂）

《超级马里奥兄弟》（*Super Mario Bros.*）是我当时所拥有的第一台游戏机里的第一款游戏，其实就是我购买 NES 的理由。1983 年，《大

金刚》的直接继承者《马里奥兄弟》已经取得了相当不错的成绩，而《超级马里奥兄弟》终于在2年之后成为有史以来最畅销的电子游戏。跳跳人的角色继续被沿用，只不过他现在的身份是意大利水管工马里奥，他的任务仍旧是从恶棍库巴的手中解救碧琪公主。在二维视图中，玩家可以在从左往右穿越平台的过程中不断奔跑和跳跃，一路上还必须躲避各种障碍物，解决各路对手。在之前的《马里奥兄弟》中，每个关卡都是由固定的静止画面组成，到了《超级马里奥兄弟》中已经进化成了横版卷轴形式。它是当时内容最丰富的游戏之一，一共包含8个不同世界，每个世界有4个级别。

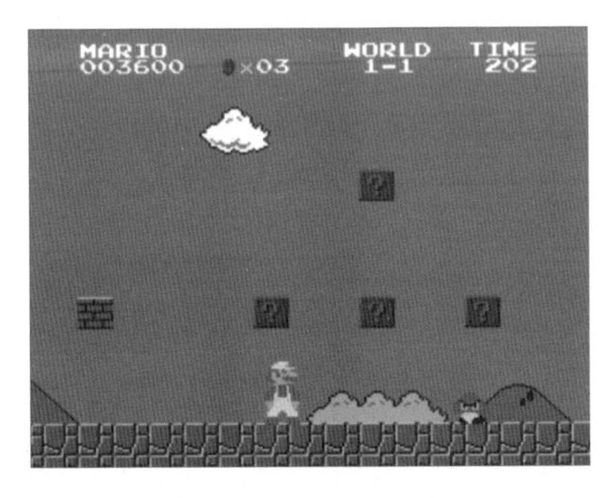

图9.20 《超级马里奥兄弟》重振了游戏大崩溃之后低迷的电子游戏市场，为经久不衰的超级马里奥系列打响了第一枪

重现经典

如果你家里放着Switch、3DS、Wii U等设备，又想重温《塞尔达传说》或《超级马里奥兄弟》等经典老游戏，你可以在任天堂的My–Nintendo–Store上找到许多价格低廉的老游戏。

据任天堂称，《超级马里奥兄弟》的销量已经超过了4 000万份。它在电子游戏大崩溃2年之后，重新向游戏市场注入了生命力。它还激发了许多游戏设计师的灵感，催生了一大批跳跑游戏。当然也有不少模仿者直接克隆了这个模式。最著名的克隆产品要数出自彩虹艺术的适用于C64和阿米加的《伟大的吉安娜姐妹》。这个游戏的第一关看起来完全是《超级马里奥兄弟》的拷贝。在任天堂表示将采取法律措施之后，“马里奥的姐妹”游戏立刻被撤回。

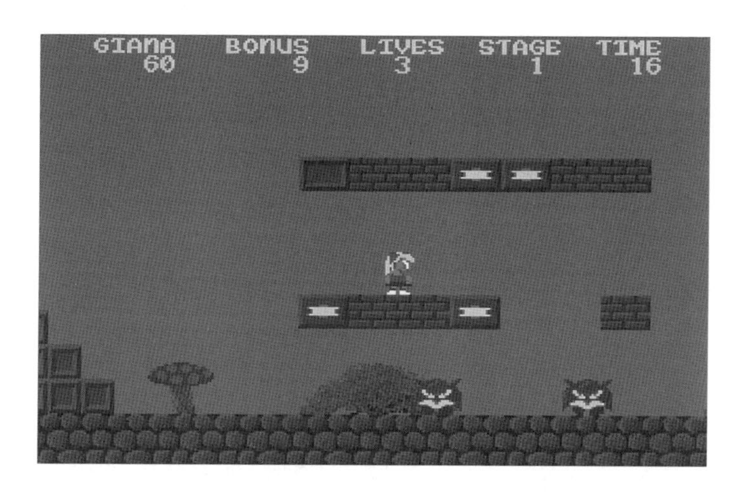

图 9.21　彩虹艺术的《伟大的吉安娜姐妹》，适用于 C64 和阿米加，由于过多地参考了《超级马里奥兄弟》，上市不久就不得不下架

9.3.9　《国王密使》（1984 年）

游戏	时间	平台	开发者
《国王密使》	1984 年	IBM PCjr、Tandy 1000	雪乐山

《国王密使》（*King's Quest*）也是在计算机游戏历史上留下浓重一笔的游戏。这是第一款脚本动画推进流程的互动性冒险游戏，不再仅仅由静态图像构成。玩家可以控制主角骑士格雷厄姆爵士随意移动、探索世界，并且借助图形与游戏进行交互。

游戏的故事是：即将离世的爱德华国王委托格雷厄姆爵士寻找达文特里失落的宝藏，从而拯救整个王国并成为新国王。玩家用鼠标点击箭头键，格雷厄姆爵士就会转向相应的方向。在文本解析器里输入命令，就可以控制游戏中的各种事物。比如使用“open door”（开门）命令，玩家面前的门就会随着一连串动画序列自动打开；直接输入“talk with man”（交谈），就可以与另一个人物交谈。虽然文本解析器不一定能理解所有命令，不过玩家只要略微调动一下逻辑理解力就能通过命令顺畅地实现场景互动。

这个游戏之后扩展成了一个完整的冒险系列，总共包含 8 部作品。游戏开发小组 AGD Interactive 后来重新制作了其中的第 1、第 2 和第 3 部。

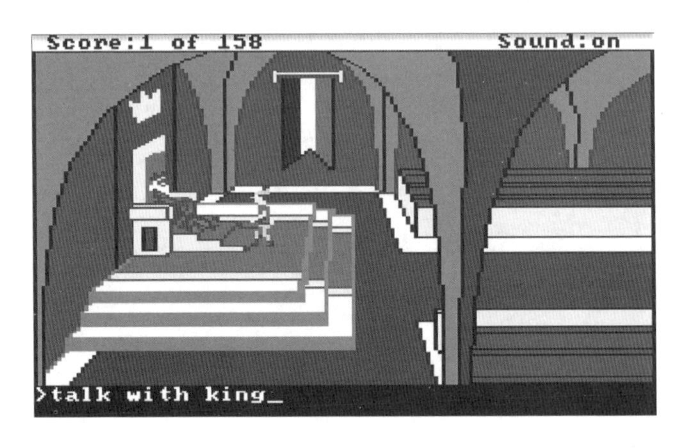

图 9.22 《国王密使》是第一款具有动画交互环境的冒险游戏

IBM PCjr

《国王密使》其实肩负着展示 IBM PCjr 性能的任务。IBM PCjr 是 IBM 公司于 1984 年推出的一款面向家庭和学校的低端个人计算机产品。IBM 企图借助它在市场上尽快确立价格相对低廉的家用计算机的地位。但 IBM PCjr 并没有助 IBM 实现自己的目标，它因滞销而最终被撤出了市场，成了一个典型的商业失败案例。IBM 当时投入了大量资金来开发《国王密使》。与通常做法不同的是，这款游戏并不是由一名程序员开发的，而是由 6 名程序员共同工作 18 个月制作完成。这款游戏虽然在一开始获得了良好的口碑，但由于 PCjr 销量不佳，IBM 同样无法确立自己的市场地位。直到 IBM Tandy 1000 计算机和 IBM 克隆产品的推出，销售情况才开始好转；在移植到阿米加、雅达利以及 Apple Ⅱ 等其他家用计算机上之后，销售量增长开始加速。C64 则并不在雪乐山（Sierra）的考虑范围之内，因为它已经不能提供这个游戏所需的图形质量。

9.3.10 《精英》——开放世界带来的革命（1984 年）

游戏	时间	平台	开发者
《精英》	1984 年	BBC Micro	大卫 · 布拉本、伊恩 · 贝尔

在游戏史上同样占有一席之地的还有科幻电子游戏《精英》（*Elite*），它是模拟经营类游戏和带 3D 矢量图形的太空射击游戏的混

合体。这款游戏没有明确的结局，可以看作开放世界类游戏的先驱。在《精英》中包含了超过 2 000 个恒星系统，分布在 8 个星系中。

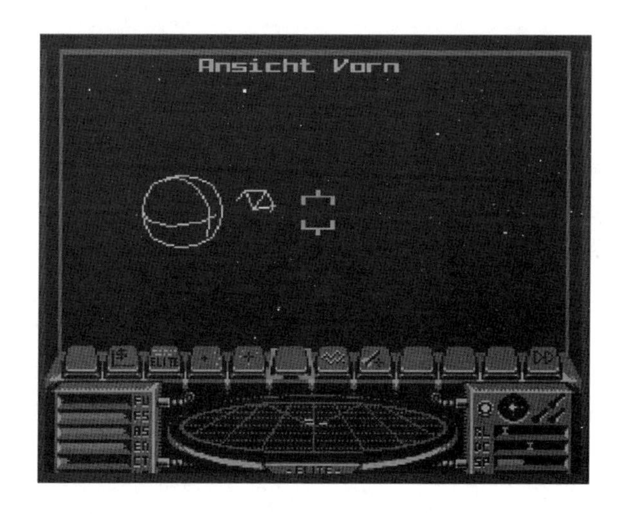

图 9.23　《精英》是模拟经营类和太空射击类游戏的混合体，也是开放世界游戏的先驱。图中是用于 NES 的版本

玩家扮演一个叫詹姆森的指挥官，在游戏起始的时候拥有 100 分资本和一艘小型宇宙飞船，他的目标是从一个恒星系统转移到另一个恒星系统（通过超空间跳跃），最终达到名为“精英”的战斗级别。玩家可以利用飞船与他人进行交易，从而获得更好的装备，这样在与太空海盗的战斗中就有更大的胜算。玩家也可以选择执行一些特殊任务。

这个游戏颇为耗费耐心，这大概是我年轻时没有对它特别着迷的原因之一吧。玩家必须将飞船停靠在空间站进行交易并为飞船加注燃料。飞船与空间站的对接是一项艰难的任务，不过玩家可以选择花 1 500 积分购买一台登录计算机使这个过程自动化。登录计算机上播放的约翰·施特劳斯的《蓝色多瑙河》，很容易让人联想到斯坦利·库布里克的电影《2001：太空漫游》。

这个游戏最初是由大卫·布拉本和伊恩·贝尔为大受欢迎的英国家用计算机 BBC Micro 开发的，在英国的销售成绩相当出色。《精英》的单独销量，甚至比移植到其他家用游戏计算机平台的版本还要多。

BBC Micro

BBC Micro 是 Acron 公司出产的家用计算机，主要面向英国的中小学。这个系统有一个开放的总线，可用于连接额外的 CPU 模块，这样就可以使用 Z80、ARM1 或 6502 等各种处理器，也可以运行其他操作系统，例如 CP/M 或 UNIX。在国际上，BBC Micro 并没有太大名气，原因要归结于它的高昂价格。后继机型 Acron Electron 的价格要低一些，但在技术上并没有什么特别之处，无法与 C64 或 Sinclair ZX 竞争。尽管如此，它在英国还是很受欢迎的，毕竟市场上有 500 多种针对它开发的游戏。

9.3.11 《塞尔达传说》（1986 年）

游戏	时间	平台	开发者
《塞尔达传说》	1986 年	NES	宫本茂（任天堂）

史诗游戏系列《塞尔达传说》最早是 1986 年随任天堂的 NES 一同发售的，并取得了巨大的成功。这个游戏是动作、冒险和 RPG 游戏的混合体，包含了许多创新元素，这些元素在新版的《塞尔达传说》游戏中仍旧被保留了下来。

在这个游戏中，玩家随着仗剑持盾的主角林克一同踏上穿越海拉鲁世界的伟大旅程，追踪智慧三角力量碎片的八个部分，当然还要把塞尔达公主从邪恶的盖农多夫（又名盖农）的魔掌中拯救出来。

玩家可以在一个“开放”世界中自由地移动，这是游戏史上的首次非线性流程体验。不过游戏仍然被分成了多个单元格，当玩家到达屏幕

图 9.24　1986 年，任天堂发布了《塞尔达传说》的第一部

的边缘时，图像就会切换到相邻的单元格。也就是说，屏幕滚动仍旧没有实现。此外，玩家终于可以在游戏机上保存游戏进度了（保存在游戏卡带上）。这个功能在日本的《屠龙者》游戏中已经出现，但在日本之外，《塞尔达传说》是第一次实现游戏存档。

9.3.12 《席德·梅尔的海盗》（1987 年）

游戏	时间	平台	开发者
《席德·梅尔的海盗》	1987 年	C64	席德·梅尔

在所有为 C64 开发的游戏中，最精良、最复杂的可能要算是《席德·梅尔的海盗》了。这款游戏融合了模拟经营游戏和带有角色扮演元素的即时战略游戏，后来被移植到了当时所有流行的系统上。这一次玩家要扮演的角色是 16 世纪和 18 世纪海盗船长，还可以在游戏开始时选择一项特殊技能，比如击剑、领航或发射火炮等等。那个时代的海上强国，如英国、法国、西班牙和荷兰在游戏里都有所展现。

游戏的发展并不是单线条的，玩家可以自行决定接下来如何行事，比如海上航行、发现新村庄、掠夺城市、买卖交易或者劫持其他船只。游戏中也有一些阶段性目标，玩家可以自由选择参与或者忽略。游戏的终极目标包括：获得贵族头衔、寻找家人及与州长最漂亮的女儿结婚等等。

玩家永远无法确切预测在下一个城市究竟会发生什么，因为游戏进程中的各种事件都会影响一个城市的发展道路。航海国家之间的政治事件也会左右游戏的走向。

这款游戏是第一次在名称中使用开发者的名字“席德·梅尔”。席

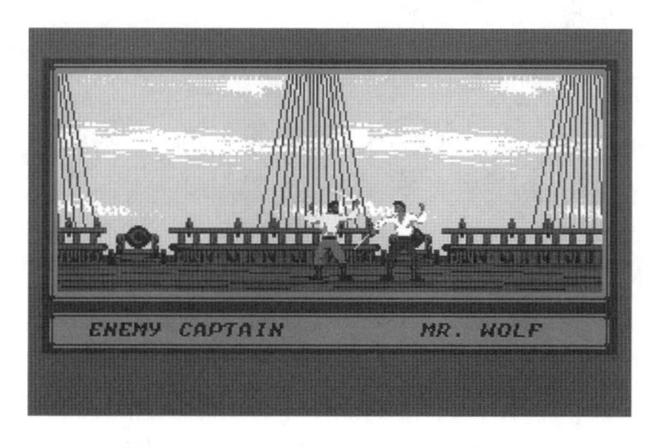

图 9.25 在《席德·梅尔的海盗》中，航海、击剑和抢劫是家常便饭

德·梅尔在当时成了经典游戏的知名“品牌”。

9.3.13 《疯狂大楼》和 SCUMM 游戏引擎的诞生（1987 年）

游戏	时间	平台	开发者
《疯狂大楼》	1987 年	C64	卢卡斯影业游戏

1987 年，卢卡斯影业游戏的《疯狂大楼》游戏为点击式冒险游戏成功进军市场铺平了道路。卢卡斯影业游戏并不是这类游戏的最早发明者，但他们推出的这款游戏点燃了玩家们对这种游戏类型的热情。乘着《疯狂大楼》的东风，点击式冒险游戏接连涌现，纷纷成为市场上的大热门，比如《异形大进击》《猴岛小英雄》《夺宝奇兵》等等。

在游戏中，玩家的角色是一个叫戴夫的青年，他的女朋友桑迪被弗雷德博士掳走了，他要用她进行科学实验。弗雷德博士一家人由于受到了彗星的影响，全都举止怪异。在游戏开始时，玩家可以选择另外两个朋友一起闯入博士的房子。人物的选择会影响游戏中的解决方案，三个人物必须协作完成各种冒险任务。

除了 C64，这款游戏还被移植到了阿米加、Apple Ⅱ、雅达利 ST、MS-DOS、NES 等各个系统上。在移植到 NES 时，任天堂对游戏中的暴力场面和性暗示内容进行了审查。

图 9.26 《疯狂大楼》把点击式冒险游戏带入了黄金时代

SCUMM 语言起源于这个游戏。SCUMM 是 Script Creation Utility for Manic Mansion（用于疯狂大楼的脚本创建实用程序）的缩写。它本质上涉及一种脚本语言和一台虚拟机。游戏的代码是用脚本语言编写的，而虚拟机必须根据每个操作系统进行调试。通过这种分离，只需为游戏编写一次代码，然后借助 SCUMM 引擎就可以在任何平台上运行。否则的话，游戏开发者就不得不专门为每种计算机架构单独开发相应的游戏版本。

在接下来的十多年里，卢卡斯影业在许多其他游戏中使用了 SCUMM 引擎，比如《异形大进击》《夺宝奇兵》《猴岛小英雄》。当然，SCUMM 引擎本身也一直处于发展之中。

图 9.27　图中是使用 ScummVM 运行的《亚马逊女王的航班》游戏

9.3.14　《模拟城市》——我为自己建一座城（1989 年）

游戏	时间	平台	开发者
《模拟城市》	1989 年	阿米加	威尔·赖特

在针对 C64 开发的那些游戏中，《模拟城市》（*SimCity*）是我最钟爱的游戏之一。这个游戏完全模拟了城市建设，目标是把一块荒凉的土地开发成一个繁华大都市。玩家会获得一笔启动资金，作为建造城市的物质基础。一般总是先建一个发电站，毕竟那时还没有其他环保能源。然后就开始建造住宅区，紧接着是工业区或者商业中心。电缆和道路是必需的基础设施，负责保障居民安全的警察和消防队也不可缺少。谁要是一开始没有计划地乱搭乱建，之后就会面临交通系统瘫痪等严重问题，不得不再次拆除整个地区。通过征税可以获取收入，但如果不谨慎对待税收，城市很快就会变成一座鬼城。因为税收太高的话，居民

就会离开这块土地去别处谋生。此外，地震、洪水等自然灾害也时有发生。玩家还可以挑选特定的城市，比如底特律、东京或者里约热内卢等等，每个特定地点都存在特殊的问题等待玩家解决。

第一版《模拟城市》在图形方面非常简单，玩家是从俯视的角度控制游戏的。《模拟城市 2000》使用了等轴视图，后续的版本则探索了越来越多的可能性，呈现出了更好的图形效果。但游戏的玩法始终保持不变。最早的版本适用于阿米加和麦金塔，适用其他平台如 IBM-PC、C64 的版本紧随其后。

这个游戏是在 1989 年发布的，但它的创作者威尔·赖特早在 1985 年就为 C64 开发了这款游戏。他在开发直升机动作游戏《救难直升机》在德国被列入对青少年有害游戏的媒体名单的时候就萌生了这个想法。为这款动作游戏构造不同区域和景观，给赖特带来了极大的乐趣，甚至超过了游戏本身。于是，模拟城市的创意便诞生了。而且，他的兴趣并不止步于制作一款简单的游戏。他从建筑理论家和城市规划理论家克里斯托弗·亚历山大和杰伊·怀特·福雷斯特的系统理论著作中寻求灵感，还受到波兰作家斯坦尼斯拉夫·莱姆所著的《赛博利亚特》一书中的短篇小说《第七次远足或特鲁尔的徒然自我完善 》的启发——这个故事恰好是关于如何统治一个微型世界的。

第一版游戏被他命名为《微型城市》。它的不寻常之处在于，游戏结束时并不会判定玩家的输赢。这就是所谓的沙盒游戏。1984 年大热的《精英》也属于这个类别。但是，赖特一时找不到想要销售这款游戏的

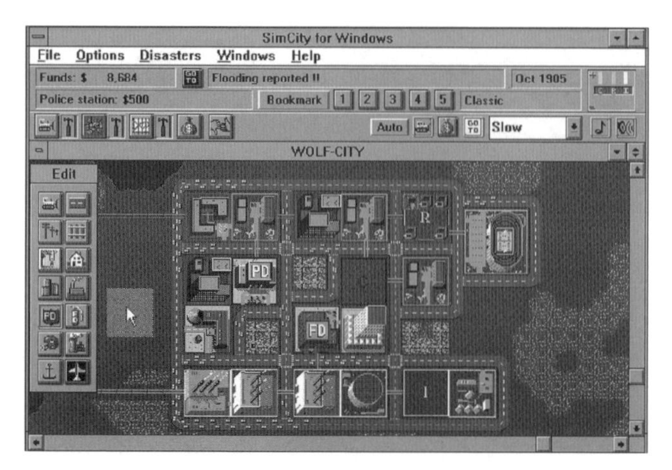

图 9.28　在《模拟城市》第一个版本中，
使用的还是顶视图。图为适用于 Windows 3.1 的版本

发行商，不得不把它锁在抽屉里雪藏了好几年。最终，他找到了一位想要发售《模拟城市》的游戏制作人，即 Maxis 公司的杰夫·布朗。他们买下版权后把《模拟城市》推上了市场，立刻取得了巨大成功。

9.3.15　《波斯王子》——转描技术制作的动画（1989 年）

游戏	时间	平台	开发者
《波斯王子》	1989 年	Apple Ⅱ	乔丹·麦其纳

当时市场上充斥着五花八门的跳跑游戏，《波斯王子》（*Prince of Persia*）却能够从中脱颖而出。那个时候各大机房里传出的阵阵尖叫声，大多要归功于这款游戏：不是哪一次跳得太近了或者太远了，就是发现自己被刀剑或者尖齿刺穿了。游戏模拟了倒计时的实时状态，玩家一进入游戏就沉浸在了紧张的氛围中，不得不在时间的压力下加快脚步。虽然游戏过程中也穿插着打斗场面，但跳跃和爬升仍旧是游戏的焦点。在最后一关，玩家甚至必须与自己的镜像决斗。游戏的保存功能是从第三级开始的，这一点让新手颇为恼火。整个游戏总共包含十三个级别，有待玩家征服。

这款游戏的最大特色是王子的动画，第一次在游戏制作中使用了转描技术。开发者乔丹·麦其纳拍摄了他弟弟跳跃、跑步等各种各样的动作，把这些动作融入了游戏中。

《波斯王子》随后被移植到了许多平台上，但是始终没有推出适用于 C64 的版本，因为在那个时候，C64 已经被看成是速度偏慢的过时机

图 9.29　MS-DOS 上的《波斯王子》

器了。由此，C64 走上了没落的道路。

9.4 20 世纪 90 年代的里程碑

进入 20 世纪 90 年代，新的 16 位游戏机以及游戏开始蓬勃发展，比起之前的游戏机和当时的计算机游戏，它们往往具有更好的图形和声音。到了 20 世纪 90 年代中期，电子游戏经历了从 2D 图形到 3D 图形的质的飞跃。当时首屈一指的游戏平台是索尼 Playstation、世嘉 Sega Saturn 以及后来的任天堂 Nintendo 64。这个时候，3D 加速卡进入了个人计算机市场，使得计算机也成为适合运行 3D 大作的平台。在这之前，计算机上的 3D 游戏完全依赖 CPU 强劲的运算能力，但是它能达到的 3D 图形效果仍然非常有限。

越来越复杂的技术使得游戏的制作成本也越来越高昂。像《毁灭战士》（*Doom*）或《雷神之锤》（*Quake*）这样的第一人称视角射击游戏从根本上改变了这个行业。玩家开始渐渐厌倦之前十分流行的冒险类游戏，动作类游戏成为 20 世纪 90 年代的领头羊。游戏的目标群体也有年轻化趋势，要求不那么高的游戏变得更受青睐。

第一批可联网的个人计算机游戏也是这个时候问世的，局域网派对[1]渐渐流行起来。由于互联网的商业化，网络游戏也进入了私人家庭。1997 年，《网络创世纪》已经能够同时吸引数千名玩家在线。然而，在德国，网络游戏直到 2000 年才获得商业认可，因为这里仍然使用计时的电话连接和网络连接。

9.4.1 《银河飞将》（1990 年）

游戏	时间	平台	开发者
《银河飞将》	1990 年	个人计算机	起源系统

在《银河飞将》（*Wing Commander*）游戏中，玩家扮演一位抱负远大的太空战斗机飞行员，参与对抗基拉西帝国外星人的战争。这个游戏是一款以个人计算机为游戏平台的太空飞行模拟游戏。

[1] 指主办者提供场地、参与者自带计算机的聚会活动。通过局域网，参与者可以分享软件、电影、音乐等文件，还可以通过局域网联网打游戏。

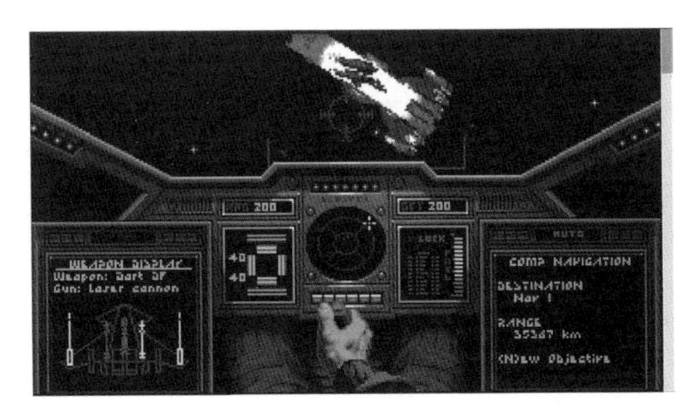

图 9.30　借助 1990 年诞生的《银河飞将》，个人计算机开始进军游戏市场

这个游戏的场景已接近成熟的小电影，配乐充满了动感，玩家的操作也能够对游戏的情节产生影响。尤其值得一提的是游戏的图形，史诗般的太空战斗画面在当时是开创性的。但是，尽情享受游戏乐趣的前提，是拥有一台高端的个人计算机（80386 处理器、VGA 显卡、2MB 内存、声卡）。在移植到阿米加或者 Super Nintendo 上之后，原来个人计算机版本出类拔萃的图形效果就大打折扣了。所以说，个人计算机作为游戏平台而大受欢迎，这款游戏发挥了决定性作用。

9.4.2　《席德·梅尔的文明》（1991 年）

游戏	时间	平台	开发者
《席德·梅尔的文明》	1991 年	MS-DOS	MicroProse

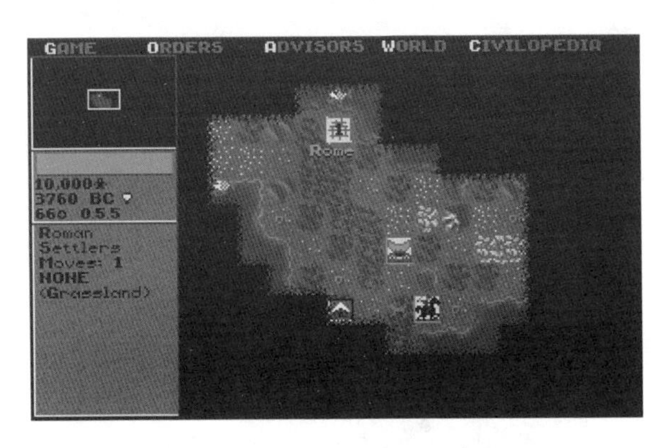

图 9.31　在《席德·梅尔的文明》中，
玩家带领着一个民族从新石器时代走向现代文明

《席德·梅尔的文明》系列游戏在1991年迈出了通向成功的第一步。这款回合制战略游戏在内容的广度和深度上都达到了前所未有的高度，是最成功的游戏系列之一。之后的许多同类型游戏从中受到了极大的启发，向它借鉴了很多创意。在这个游戏中，玩家须选择一个民族，带领他们从新石器时代开始，历经整个人类历史，走向信息时代。2016年的《文明VI》是这个游戏系列的最后一站。

9.4.3 《刺猬索尼克》（1991年）

游戏	时间	平台	开发者
《刺猬索尼克》	1991年	世嘉创世纪、世嘉 Mega Drive	世嘉

刺猬索尼克之于世嘉，如同水管工马里奥之于任天堂。1991年，刺猬索尼克这个卡通形象诞生之后，刺猬就成为世嘉的吉祥物。世嘉不仅凭借《刺猬索尼克》（*Sonic the Hedgehog*）充分展示了 Mega Drive 令人瞩目的强大性能，还依靠它短暂地超越了任天堂。

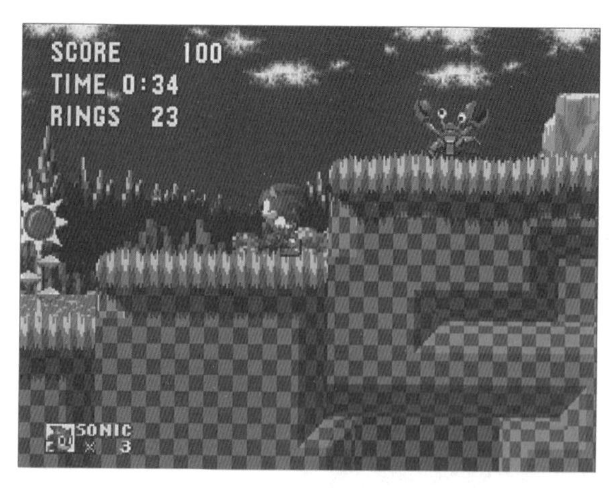

图 9.32 世嘉凭借《刺猬索尼克》充分展示了 Mega Drive 的性能

9.4.4 《德军总部3D》（1992年）

游戏	时间	平台	开发者
《德军总部3D》	1992年	MS-DOS	Id Software

射击游戏《德军总部 3D》（*Wolfenstein 3D*）是电子游戏历史上的另一块里程碑。这是第一款制造出三维空间中运动感的第一人称视角游戏，尽管仍然称不上真正的 3D 游戏。玩家进入各个关卡后可以自由移动，但是并不能仰视或者俯视。游戏中出现的各种敌人也不是多边形，仍然只能算是符合近大远小规律的所谓“精灵”[1]。在技术上，游戏环境的展现是建立在栅格的基础之上，只有墙壁带有纹理，地板或者天花板则限于当时的计算能力无法再呈现纹理。

游戏的情节相当简单。作为一名波兰血统的美国士兵，玩家首先必须摆脱纳粹的囚禁。他接下来将要遭遇的对手，有党卫军士兵、国防军士兵以及德国大狼狗，后来还出现了丧尸。而最终的对手就是身着机甲的阿道夫·希特勒。由于对暴力场面以及纳粹的描述，这款游戏在德国也被列入了对青少年有害游戏的媒体名单。

在技术实现上，《德军总部 3D》能称得上是第一人称射击游戏的祖父。它最初是在 NeXTStep 系统上开发的，然后移植到了 MS-DOS 系统，随后出现针对不同系统的更多版本。

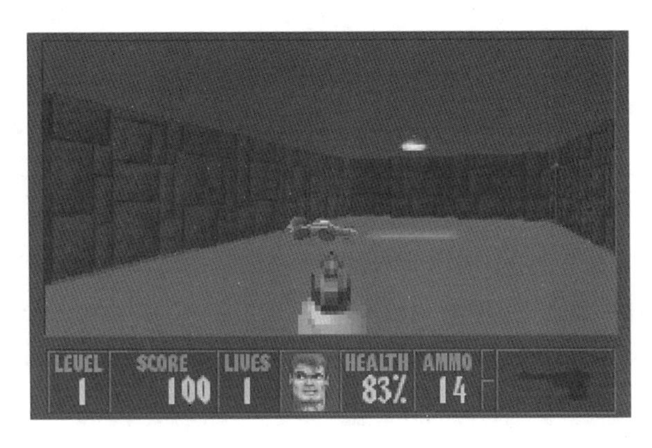

图 9.33　《德军总部 3D》被认为是第一人称射击游戏的里程碑

9.4.5　《神秘岛》——崛起中的 CD 游戏（1993 年）

游戏	时间	平台	开发者
《神秘岛》	1993 年	麦金塔、个人计算机	Brøderbund

[1]　一张可在 3D 引擎中旋转、缩放、平移的图片，在游戏中用来代替远景中的 3D 物体，目的是降低性能消耗。

《神秘岛》（*Myst*）在1993年成了世界上最畅销的计算机冒险游戏，直到2000年才被《模拟人生》所取代。在游戏中，玩家将迎接一个接一个的谜题，在陌生的世界里自由地探索。由于数据量巨大，它是首批以CD形式出售的游戏之一。

《神秘岛》的图形效果在当时堪称卓越。整个游戏世界首先以3D建模，然后以高分辨率2D图像进行预渲染，并使用Photoshop修改。屏幕由一张图片构成，用鼠标指针点击图中的某些点就可以触发相应的动作。这种运动模式在最初的几个版本中没有明显改动，直到《神秘岛V》出现，这时玩家才可以在真实3D环境中自由移动，不像之前那样只能对着静态图片点击鼠标。

《神秘岛》，连同《星球大战》和《第七访客》等其他以CD光盘为销售媒介的游戏，是CD-ROM作为计算机数据载体取得突破的重要推动力量。然而，批评者指责《神秘岛》导致了经典的冒险类游戏的衰落，因为它用具有高分辨率渲染图像的出色图形削弱了玩家对情节的关注。

图9.34 《神秘岛》被视为协助CD-ROM作为数据载体立足于计算机领域的最大功臣，同时也被指责为导致冒险类游戏走向衰落的罪魁祸首

9.4.6 第一人称射击游戏的发展（始于1993年）

在《德军总部3D》彻底改变了第一人称射击游戏之后，许多令人难忘的经典第一人称射击游戏接踵而至。1993年，随着（对于当时来说）十分暴力血腥的《毁灭战士》的出现，这个游戏类型更加风靡一时。与《德军总部3D》相比，它的制作技术又有了不少提升，在视觉

上不仅可以表现非垂直的墙壁，还可以呈现高度差异和圆形的空间。当然，《毁灭战士》在德国也登上了有害游戏的媒体名录。

图 9.35　1993 年的《毁灭战士》预示着第一人称射击游戏进入了一个新的阶段

紧随其后的是 1996 年的《毁灭公爵 3D》，它虽然仍旧不是真正的 3D 游戏，但首次相当逼真地再现了现实世界。同年，《雷神之锤》上市，它属于最早拥有真实 3D 环境的第一人称射击游戏之一，游戏中的对手和物体也都由多边形组成。第一款真正具有真实 3D 环境的游戏其实是 Parallax Software 在 1995 年发布的《天旋地转》，只是这款游戏的市场反响并不热烈。

图 9.36　《雷神之锤》属于最早使用真实 3D 环境的第一人称射击游戏

1998 年，凭借游戏《虚幻》，Epic Games 把第一人称射击游戏再次推上了一个新的高峰。玩家现在可以连贯地从内部空间移动到外部，图形质量也达到了一个前所未有的水平。由于在性能方面极具说服力，这款游戏背后起根本性作用的引擎，即虚幻引擎，被授权给了许多游戏制造商用于开发自己的游戏。

图 9.37　《虚幻》是第一人称射击游戏历史上具有里程碑意义的作品。虚幻引擎因其出类拔萃的性能获得了众多游戏厂商的青睐

虽然大多数第一人称射击游戏把关注重点放在动作上，但仍有不少游戏借助独特的叙事方式和丰富的场景互动在内容的深度上进行了探索，比如 Valve 公司在 1998 年发布的《半条命》。在它之后出现了更多的不完全以打斗场面为卖点的游戏。《神偷：暗黑计划》是其中的佼佼者，它开创了 3D 潜行射击游戏的新类型。紧随其后的是更复杂、难度更高的第一人称射击游戏，并且融入了角色扮演元素，例如《网络奇兵 2》《杀出重围》等等。

9.4.7　《精灵宝可梦》（1996 年）

游戏	时间	平台	开发者
《精灵宝可梦》	1996 年	Game Boy	田尻智（Game Freak/ 任天堂）

我清楚地记得当时的画面：在东京市中心的街头，几十个形形色色的人，有商务人士也有青少年，都专心致志地挥舞着手里的智能手机。这一幕看得我和儿子目瞪口呆，不知道究竟发生了什么特别的事。等我们走上前去，才看清楚他们在玩《精灵宝可梦》（*Pokémon*），确切说是《精灵宝可梦 GO》——一款在 2019 年销售额达到 30 亿美元的游戏。

《精灵宝可梦》堪称是游戏行业中最成功的产品之一。

我不得不承认，我以前从未与这款游戏打过什么交道。1996 年的时候，我也拥有一部 Game Boy，但针对 Game Boy 的《精灵宝可梦》发布之后，竟然从来没有玩过。现在，在将近 25 年之后，我终于补上了这一课，当然也是为了更好地了解它的缔造者田尻智。

图 9.38 图中正在进行的，是我的第一场宝可梦战斗

关于这个游戏的诞生，还有一个有趣的故事。它的发明者田尻智住在东京附近，从小热衷于收集大自然里的昆虫，尤其是甲虫。他会把它们画下来，让它们在画纸上相互较量。然而陪伴着田尻智成长的自然环境成片地消失，不断被住宅区和商店区所取代。这让他非常难过，他担心下一代不再有机会像他这样与大自然和自然里的小生命朝夕相处。宝可梦的想法便在他心里萌芽了。他想用自己创造的东西，向以后的小朋友讲述自己小时候的经历和冒险。田尻智和许多日本青年一样，是电子游戏迷。他是游戏厅的常客，据说还有人送给他一台《太空入侵者》机器作为礼物。1982 年他中断学业，与朋友一起创办了电子游戏杂志 *Game Freak*。其中一位朋友是杉森建，他就是所有 493 只精灵宝可梦的绘制者，我们今天所看到的宝可梦的模样就是由他参与设计的。

20 世纪 80 年代末，年仅 16 岁的田尻智发布了他的第一款游戏《孟德尔宫殿》（在欧洲称为 *Mendel Palace*），由南梦宫为 NES 发行。Game Boy 出现后，田尻智完全被这种用通信电缆连接的设计给迷住了，仿佛看见一只小虫从电线的一端跑到另一个玩家的游戏里去。宝可梦的想法渐渐变得具体。他开始为任天堂设计游戏，同时继续打磨自己的游戏梦想。他还创办了自己的公司，将其命名为 Game Freak，与他之前创办的电子游戏杂志同名。在任天堂，他结识了大名鼎鼎的游戏设计师宫本茂（马里奥、塞尔达等游戏的创造者）。他把宫本茂视为良师益友，确实也从他那里得到了有力的支持。

当田尻把自己的游戏梦想展示在任天堂面前的时候，内心并没有抱什么希望，他感觉人们可能无法立刻理解他的游戏理念。出乎他意料的是，任天堂接受了他的作品，不过只生产了 20 万份，毕竟没有人能预计到《精灵宝可梦》会红遍整个世界，何况 Game Boy 在当时的发展势头已经大不如前。但是，接下来的故事，相信读者们已经亲眼看到了。可以说，宝可梦为当时已经 7 岁之高龄的 Game Boy 迎来了第二个春天。这个游戏直到 1999 年才在德国发布。当时出现了蓝色和红色两个版本，每个版本都会有 11 只不同的宝可梦登场。之后的黄色版本稍做了一些改动：玩家的第一只宝可梦是皮卡丘。

在游戏这种充斥着残酷竞争的高收益行业，田尻先生的故事读起来或许有些像通俗小说的情节。一个爱好收集昆虫的小男孩，喜欢在画纸上让他的甲虫互相较量，长大后从 Game Boy 的连接电缆得到了灵感，让小虫沿着电线爬进了别人的游戏机。不管怎么说，宝可梦成功的背后是非凡的想象力和出众的创造力。这或许也与田尻智患有阿斯伯格综合征（一种较为轻微的自闭症形式）有关。《精灵宝可梦》能帮助自闭症儿童更好地融入周围的人群，也就不足为奇了。

2016 年，成功的神话再次重演：凭借《精灵宝可梦》，任天堂陷入低迷的股票价值在 5 天内飙升了 100 亿欧元。

第三部分

网　络

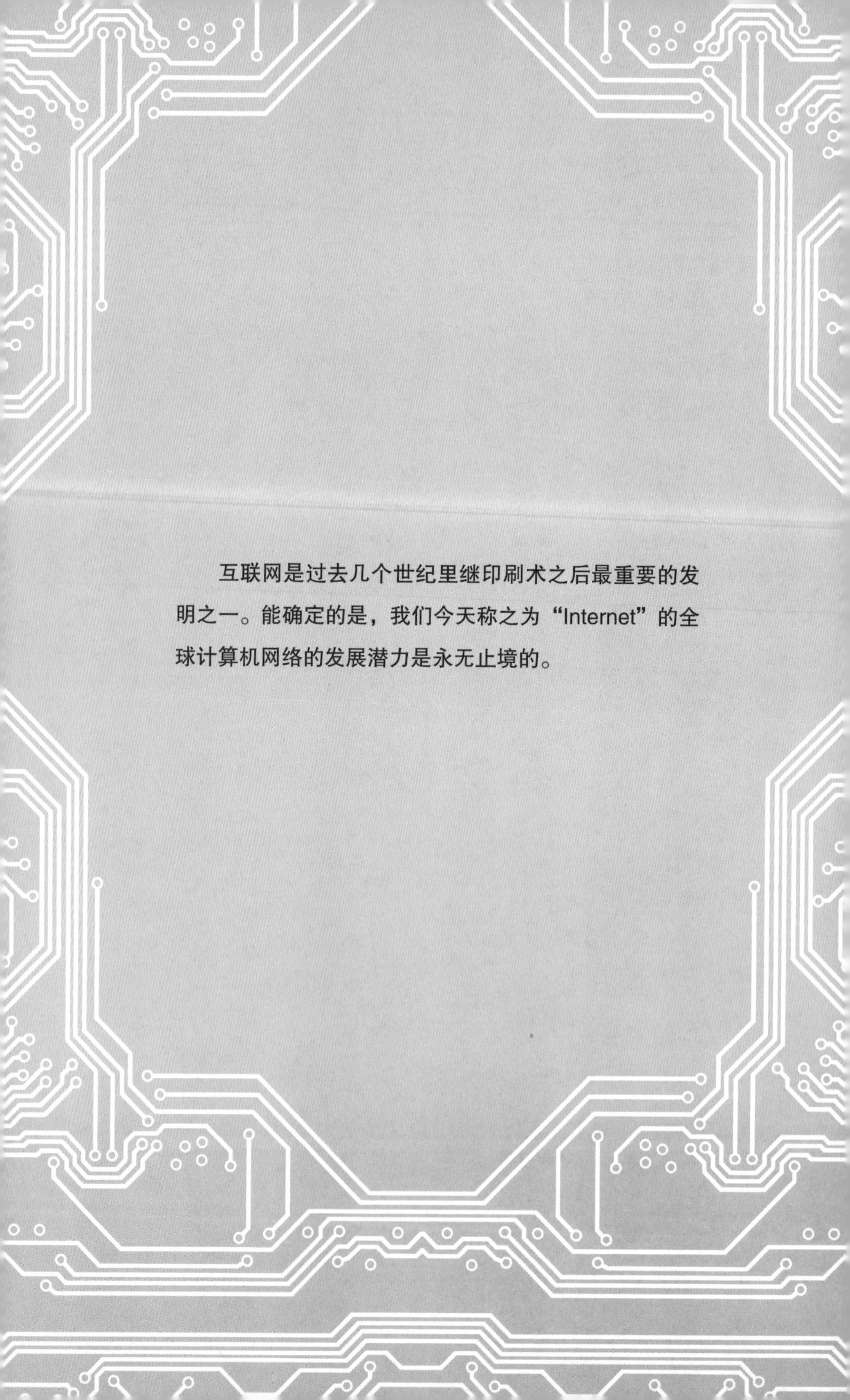

互联网是过去几个世纪里继印刷术之后最重要的发明之一。能确定的是，我们今天称之为“Internet”的全球计算机网络的发展潜力是永无止境的。

第十章
互联网的历史

> 要找到可以与互联网的发明相类比的东西，我们就得追溯到印刷术的发明。这标志着大众媒体的诞生，同时也是旧秩序、连同维护它的国王和贵族们垮台的真正原因。
>
> ——鲁伯特·默多克

鲁伯特·默多克一针见血的名言已经说明了一切。毫不夸张地说，互联网是过去几个世纪里继印刷术之后最重要的发明之一。我在本章中将要探究的就是，我们今天称之为“Internet”的这种计算机网络的全球性连接究竟是如何产生的。很快你就会发现，互联网真的不是“新大陆”，就像默克尔在 2013 年说的那样 [1]。当然，在这一章里，我同样会尽量保持内容紧凑。如果追求面面俱到，互联网的发展史显然不是一章内容的篇幅可以说得完的。

10.1 互联网的起源

对于第一批计算机的发明来说，第二次世界大战在某种意义上成为一种推动创新的力量，而这些项目的投资方往往是国家或者军方。互联网的起源也很相似，只是这一次，美国和苏联之间的冷战成为技术军备竞赛的助推器。

如果你已经仔细阅读了之前的内容，就一定知道，人类历史一直在寻求传递消息的最佳途径。从作为信号的火炬开始，到电报、电话，更新更好的方式不断出现。类似的媒介当然还包括可以向特定目标群体传播信息的广播和电视。

另一股推动力量，是 1957 年 10 月 4 日由苏联成功发射升空的人造卫星“斯普特尼克 1 号”。它的升空完全出乎西方世界的意料，尤其是同样宣布了类似计划的美国。“斯普特尼克 1 号”在轨道上运行了 21 天，向地面发送短波信号，证实了在太空中定位物体的可行性。世界各

[1] 时任德国总理默克尔在 2013 年与奥巴马共同出席新闻发布会时，在提到棱镜监听事件时说：“因特网对我们所有人来说都不是新大陆。”这句话在德国媒体上引起了热议。

地都可以接收到来自人造卫星的哔哔响的信号。92 天之后，这颗卫星在进入地球大气层时烧毁。由此，苏联在通信技术方面已领先美国一大步。

图 10.1　“斯普特尼克 1 号”震惊了西方世界

10.1.1　分时系统（20 世纪 50 年代）

关于（本地）网络的想法其实很早就有了。早在 20 世纪 50 年代，网络的第一块基石，随着第一个分时系统的建立就已经确立。通过这个系统，多个用户就可以通过终端同时在一台计算机上工作。所有用户其实是轮流分享了运行时间，造成了一种每个用户都可以同时调用计算机系统资源的印象。它的运作原理是把运行时间划分为小的时间片分配给每个用户，而真正的同时工作在那个时候还无法达成。通过这样的方式，一个本地数据传输网络就建立了起来。约翰·麦卡锡是开发这个分时系统（也称为公用计算机）的先驱之一，他同样是 Lisp 编程语言的发明者。麦卡锡在前三个分时系统的创建中发挥了重要作用，他的一位同事曾在《洛杉矶时报》上说：如果约翰（麦卡锡）没有推动分时系统的开发，互联网就不会那么早出现。

10.1.2　（D）ARPA（1958 年）

我们回到“斯普特尼克 1 号”的话题上。当时苏联凭借人造卫星踏出了宇宙航行的第一步，美国对此感到极度震惊，他们从未想过苏联在技术上可以拥有如此惊人的飞跃。1958 年，美国国防部在艾森豪威尔总统的主张下成立了新机构 ARPA（Advanced Research Projects Agency，高级研究规划署，即“阿帕”）。该工作组成立的主要目的是，向各个大学和研究机构指派科学项目，当然同时也提供研究资金。ARPA 就好比是美国技术进步的资助者，为的是不再让“斯普特尼克 1 号”这样的事件重演。这个组织后来更名为 DARPA——“D”代表“防御”（Defense），也就是说，DARPA 的重心转向了打击恐怖主义。

ARPA 源于对核战争的恐惧？

从上文中你已经了解到，这个组织最初的焦点在于技术进步。而另一种关于这个组织起源的解释，则听起来仿佛詹姆斯·邦德电影里的情节：根据某些传闻，网络（阿帕网）的创建是出于对核攻击的恐惧。冷战和“斯普特尼克 1 号”当然可以算作触发因素，但 ARPA 的主要目的还是保障美国在技术上不落后于苏联和其他对手，从而能够更好地保护自己免受可能的攻击。

这个组织虽然是由国防部资助的，但它的研究成果往往会向公众发布和展示。经典的例子包括 TCP/IP 和 GPS，它们都是诞生于（D）ARPA 资助的项目。

1962 年，ARPA 成立了新部门——“指挥与控制办公室”，这是它朝着信息技术方向迈出的重要的第一步。约瑟夫·利克莱德，为之后的计算机网络奠定了基础的先驱之一，被 ARPA 任命为新项目的负责人。他在 1962—1964 年间领导这个部门，赞助了许多开创性的项目，例如分时系统和人工智能；他还组织了一批科学家与工程师，为的是可持续地把他的观点和愿景转化为实际。现在，这个部门已更名为 IPTO（Information Processing Techniques Office，信息处理技术办公室）。

在离开 IPTO 前，利克莱德任命了计算机图形学先驱伊凡·苏泽兰特作为他的继任者。1962 年，在撰写博士论文的过程中，苏泽兰特开发了 Sketchpad 程序。这个程序被认为是最早的交互式图形应用程序之一。苏泽兰特上任后一年，即 1966 年，苏泽兰特的助手罗伯特·W. 泰勒接管了 ARPA 的管理工作。泰勒此前在 NASA 时向道格拉斯·卡尔·恩格尔巴特在斯坦福研究所的计算机显示技术项目提供过经济上的支持。计算机鼠标就是从这个项目中诞生的，这段历史我们已经在 2.13 节中读到了。

虽然当时已经存在分时系统，单个的终端可以连接到一台大型计算机上，但每台大型计算机仍旧拥有自己的语言，彼此并不兼容。更大的问题在于，越来越多的大学和研究机构想要拥有自己的大型计算机，但大型计算机在当时价格极高，为每个机构配备一台这样的计算机是不现实的。这就催生了新的研究项目：泰勒试图通过创建一个计算机网络来节省不断购置大型机的资金投入。

10.1.3 阿帕网（Arpanet）（1968 年）

能够节省资金投入的主意总是受欢迎的，ARPA 立即向泰勒提供了项目资金支持。泰勒随后聘请了当时在林肯实验室工作的劳伦斯·罗伯茨作为项目主管。罗伯茨曾经参与过一项由 ARPA 资助的研究，成功通过拨号线路把两台计算机互相连接，所以具有与计算机网络打交道的经验，而且这项研究证明了计算机之间的时间共享和资源共享完全是可能的。因此，泰勒把这个项目交给了罗伯茨。

罗伯茨的计划是，把分布在美国西部的四台不同大型机连接起来。这四台计算机分别位于洛杉矶大学（带有 SEX 操作系统的 SDS Sigma 7）、斯坦福研究所（带有 Genie 操作系统的 ADS949）、圣巴巴拉大学（带有 OS 操作系统的 IBM S/360）和犹他大学（带有 TENEX 320 操作系统的 DEC PDP-10）。如今要实现这样的连接简直易如反掌，但你得知道，当时根本不存在大型机之间数据交换的标准。因此，他们首先在 1968 年发起了一个关于开发不同大型机之间统一接口的项目招标。

招标发送给有资格参与此类项目的 140 家公司后，有 12 家提交了报价。IBM 没有参与，因为他们认为这个项目无利可图。最后，这个项目交给了博尔特·贝拉尼克 - 纽曼公司，即 BBN。BBN 的任务是在四台计算机节点之间创建一个能正常运行的网络。通过将每台大型机本地连接到一台独立微型计算机，即 IMP（Interface Message Processor，接口消息处理器），就可以解决无法兼容的问题。当时 BBN 选择了霍尼韦尔 16 系列（DDP-516）作为用于分组交换的微型机，因为他们已经在过往的研究中对霍尼韦尔有了相当的了解。实际上，这台被称为微型计算机的 IMP，仍然重达 400 千克，造价高达 10 万美元。

霍尼韦尔

霍尼韦尔公司的微型计算机属于第一批商用 16 位计算机。DDP-516 及其后续机型 H316（后来也用作阿帕网的 IMP）是其中最受欢迎的型号。

启动阿帕网所缺少的最后一块拼图，是数据的传输。这里采用了保罗·巴兰的数据包交换概念。微型计算机将要传输的信息分成小包，每个小包都被赋予一个发送者地址和一个接收者地址，然后借助路由表进行传输。不过，在一个由相互联网的节点计算机组成的网络中，通过分组交换来传输信息的想法，并不是随着阿帕网的建立而诞生的，而是由巴兰在美国兰德公司任职期间为美国航空开发的。巴兰在 1964 年发表的著作《分布式通信》中提出了这个概念，泰勒把它应用到了阿帕网上。

1969 年 9 月 2 日，第一台 IMP 连接到了洛杉矶大学的 SDS Sigma 7 上，使它成为阿帕网中的第一个节点。另外三个远程站还没有与 IMP 相连，所以这个时候还不存在数据传输。10 月 29 日，斯坦福研究所在大型机 ADS 949 上安装了 IMP，两台计算机之间的首次数据传输成为现实。晚上 10 点 30 分，消息“lo”从洛杉矶传送到了位于门洛帕克的斯坦福研究所的第二个节点上。传送的内容其实是“login”这个词，但是发送完“l”和“o”这两个字母后，系统就崩溃了。所以阿帕网中传输的第一条消息是两个字母——“lo”。一个小时后，完整的单词被成功地传输了出去。传输速度为每秒 50 千比特 ，即 0.05 Mbps。也就是说，下载一首 5MB 的 MP3 歌曲需要耗时 13 分 20 秒。而根据今天的网络所达到的效率，传送 50 000 KB 的数据，需要的时间不超过 1 秒。

10.1.4　第一个“计算机病毒”（1971 年）

爬行者计算机病毒在 1971 年首次出现的时候，阿帕网上还只有 35 个节点。当屏幕上显示“我是爬行者，有本事就抓住我！”的字样时，你只能靠想象来还原当时用户脸上的惊愕表情了。然而，当时编写第一个恶意软件的并不是黑客，而是 BBN 自己的一位科学家鲍勃·托马斯，这只是他的一次实验。爬行者病毒更像是一种蠕虫病毒，是一种可以自行从一台计算机向另一台计算机移动的病毒。在这种情况下，所有运行 TENEX 操作系统并且连接到阿帕网上的 DEC PDP–10 大型机都会受到影响。

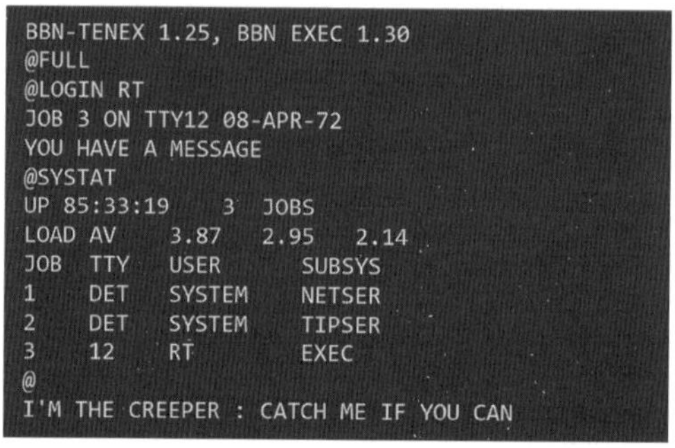

```
BBN-TENEX 1.25, BBN EXEC 1.30
@FULL
@LOGIN RT
JOB 3 ON TTY12 08-APR-72
YOU HAVE A MESSAGE
@SYSTAT
UP 85:33:19    3  JOBS
LOAD AV     3.87   2.95   2.14
JOB  TTY   USER       SUBSYS
1    DET   SYSTEM     NETSER
2    DET   SYSTEM     TIPSER
3    12    RT         EXEC
@
I'M THE CREEPER : CATCH ME IF YOU CAN
```

图 10.2　当时用户所看到的第一个计算机病毒大约是这个样子的

鲍勃·托马斯想通过实验证明，编写一个通过网络进行自我复制的程序完全是可行的。不过和今天的病毒不同，他的病毒并没有造成任何损失，只是在屏幕上显示了一段神秘的文字。在取名时，他参考了 20 世纪 70 年代流行的卡通片系列《史酷比》中的绿色皮肤的幽灵或者僵尸一类的角色。

托马斯的实验“成功”之后，雷·汤姆林森编写了死神程序——Reaper，这可能是最早的杀毒软件了。Reaper 程序的原理与病毒非常相似，同样通过网络不断传播，以此查找和删除爬行者病毒。虽然爬行者被称为最早的计算机病毒，但根据今天的定义，它与普通病毒有着较大的区别，确切说它实际上是一种蠕虫病毒。

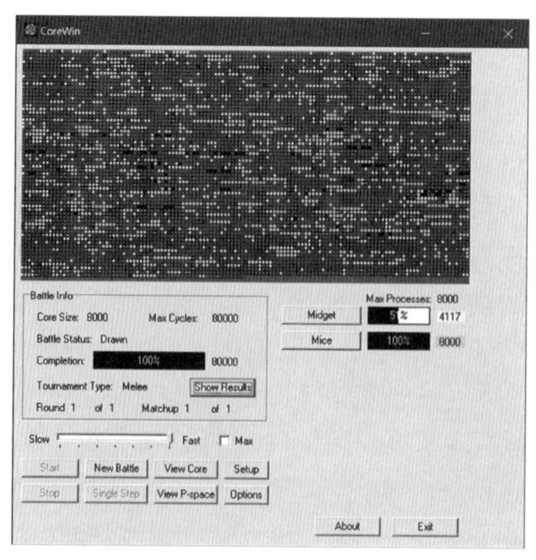

图 10.3　编程游戏《磁芯大战》拥有众多版本，图为 Windows 上的版本，这场程序大战的作战语言是汇编语言

根据爬行者与死神的这场较量，杜特尼后来开发了一款编程游戏《磁芯大战》。在这款游戏中，两个程序在虚拟机上的同一内存空间内相互竞争，幸存下来的程序就获得了游戏的胜利。这些程序是用一种叫作 Redcode 的简单汇编语言编写的。

10.1.5 引入更完善的服务（电子邮件、FTP、Telnet）（1971 年）

在成功地建立起阿帕网，并把越来越多的计算机连接进来之后，各种网络服务也渐次出现。文件传输协议（File Transfer Protocol，FTP）诞生于 1971 年，后来成为阿帕网中主机与计算机之间传输文件的最重要协议之一。此外，为了实现计算机远程访问，也有一系列相应的程序诞生，Telnet 可以算作其中的标准。

1971 年，雷·汤姆林森开发了一款杀手级应用程序，即如今人尽皆知的 E-mail。汤姆林森也是第一个杀毒程序 Reaper 的开发者，当时正在研究一款可用于计算机之间文件传输的程序 CPYNET（Copynet）。当时已经存在的程序 SNDMSG（Send Message），可在同一台计算机上向另一个用户发送电子消息。汤姆林森发现，只要把 CPYNET 程序与 SNDMSG 结合起来，就可以将消息从一台计算机发送到另一台计算机上。稍作修改，第一个电子邮件程序便诞生了，两年后它成为阿帕网中使用最广泛的应用程序。不过这个电子邮件系统还不能与我们今天所知的电子邮件系统相提并论。劳伦斯·罗伯茨后来为它编写了一个邮件客户端。

@ 符号也是汤姆林森引入的，我们今天一看到它就会联想到电子邮件。他选择 @ 符号，是因为它是英语打字机的键盘上（包括计算机键盘）已经存在的符号，却始终没有已知的具体含义。他发明了 user@host 形式，区分了用户的姓名和他所使用的主机。这样一来，收件人就非常容易辨认出来。在德国，@ 符号也常被形象地称为“蜘蛛猴”。

10.1.6 阿帕网中的第一封垃圾邮件（1978 年）

计算机经销商加里·苏尔克在 1978 年 5 月 1 日发出了阿帕网中的第一封广告电子邮件。这是一封关于新 DEC 系统系列计算机展示会的邀请信。发布会在西海岸举行，苏尔克便授意一位 DEC 程序员获取了该地区的阿帕网用户名单。这份名单包含了大约 400 名用户，但广告电子邮件仅发送给了其中的320人，因为电子邮件程序在这个过程中崩溃了，无法联系到所有收件人。

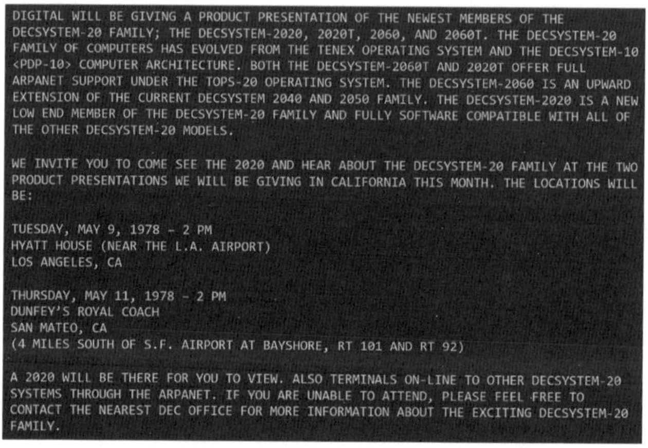

DIGITAL WILL BE GIVING A PRODUCT PRESENTATION OF THE NEWEST MEMBERS OF THE DECSYSTEM-20 FAMILY; THE DECSYSTEM-2020, 2020T, 2060, AND 2060T. THE DECSYSTEM-20 FAMILY OF COMPUTERS HAS EVOLVED FROM THE TENEX OPERATING SYSTEM AND THE DECSYSTEM-10 <PDP-10> COMPUTER ARCHITECTURE. BOTH THE DECSYSTEM-2060T AND 2020T OFFER FULL ARPANET SUPPORT UNDER THE TOPS-20 OPERATING SYSTEM. THE DECSYSTEM-2060 IS AN UPWARD EXTENSION OF THE CURRENT DECSYSTEM 2040 AND 2050 FAMILY. THE DECSYSTEM-2020 IS A NEW LOW END MEMBER OF THE DECSYSTEM-20 FAMILY AND FULLY SOFTWARE COMPATIBLE WITH ALL OF THE OTHER DECSYSTEM-20 MODELS.

WE INVITE YOU TO COME SEE THE 2020 AND HEAR ABOUT THE DECSYSTEM-20 FAMILY AT THE TWO PRODUCT PRESENTATIONS WE WILL BE GIVING IN CALIFORNIA THIS MONTH. THE LOCATIONS WILL BE:

TUESDAY, MAY 9, 1978 - 2 PM
HYATT HOUSE (NEAR THE L.A. AIRPORT)
LOS ANGELES, CA

THURSDAY, MAY 11, 1978 - 2 PM
DUNFEY'S ROYAL COACH
SAN MATEO, CA
(4 MILES SOUTH OF S.F. AIRPORT AT BAYSHORE, RT 101 AND RT 92)

A 2020 WILL BE THERE FOR YOU TO VIEW. ALSO TERMINALS ON-LINE TO OTHER DECSYSTEM-20 SYSTEMS THROUGH THE ARPANET. IF YOU ARE UNABLE TO ATTEND, PLEASE FEEL FREE TO CONTACT THE NEAREST DEC OFFICE FOR MORE INFORMATION ABOUT THE EXCITING DECSYSTEM-20 FAMILY.

图 10.4　计算机经销商加里·苏尔克在 1978 年 5 月 1 日通过阿帕网发送了第一封广告电子邮件

苏尔克选取的收件人，可谓是百分之百地覆盖了目标群体，因为绝大多数的阿帕网用户都是计算机专业人士，显然都对计算机系统感兴趣。据《华尔街日报》报道，当日至少有40位客户前来观摩了DEC计算机的演示，新DEC计算机的销售额据说达到了1 200万美元。尽管如此，加里·苏尔克这个名字还是因此与垃圾邮件那不怎么光彩的历史牢牢联系在了一起。他的广告电子邮件显然也不可能成为受欢迎的对象。

10.1.7　互联网之父

蒂姆·伯纳斯–李当然是当之无愧的万维网之父。但是另外两位对因特网的发展做出巨大贡献的开拓者——鲍勃和温顿，即鲍勃·卡恩和温顿·瑟夫，却往往被人遗忘。他们开发了对网络至关重要的连接协议TCP以及IP，两者后来被合二为一称为TCP/IP。

不同网络的出现催生了这个协议。当时，除了基于电话线的阿帕网之外，还有基于卫星分组交换模式的卫星网以及陆地无线电网络。不同网络的接口、数据包大小、标识和传输速率都不尽相同，这使得彼此之间的连接非常复杂。鲍勃·卡恩意识到，不依赖于某一种传输技术从而跨越所有网络进行通信是至关重要的。1973年，他与温顿·瑟夫合作开发了一种新的统一协议，可以把不同的网络相互连接。他们的构想受到了 CYCLADES 网络理念的启发。

CYCLADES 网络

CYCLADES 是法国的一个去中心化网络，它实际上是欧洲面对阿帕网的出现所做出的回应。这个项目始于 1971 年，结束于 1978 年，目的是开发一个以数据包交换为基础的全球电信网络。法国试点项目的分组交换方法成了为阿帕网而开发的 TCP/IP 协议参考的原型。CYCLADES 和阿帕网的科研人员以此交流了各自的研究所得，这种碰撞显然是非常有启发性和生产力的。可以这样说，法国人通过 CYCLADES 为今天的互联网做出了自己的贡献。

经过打磨的新 TCP 规范确立之后，立即被应用到了各种硬件平台上。1978 年诞生的第四个版本——TCP/IP v4，十分稳定可靠，直到今天仍然在互联网上发挥着作用。在美国以外也存在接入阿帕网的计算机节点，比如英国和挪威，这些网点也都被连接起来进行 TCP/IP 测试。1983 年，阿帕网正式采用 TCP/IP 协议。此时已经有 4 000 台计算机连接在阿帕网中。

同样在 1983 年，免费的 BSD UNIX 4.2 版本问世，TCP/IP 也被添加到这个版本中，作为操作系统的一部分，这使得这项技术在学术领域迅速传播。

不过，到这个时候为止，统一的 TCP/IP v4 标准还没有征服整个世界。总部位于欧洲的国际标准化组织（International Organization for Standardization，ISO）的女士们、绅士们，从 20 世纪 70 年代中期开始，就一直致力于为开放系统之间的连接制定自己的标准——OSI 多层模型（开放式系统互联模型，Open System Interconnection，OSI）。然而，在背后驱动着这个工作组的，并不纯粹是科学研究和技术进步上的追求，包括国家政府、国家邮政垄断企业和计算机制造商在内的各种利益集团也都靠游说等手段左右着事情的走向。权力和金钱的干扰，使得 TCP/IP 这样经过科学家和程序员长期研发和测试的标准，无法与政府支持的 ISO/OSI 模型标准相竞争，始终处于边缘化的位置。TCP/IP 虽然被称为参考模型，但它确实是从实践中产生的。

尽管有 TCP/IP 这样的协议标准存在，但在互联网之外，比如在本地网络中，另一些部分不兼容的网络协议也被使用了很长时间。著名的网络协议有微软 Windows 的 NetBEUI、苹果的 Apple Talk、国际电信联盟电信标准分局（ITU-T）的 X.25、IBM 的 APPC，以及诺威勒（Novell）的 IPX/SPX。由于公司内部的网络交流很少面向外部，这种多样性一直持续到了 20 世纪 90 年代。

随着互联网的出现，IP 地址成为一种强制性要求，TCP/IP 凭借极大的灵活性和路由功能而成为越来越受欢迎的网络协议，并取代了诺威勒、苹果和微软的内部协议。

10.1.8 CSNET、NSFNET 和 DNS（20 世纪 80 年代）

阿帕网始终处在不间断的发展之中。1981 年建立的 CSNET（Computer Science Network，计算机科学网络）第一次把高校、工业部门和政府团体连接到了阿帕网中，费用由加入网络的用户自行承担。1984 年，德国在 CSNET 中建立了第一个节点，即卡尔斯鲁厄大学。德国用户也终于能够与美国和其他联网国家的信息学机构进行交流。交流的形式主要为电子邮件。通过卡尔斯鲁厄大学的节点，更多的信息学院系和研究机构以及后来的商业客户都与阿帕网建立了连接。

不过 CSNET 其实不是当时唯一的网络。并不是每个机构都能负担得起与 CSNET 连接的费用，所以他们会尝试建立自己的独立网络。比如 BITNET、Usenet、SPAN 和 FidoNet，都是 20 世纪 80 年代出现的知名独立网络。

计算机技术随着个人计算机的出现而飞速发展，越来越多的人参与了进来。非计算机专业机构对网络访问的需求和询问也在增长。为此，国家科学基金会（NSF）资助建立了一个新的骨干网络作为现存的阿帕网的补充，即 NSFNET（National Science Foundation Net，国家科学基金会网络）。5 个设置在美国的超级计算机中心承担起了构成骨干网络的职能。现在不再需要向每一个单独的研究机构提供一个接入通道，它们可以通过自有的区域网络连接进 NSFNET 骨干网络，从而访问任何一个超级计算机中心，实现信息交换。运营成本由区域网络的运营商承担，然后分摊给这个网络的各位用户。

第一封（因特网）电子邮件到达德国

1984 年 8 月 3 日，卡尔斯鲁厄大学收到了第一封电子邮件，主题是“欢迎加入 CSNET！”（原德语标题还含有一个拼写错误）。这封电子邮件是在前一天从马萨诸塞州的剑桥发送出的，收件人是互联网先驱维纳·措恩和他的同事米歇尔·罗特。不过，这封电子邮件究竟是不是世界上的第一封电子邮件，其实是有争议的，因为电子邮件系统在之前就已经存在了。而这封电子邮件之所以如此特别，是因为它没有经过任何网关的转换直接来自CSNET，而CSNET正是未来的因特网的前身。所以它被认为是德国收到的第一封因特网电子邮件。

由于NSFNET骨干网络的使用，阿帕网在互联网上所占的份额变得越来越小。同时，五角大楼也开始担心它的安全性，因为越来越多的计算机连接到网络中来，持续进行着各种各样的数据交换。1983年，五角大楼从阿帕网脱离，建立了新的非公共军用网络MILNET。

1983年，保罗·莫卡派乔斯用DNS（Domain Name System，域名系统）为互联网的成功奠定了另一块重要基石。你可能已经知道，域名系统把神秘的IP地址与能被读懂的URL地址联系了起来，用户就可以使用诸如www.rheinwerk-verlag.de这样更容易记住的有意义的名称，取代46.235.24.168这样的数字串。这样做另一个好处是，可以在用户不注意的情况下更改服务器的IP地址，因为用户通常只会使用有意义的域名。

在保罗·莫卡派乔斯的DNS应用于实际之前，阿帕网的所有网络地址都保存在斯坦福研究所集中维护的host.txt文件中进行管理和更新，并作为文件分发到所有联网的计算机上。对于阿帕网早期的几百台大型机来说，这个做法似乎是可行的。但是随着网络的不断扩张，命名冲突在所难免，过于庞大的host.txt文件不仅难以维护，在使用上也越来越不方便。

使用域名系统之后，网络地址不再存储在文本文件中，而是存储在分布式数据库中。如果用户发起一个类似访问www.rheinwerk-verlag.de的请求，它会通过解析器转发到域名服务器，然后这个DNS地址会被解析为46.235.24.168，并直接或通过进一步的步骤进行委派和转发。当然，这里仅仅以最简略的方式描述了这个过程。DNS包含了域名空间、数据库和域名服务器等各种组件，篇幅所限，这里就不再做详细介绍了。

Symbolics.com是第一个注册域名

在万维网出现前四年，symbolics.com成为第一个注册域名。

这个名称在 1985 年 3 月 15 日被马萨诸塞州一家名为 Symbolics 的小型计算机公司购买。这个公司以开发和销售运行 Lisp 编程语言的计算机（Symbolic Lisp 机器）而闻名。德国的第一个域名是 1986 年 11 月 5 日注册的 uni-dortmund.de。多特蒙德大学在当时负责运营德国的域名服务器。1994 年，围绕着域名 mtv.com，产生了网络上第一桩关于域名的法律纠纷。

10.1.9　IXP 的诞生（20 世纪 90 年代）

由于骨干网的运用，NSFNET 几乎承载了全部的数据往来，阿帕网的重要性随着时间的推移日益削减。在 1989 年底，阿帕网最终被关闭，它的功能和内容被其他网络承担。

随着 NSFNET 的引入，网络运营者尝试向越来越多的商业用户开放网络。然而在最初的几年里，商业活动是被禁止的。这条禁令的部分使用条款在 1991 年得到了修订，商业网站进入网络的障碍消除了。为科研而诞生的网络不可避免地向商业网络转化。在 20 世纪 90 年代最终停用之前，NSFNET 的管理部门两次延长了对骨干网络的资助。

20 世纪 90 年代，网络中已经存在数量可观的商业运营者，他们可以管理数据传输并且向用户提供访问网络的接入通道。这些在线企业也间接承担起了深化网络连接的任务。由此产生了一个新的网络重要基础设施——因特网交换中心（Internet exchange point，IXP）。这些网络节点充当了因特网上数据往来的交换点，数百个网络服务供应商连接在每一个节点上。目前全球有超过 340 个这样的 IXP，其中规模最大的是德国法兰克福的 DE-CIX。这样的因特网交换中心通常由多幢大楼组成，里面安置着各种相互连接的网络基础设施。

商业化最初仅针对服务而言。随着使用条款的终止，商业化把内容也包含了进去，比如 CompuServe 的邮件网关，那个时候还不存在网站。但是不久之后，它们就会随着万维网的出现而大量涌现，使互联网呈现出我们今天所熟悉的面貌。

10.2　万维网的发明

在 1989 年之前，万维网是不存在的，当时的网络只提供少数几项服务，比如 FTP、电子邮件或 Netnews（新闻组）等等。用户仍旧使用

Archie[1] 在 FTP 服务器上进行搜索。总的来说，当时的网络仍然高度学术化，对普通用户的吸引力并不大。但这不是说网络上缺乏有吸引力的内容，而是缺少了一个有效的信息互联。

10.2.1　万维网之父

蒂姆·伯纳斯–李在瑞士的欧洲核子研究组织（CERN）科研期间发明了万维网，这对于大多数读者来说早已不是什么秘密了。比起计算机技术创新，这个组织显然是以核研究而闻名的。那么万维网究竟是怎么在这里诞生的呢？这就是我们接下来要讲述的内容。

在谈到 1948 年的英国电子管计算机曼彻斯特“马克 1 号”时，我简要地提到了蒂姆·伯纳斯–李的父母，这两位数学家参与了这台计算机的开发。所以可以这么说，蒂姆·伯纳斯–李实际上是在一个与计算机密切相关的环境中长大的。之后他在英国牛津大学学习物理学，1978 年曾任软件开发师，随后担任咨询工程师。1980 年，他第一次以咨询工程师这种身份在核子研究组织工作了 6 个月。

无数科研人员在那里使用不同的计算机和软件程序完成不同的工作，其中的大多数工作已经可以通过电子邮件和数据共享来完成。这些科学家们还必须跟踪不同的项目，各研究所之间的信息交流也非常活跃。但是，现有的技术，例如 FTP 或电子邮件，渐渐不堪重负；使用 Archie 或 WAIS[2] 查找信息也需要耗费大量时间，更不用说对信息进行管理了。组织信息变得越来越困难。

10.2.2　ENQUIRE——万维网的前身（1980 年）

早在 1980 年，蒂姆·伯纳斯–李就尝试借助泰德·尼尔森的“超文本概念”来解决可能出现的数据混乱问题。后者在 1965 年题为《复杂、不断变化、不确定的文件架构》的公开演讲中首次提到这个概念。这种超文本不仅包含了不可见的设计注释说明，还包含能索引到其他文本段落（或文档）的超链接，即交叉检索。蒂姆·伯纳斯–李把自己的第一个超文本程序称为 ENQUIRE。这个程序是用 Pascal 编程语言编写

[1]　Archie 被称为现代搜索引擎的祖先，更详细的介绍请见 10.4.1 节。

[2]　WAIS 全称 Wide Area Information System，即广域信息查询系统。WAIS 系统可以通过服务器目录对各个服务器进行跟踪，并且允许用户通过 WAIS 客户端程序对信息进行查找。

的，以 80 × 24 字符的文本模式在终端上运行。它可以被想象成一个数字化的卡片索引系统，索引卡片之间建立了内容上的链接。虽然这个系统称不上完善，因为维持信息更新仍然需要耗费大量时间，但是文件之间已经建立起了超链接。1980 年，在 CERN 工作的 6 个月里，蒂姆·伯纳斯 – 李一直试图激起公司对这个程序的兴趣，但他的努力并没有什么成效，项目随着他的离开而终止。如果当时有人把他的研究继续下去，这个程序可能就会展现出更大的潜力。

10.2.3　万维网的开始（1984—1990 年）

1984 年，蒂姆·伯纳斯 – 李被欧洲核子研究组织正式聘用。1987 年，他在工作中接触到了 CERNDOC。CERNDOC 是 CERN 的数字文档管理系统，由卢瑟福实验室于 1984 年开发，蒂姆·伯纳斯 – 李所在的部门和许多其他 CERN 的部门向这个系统提交自己的信息。所有类型的信息和文件都记录在数据库中，并且可以通过关键字进行检索。

然而 CERNDOC 绝对算不上一个易于使用的系统，蒂姆·伯纳斯 – 李便产生了改善这个系统的想法。值得注意的是，CERNDOC 已经是一个早期的 SGML 语言的应用程序，蒂姆·伯纳斯 – 李对这种 SGML 句法做出了改动之后开发了 HTML 语言。1989 年 3 月 12 日，蒂姆·伯纳斯 – 李向他的雇主建议启动这个基于超文本原则的项目，旨在简化世界各地科学家之间的信息交流。几年前他就已经借助 ENQUIRE 项目做了一些尝试，但当时的工作随着他的离开而中断。

这一次，他的项目获得了批准。1990 年 10 月，他与万维网的共同发明人，比利时计算机科学家罗伯特·卡里奥一起为超文本提出了一个相应的纲领，对这个构想和围绕网络的其他概念进行了定义。这个超文本项目被称为“万维网”——一个由超文本文档构成的网络，用户可以通过浏览器查看这些文档。

1990 年底，蒂姆·伯纳斯 – 李开发了第一个同名网络浏览器“World Wide Web”（通常被简写为 WWW），并在 CERN 建立了第一个网络服务器（CERN HTTPD）用于展示他的想法。他在装有 NeXTStep 操作系统的 NeXT 计算机上开发了这个软件。info.cern.ch 是 CERN 网络服务器上的第一个网站地址。网络上的第一个页面地址是 http://info.cern.ch/hypertext/WWW/TheProject.html。后来他把用 Objective-C 语言开发的浏览器 WWW 更名为 Nexus，这样就可以与万维网清晰地区别开来。这个浏览器可以打开 NeXTStep 系统支持的所有文件类型。它不仅能够显示超文本文档，还能够创建文档，在文档中嵌入指向其他超文本文档或图形的链接。不过，图形仍然需要在单独的窗口中显示；书签功能也尚未出现，但用户可以创建自己的起始页。

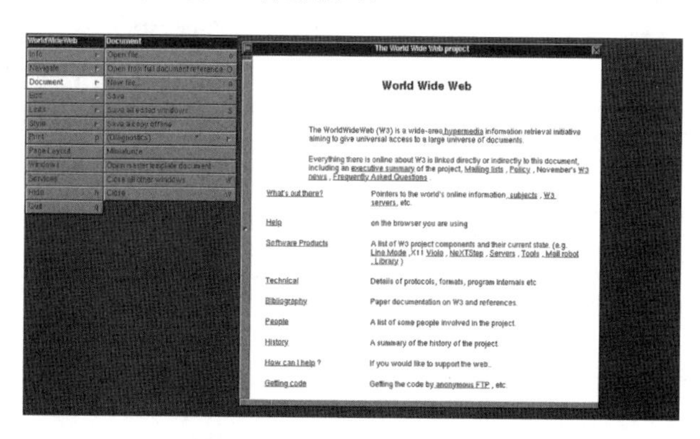

图 10.5　第一个网络浏览器 WWW，以及最早的网站 info.cern.ch

此外，蒂姆・伯纳斯 – 李开发了超文本标记语言 HTML 的第一个简单版本，用它可以创建超文本文档。超文本文档的格式，则参照现存的 ISO 标准，SGML（Standard Generalized Markup Language，标准通用标记语言）。他还开发了专用于超文本的 HTTP 协议（超文本传输协议，Hyper Text Transfer Protocol）。总之，在极短的时间之内，万维网的基石就已经奠定，开发了 HTML、HTTP 传输协议、URL（起初并没有使用这个名称）、第一个网络浏览器和第一个网络服务器。

我们来创建一个简单的网站，如果你想对 HTML 标记语言和超链接有一个直观的感受，可以尝试自己创建一个非常简单的网页。你只需要一个文本编辑器，但它必须是一个纯 ASCII 文本编辑器，例如 Windows 上的记事本。你可以在文本编辑器中输入以下 HTML 基础结构：

```
<!DOCTYPE html>
<html>
  <head>
    <title></title>
  </head>
  <body>
```

```
  </body>
</html>
```

现在把文档保存为以 html 为扩展名的文件，例如 index.html。这个基本的 HTML 结构是网络上任何 HTML 文档的最低要求。在当时，这个基础结构看起来与今天的并不完全相同，不过这里只是向你展示一下 HTML 标记语言的原理。我们通过双击在网络浏览器中打开保存的文档，会看到一个空网页。<!DOCTYPE html> 是文档类型声明。<html> 和 </html> 之间是 HTML 文档的根元素。<head> 和 </head> 之间是关于网站的信息，它包含了标题（如 <title> </title>），以及与网络浏览器或搜索引擎相关的其他数据。<body> 和 </body> 之间是有待展示的信息本身。我们现在要往 <body> 和 </body> 之间填充一些内容。经过扩展的 HTML 文档如下所示：

```
<!DOCTYPE html>
<html>
  <head>
    <title> 计算机史 </title>
  </head>
  <body>
    <h1> 我的第一个页面 </h1>
    <p> 我的第一段文章！ </p>
    <p> 参阅 <a href="http://www.rheinwerk-verlag.de">
        莱茵韦尔克出版社 </a>.</p>
  </body>
</html>
```

再次保存文档，然后双击这个文件，在网络浏览器中打开它。在 <h1> 和 </h1> 之间，创建一个第一顺序的标题，并用 <p> 和 </p> 创建一个普通的段落。<a> 和 </a> 标记之间写入的文本用作超链接。要把超链接连接到网络的另一个文档上，就要使用 href 标记给出目标网址。这个例子中设置了指向 Rheinwerk Verlag 网站（http://www.rheinwerk-verlag.de/）的超链接。如果你在网络浏览器的 HTML 文档中单击此超链接，Rheinwerk Verlag 网站就会在浏览器中加载了。

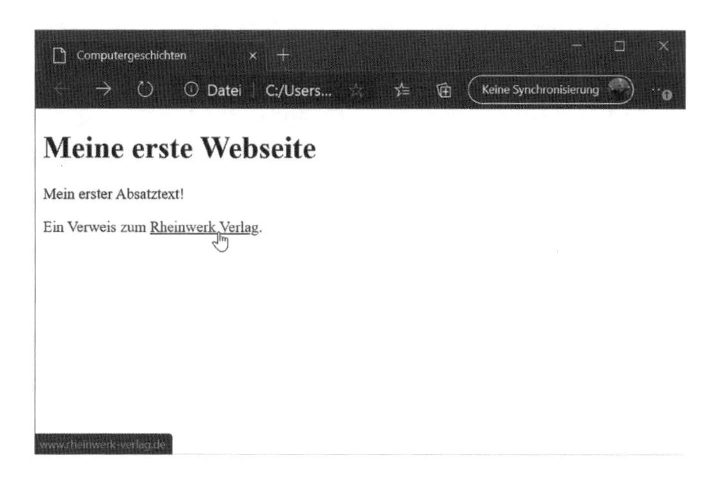

图 10.6　网络浏览器中一个带有超链接的简单 HTML 文档

10.2.4　Line Mode 浏览器（1991 年）

到这个时候，仍然只有少数拥有 NeXT 计算机的用户才有机会使用浏览器，这在欧洲核子研究组织中也只占少数。当务之急是要增加这个项目的关注度，让更多人能够接触到它。蒂姆·伯纳斯－李需要寻找一个可以在其他平台上编写网络浏览器的人。他找到了实习生妮可拉·佩

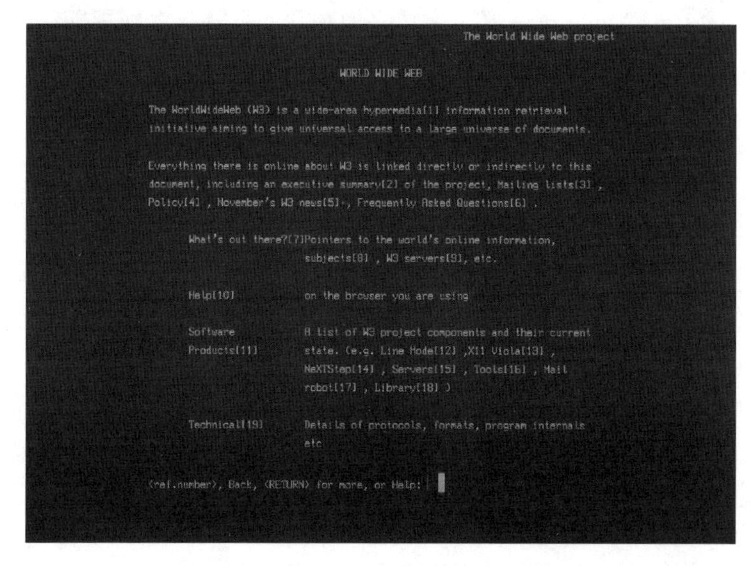

图 10.7　运行中的 Line Mode 浏览器，
此处为网站 http://line-mode.cern.ch/ 上的模拟版本

洛，委托她开发 Line Mode 浏览器。不过，这款 Line Mode 浏览器是面向命令行的，用户必须通过键盘来操作。它的使用体验无法与 NeXT 计算机上的 WWW 浏览器相提并论，但它的优势是可以在多种平台上使用，这样就能更好地展示 WWW 这个功能强大的新媒介。

Line Mode 浏览器于 1991 年 8 月在新闻组 alt.hypertext 中发布，并迅速传播到世界各地。

不过，比 Line Mode 浏览器和 WWW 浏览器更重要的是，蒂姆·伯纳斯－李在 1991 年还发布了一个名为 Libwww 的应用程序库。它包含了万维网技术的所有必要组件，这使得开发网络应用程序成为可能，也为开发人员编写自己的网络浏览器提供了便利。

10.2.5 万维网上线（1991 年）

这个标题听起来或许有些奇怪，但是请别忘记，万维网实际上只是互联网上的一项服务，而不是互联网本身。1991 年 12 月，时机终于成熟，第一台网络服务器在美国的 SLAC（Stanford Linear Accelerator Center，斯坦福直线加速器中心）上线。但是，可靠的网络浏览器仍旧空缺着。NeXT 计算机上已经装载的网络浏览器，即 World Wide Web 浏览器，虽然十分出色，但仅限于在当时并不常见的系统上运行。而易于安装的 Line Mode 浏览器对用户来说却并不友好，在展现网络的强大功能方面也有一定的局限性。

很明显，欧洲核子研究组织无法解决所有的问题。蒂姆·伯纳斯－李开始在互联网上呼吁，希望有更多的开发人员参与进来。不久，第一个带有图形用户界面的面向大众的网络浏览器问世了，这在某种程度上也要归功于蒂姆·伯纳斯－李发布的 Libwww 库。1993 年，美国伊利诺伊大学的 NCSA（National Center for Supercomputing Applications，国家超级计算机应用中心）发布了 Mosaic 网络浏览器，它对万维网的传播产生了极大的影响。起初这款浏览器是面向带有 X 窗口系统的 UNIX 系统的，后来也成为第一款同时支持 Windows 和麦金塔的浏览器。鼠标和超链接使得网站的导航变得更为简单，不具备专业知识的普通用户从此也能轻松地访问互联网资源了。一夜之间，“Mosaic”几乎成为“网络浏览器”的代名词。

网络浏览器堪称万维网的最重要组成部分，它的历史我们将在下一节中做更详细的介绍。从这个时候开始，万维网进入了加速发展的轨道。1995 年末至 1996 年末，网络服务器从 500 个增加到了 1 万个（以及大约 1 000 万用户）。就像之前的电子邮件一样，万维网成为因特网中另一个所谓杀手级的应用程序。诞生于科研创新的万维网，实现了内容的关联和接入的便捷，使得因特网成为当今每个人生活中习以为常的重要部分。

鉴于万维网不可估量的潜力，难免有人想将它用于商业目的。为了使万维网在这个商业化的世界里不至于突然向用户收取使用许可费用，CERN 管理部门早在 1993 年就编写了一份文件，保障了万维网使用的无偿性。

10.3　网络浏览器的历史

万维网诞生后，网络浏览器是随之出现的一种新型软件，它对于万维网和整个操作系统的重要意义是不言而喻的。对每个使用计算机、平板计算机或者智能手机的用户来说，网络浏览器或许是最不可或缺的软件了。借助它，用户才可以浏览万维网中各种通过超链接互相关联的网站。最早出现的两个网络浏览器，即后来更名为 Nexus 的 WWW 浏览器，以及 Line Mode 浏览器，我们在关于万维网起源的段落中已经读到了。在那个时候，万维网的重要意义还没有得到所有人的承认。连比尔・盖茨最初都将互联网视为炒作。但当他注意到可以利用网络浏览器来掌控整个操作系统时，他很快就修正了自己的观点，这个转变最终导致了浏览器战争的爆发。

10.3.1　CERN 之外的第一个网络浏览器（1991—1993 年）

WWW 网络浏览器只能在 NeXTStep 上运行，而行模式的 Line Mode 浏览器并没有真正展示出万维网的强大功能。于是，蒂姆・伯纳斯 – 李呼吁同行们尽快开发具有图形用户界面的网络浏览器，并且无偿开放了他的 Libwww 库。这个库包含了围绕网络的所有核心技术：传输协议（HTTP）、寻址方案（URI）和超文本文档标记语言（HTML）。

不久之后，第一批适用于带有 X 窗口系统的 UNIX 系统网络浏览器就问世了。第一个要从 Erwise 浏览器说起。1992 年 4 月，赫尔辛基大学的四名学生为 UNIX 计算机开发了 Erwise 浏览器，然而随着学业的完成，这个项目就被放弃了。蒂姆・伯纳斯 – 李虽然亲自前往芬兰鼓励大学生们继续研究，但由于缺乏适当的资助，当时也并没有人能够预见万维网的成功，Erwise 项目最终还是不了了之。

另一个非常有前途的网络浏览器是加州大学伯克利分校的学生魏培源的 ViolaWWW。1991 年发布的这款浏览器，同样也受到了蒂姆·伯纳斯 – 李的青睐，各新闻组也对它交口称赞。Viola 是最早提供扩展功能（例如可编写脚本的对象、样式表和表格）的网络浏览器之一，它引入了书签，包含了如今必不可少的前进和后退按钮。它的出现为即将问世的后续浏览器打下了坚实的基础。令人颇感遗憾的是，魏培源后来选择到奥莱利公司担任程序员。他自己也有所察觉，终止这款浏览器的开发工作或许会成为一件令他后悔的事。但可惜他当时并没有为这个项目赢得必要的资金支持，只得优先考虑人生中的其他目标。

同一时期的其他网络浏览器还包括 MidasWWW（1992 年 11 月在

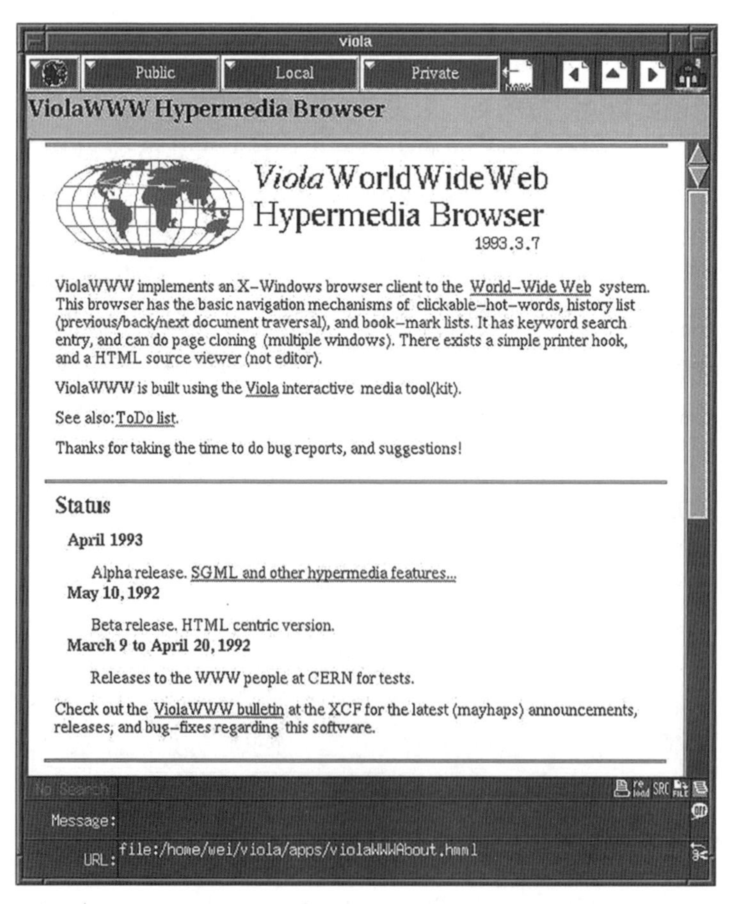

图 10.8　魏培源的 ViolaWWW 网络浏览器也得到了蒂姆·伯纳斯 – 李的高度评价

斯坦福大学 SLAC 发布，适用于 UNIX 和 VMS 系统）和 Lynx（堪萨斯大学发布的文本浏览器）。

这个时候的几乎所有网络浏览器都是在 UNIX 系统中运行的。而康奈尔大学的托马斯·R. 布鲁斯开发了第一个适用于微软 Windows 系统的网络浏览器，即 Cello 浏览器，目的在于为使用 Windows 系统个人计算机的律师们提供一款合适的网络浏览器。Cello 在 1993 年 6 月作为共享软件发布，适用于 Windows 3.11、Windows NT 3.5 以及 OS/2。它成功赢得了多达 20 万名用户。

关于最早的网络浏览器的来龙去脉，我们似乎很少读到或者听到，原因主要在于，这些项目往往半路夭折，而成功进入公众视线的产品也大多很快被更新的产品完全取代。

10.3.2　从 Mosaic 到网景以及 IE 浏览器（1993—1995 年）

继 WWW、ViolaWWW 和 Erwise 浏览器之后，Mosaic 网络浏览器在美国伊利诺伊大学的国家超级计算应用中心诞生。开发团队在马克·安德森和埃里克·比纳的带领下，于 1993 年 11 月发布了第一个版本。它最早的预览版仅支持 UNIX 系统，正式版也可用于微软 Windows 和苹果麦金塔。它结合了之前几个浏览器的亮点，比如 ViolaWWW 的前进 / 后退按钮、纯文本模式网络浏览器 Lynx 的书签，还可以直接显示图像。总之，这款网络浏览器一炮而红，销量超过 200 万份。Mosaic

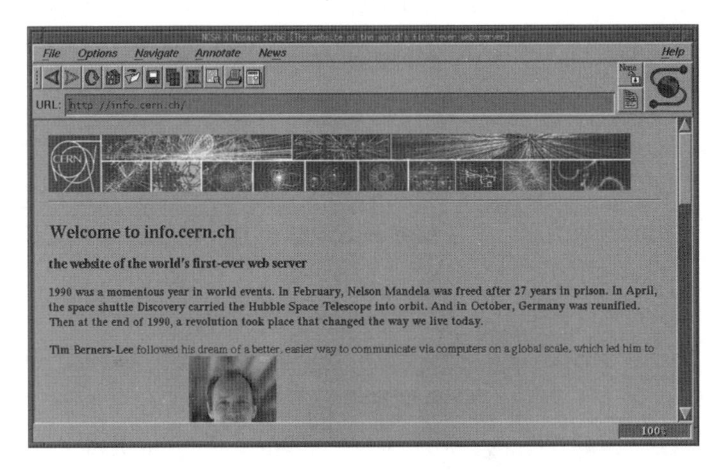

图 10.9　运行中的 Mosaic 网络浏览器。你可以通过 http://oldweb.today/ 来试用这款网络浏览器。不过，许多现代网站无法用它来浏览

浏览器充分挖掘了万维网的可能性，但同时也为它开启了商业化的道路。

马克·安德森和 Mosaic 的许多其他开发人员已经认识到了万维网为网络带来的潜力，于是在投资者吉姆·克拉克的帮助下创立了网景通信公司。新公司开发了网景导航者浏览器，与 NCSA 的 Mosaic 相比，它具有更快的页面加载速度。1994 年末，网景导航者推出了各种不同语言的版本，并且适用于所有常用平台。用户可以从网上免费下载一个试用版，在购买了发行商的相关售后服务之后就能够获得它的改进版。这款浏览器完全取代了 NCSA Mosaic，导致后者在 1997 年停止了后续开发。网景导航者很快成为当时的市场霸主，其他浏览器，比如 Amaya 或者 Opera，只能抓住非常有限的市场份额。

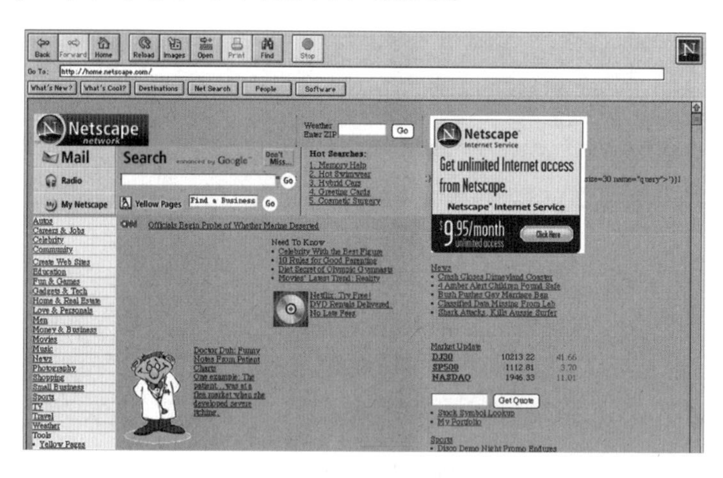

图 10.10　网景导航者迅速成为市场引领者

就像 Navigator 之于网景公司一样，NCSA Mosaic 是微软涉足浏览器领域的第一块敲门砖。马克·安德森和他的开发人员离开大学后，Mosaic 的代码被交给了属于大学的 Spyglass 公司，之后微软取得了已属 Spyglass 公司旗下的 Mosaic 浏览器的授权。1995 年，微软在 NCSA Mosaic 的基础上稍做改动，发布了 Internet Explorer 网络浏览器的第一个版本。IE 浏览器的前两个版本完全无法与网景的 Navigator 相抗衡，甚至都算不上是合格的网络浏览器。而且它是附在加值包里一同出售的，在德国的售价为 100 马克（大约相当于 50 欧元），而网景导航者当时的售价是 35 美元。因此，网景导航者所占市场份额仍然超过 80%。

在第八章编程语言的历史中，你已经了解到，Java 语言由于与网景导航者的结合而取得了突破性的进展。此时，微软也终于意识到了事态的紧迫性。网景导航者已经为开发人员提供了自己的接口，他们可以借此开发在浏览器中运行的程序。Java 语言的引入，带来了更多这样的接口，网景导航者显然有成为操作系统“套口”（也称为中间件）的势态，而底层操作系统的重要性将被削弱。毕竟网景导航者也可用于许多其他操作系统，因此，微软的战略是争夺网景导航者的市场份额。

10.3.3 浏览器大战（1995—1998 年）

微软与网景较量的第一步，是推出一个有说服力的 IE 浏览器版本，Internet Explorer 3.0 终于达到了这个要求。此外，与网景导航者一样，他们也添加了自己的电子邮件程序。还有一个不可忽视的措施，他们利用了操作系统制造商可以捆绑软件并免费提供预装 IE 浏览器的竞争优势，承诺用户不再需要为每个新的 Windows 版本安装额外的网络浏览器。这个措施直接导致网景的市场份额明显萎缩。

W3C（万维网联盟）

W3C 负责为万维网及其使用的技术制定标准。而浏览器制造商在标准执行上一度非常马虎，尤其是在浏览器大战期间。承受后果的便是网页设计师和用户，网页设计师不得不在网站上耗费更多时间。尽管如此，网页仍旧经常不能正确显示，只因为它使用了只适用于某种浏览器的元素。从 2010 年开始，随着网络浏览器在智能手机上的引入和繁荣，浏览器制造商开始较为严格地遵守 W3C 制定的标准。如今已经不容许浏览器制造商再像在浏览器战争期间那样单打独斗了。

两家浏览器制造商为了超越彼此，在技术上也不断地你追我赶。双方都不遗余力地向 HTML 标准添加新的扩展，同时避免使用对家的技术，专心开发自己令人眼花缭乱的操作。我还记得网景那可怕的 <blink> 标签，它的作用是让文本在网络浏览器中闪烁。

从 W3C 引入的 CSS 样式表使情况变得更加糟糕。不完全符合通用标准的独立开发，会使 CSS 样式表在表现上也有所区别，一个页面在不同浏览器里就会产生不同效果。微软使用了只能由 IE 浏览器解释的代码，把 JavaScript 扩展为 JScript。微软还开发了针对 Java 应用程序的运行环境，它与太阳微系统的 Java 插件环境并不兼容。这场浏览器大战显然会波及网页设计者和万维网的用户。网页设计者不得不常常事倍功半地工作，以确保网站能在两个网络浏览器中正常显示，有时候干脆附上一张“在 Netscape 中查看最佳”或者“在 Internet Explorer 中查看最佳”的标签。

图 10.11　这样的标签就是浏览器战争的后果

随着 Windows 98 的推出，微软把 Internet Explorer 4.0 版牢牢地捆绑在操作系统中而无法再删除。但这种做法终于使得反垄断机构卡特尔办公室出手干预。来自竞争对手的投诉数不胜数，他们纷纷呼吁应对微软采取严厉措施，甚至提出将它拆分，因为它企图凭借操作系统和 Office 应用程序以及现在的网络浏览器来谋取控制市场的地位。微软则设法通过达成庭外和解来平息这些纠纷。在网景这里，它花了 7.5 亿美元。

新闻组上的骂战也是战争的一部分。争端的高潮是在 IE 4.0 发布会当天夜里，微软的员工把一个巨大的蓝色字母“e”（IE 浏览器的图标）抬到了网景公司总部大楼前的草坪上，而网景公司的回应则是让他们的

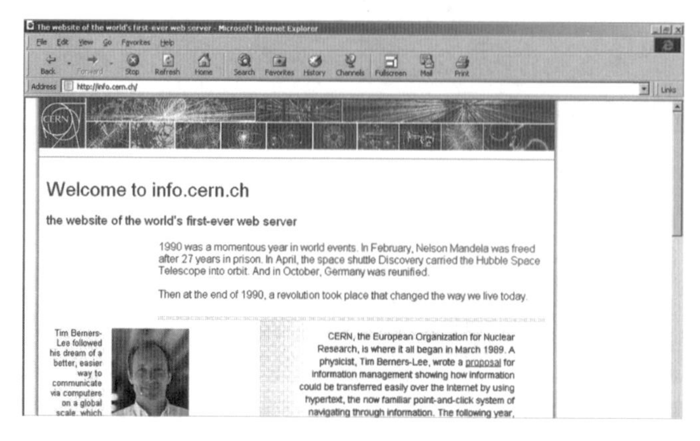

图 10.12　捆绑在操作系统中的 Internet Explorer 4.0，标志着浏览器战争的结束

吉祥物 Mozilla 把这个“e”踩在脚下。

1997 年，网景发布了 Nescape Communicator 4.0，这是一个完整的浏览器套件，包含网络浏览器、电子邮件程序、新闻程序和 HTML 编辑器。然而，这样的举措已经无法拯救导航者，哪怕这款浏览器同样是免费提供的。一年之后，网景决定公开这款浏览器的源代码，由此发起一个开源项目——Mozilla 项目。

网景公司本身被美国在线以 42 亿美元的价格并购。美国在线可能对网景这个品牌以及它的门户网站更加感兴趣，暂时中止了导航者的开发，大量开发人员也遭到了解雇。2008 年，并没有在美国在线手里得到重生的网景导航者被彻底放弃。与之形成对比的是，1998 年从 Mozilla 项目中诞生的开源浏览器火狐（Firefox），在当时已经占据了 10% 的市场份额。

到 2003 年为止，IE 浏览器始终占据高达 90% 的巨大市场份额。但是微软并没有在进一步开发方面交出令人瞩目的成绩。在随后的几年里，它主要把精力花在了填补浏览器中的诸多安全漏洞上。树大招风，黑客利用 IE 浏览器的漏洞，频繁散播病毒和蠕虫等恶意软件。当然，原因也不仅仅在于浏览器：Windows 是当时最常用的系统。我的一位同事干脆直接把 Internet Explorer 6 本身称为病毒。更糟的是，他等了 5 年，才在 2006 年等来下一个版本 Internet Explorer 7。

10.3.4　从网景到火狐（2004 年）

IE 浏览器有许多安全漏洞（部分称得上相当严重），引发了大量用户的不满。火狐所占的市场份额得以不断扩大。这款浏览器是在网景导航者向开源项目转化时产生的，经过了漫长的测试阶段，在 2004 年 12 月问世。网景的拥护者希望借此向微软发起新一轮的挑战，在第二轮浏览器战争中打个翻身仗。

火狐并不完美，但由于 IE 浏览器为人诟病已久，品牌形象大大受损，再加上媒体对火狐的大力宣传，这款开源浏览器成功地从强大的 IE 手中抢走了市场份额。它还受到开发人员的欢迎，因为它更接近 W3C 的标准。在德国，火狐的第 3 版在 2009 年甚至把 IE 浏览器从第一把交椅上赶了下去。Mozilla Firefox 的成功教给人们一个事实，即网络浏览器是服务于用户的，而微软已经把用户抛诸脑后，过于专注自己在市场上的地位了。

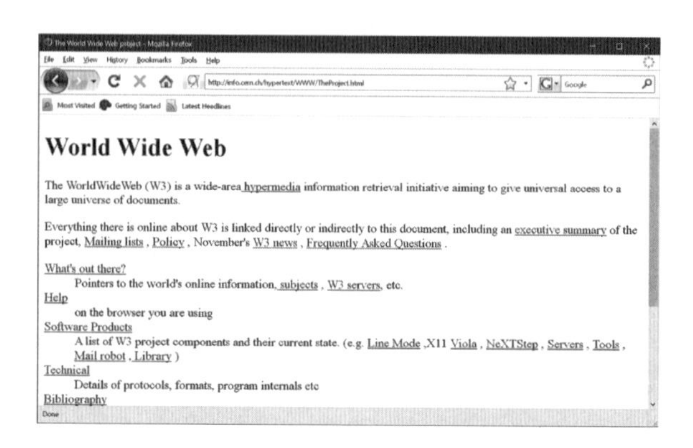

图 10.13　火狐（此处为版本 3）是 2009 年在德国使用最广泛的网络浏览器

IE 浏览器的市场份额持续下滑。2015 年，微软在 Windows 10 操作系统上捆绑了 Microsoft Edge 浏览器，意图用它取代 IE 浏览器。截至本书交付出版社，这款新浏览器的市场份额仅为 5% 左右。与此同时，Internet Explorer 推出了最新版本第 11 版，但它的市场份额已经微乎其微。

10.3.5　Safari 网络浏览器（以及移动版）（2004 年）

苹果为 OS X 系统发布了自己的网络浏览器 Safari 2003，是网景、Opera 和 IE 之外的另一选择。原先苹果也推出过一个适用于微软 Windows 的版本，但由于乏人问津而停止使用。Safari 浏览器以严格遵守标准而著称，它是第一个通过网络标准计划组织 Acid2 测试的网络浏览器（版本 2），这个测试用于检测浏览器是否符合 W3C 的标准。

2007 年与 iPhone 一同出现的 Safari 移动版，也可以算是网络浏览器历史上的里程碑之一。如今许多互联网用户已经抛弃了计算机上的浏览器，完全依赖智能手机或平板计算机上的移动浏览器。这块市场几乎被苹果和谷歌瓜分，前者凭借 iOS 系统上的 Safari，后者凭借安卓系统上的 Chrome。当然，有必要提醒一下的是，这两种网络浏览器都是预装在操作系统中的，其他制造商很难动摇它们的地位。

10.3.6　谷歌异军突起（2008 年）

我们的浏览器发展史穿越之旅，终于接近尾声，马上就要到达“现在”了。2008 年，谷歌推出了 Chrome 网络浏览器，出色的性能令人印象深刻。即使这款浏览器常被认为“吃内存”严重，但从 2012 年起便以创纪录的速度一跃成为市场领导者。谷歌公开了这个项目的大部分代码，推出了开源项目 Chromium。昔日的市场领导者微软也在 2018 年宣布，将大力支持 Google Chromium 的发展，计划推出基于 Chromium 开源项目的 Edge 浏览器。目前，微软的计划已经成为现实。

10.3.7 我在德国的网上冲浪经历

你已经看到了网络、万维网以及各种网络浏览器是怎样接连呱呱坠地的。你大概还想知道，互联网究竟是如何来到德国的。与我年龄相仿的德国读者或许熟知相关的事件，也可能与我有着完全不同的经历。接下来，我就从个人的角度来讲述一下这段历史。

我第一次接触在线服务，是在 20 世纪 80 年代中期使用德国电信的 BTX 系统（屏幕文本系统）。当时我自己家里还没有计算机，所以总去找一个好朋友，他拥有一台自己的 C64。我们经常相约一起打游戏，通常会在《夏季运动会》《冬季运动会》《加州运动会》之类的游戏中疯狂地摆弄游戏手柄。有一天，情况有了一些变化。他们家的桌子上放着一部电话，听筒直接搁在另一台设备上，从形状看，它好像是把电话的听筒和麦克风结合在了一起。真是奇怪的构造，这就是我当时的心理活动。好朋友告诉我，我们可以用这台设备上网。我完全摸不着头脑，根本不知道“上网”是什么东西。

当他向我演示整个过程的时候，我头脑中只有一个疑问：它是不是某种电传？因为它看起来几乎就像是在电视上看到的电传。现在回想起来，这不就是网络浏览器的前身？通过 BTX 服务，不仅可以接收信息（和电传一样），还可以通过邮购从 Otto 购买商品（电传就不行了），以及获取火车时刻表和预定航班，后来它甚至被用于网上银行。人们还可以用它来聊天。不过，获得这种乐趣在当时是非常昂贵的。除了连接费和使用费外，网页运营商还会收取一笔费用，按页面或按在线时间计费。这种昂贵的服务最初是由邮局提供的，后来由 Telekom 提供。

我真正开始借助网络浏览器上网冲浪，用的是 Windows 95 上的 IE 浏览器。在我看来，那也是互联网开始在德国蓬勃发展的时期。那时我已经不再借助声耦合器来拨入网络，而是需要一个 56 Kbps 的调制解调器。一根 7 米长的电缆穿过我家的整个公寓连接到电话接口上，每次接入网络都必须拨入一个号码和一个代码。在接下来的将近 30 秒内，调制解调器就会发出一段如今已经成为美好回忆的优美旋律："哒嘟嘟，哔……咳咳咳咳咳。"同样令人难忘的，还有每当家人或者朋友想要拨打电话，就会发现又有人在上网了。因为调制解调器工作的时候，电话是占线的，别人就无法再使用电话了。那时我还没有 ISDN[1]，所以和室友为了打电话而吵架就成了家常便饭。

除了占用电话线的内疚之外，当时上网所付出的真金白银也让人无法痛痛快快地享受网上冲浪的乐趣。那个时候的网费还不是固定价格，调制解调器的速度又相当有限，加载页面的时候几乎能看到整个网站的创建过程：比如在图片的位置会先出现一个占位符，然后眼睁睁看着它一点一点被实际图片填满。每个月底的电话费账单都是一份相当大的"惊喜"。

搜索引擎在一开始的时候也是非常不成熟的。我用的第一个搜索引擎是 Altavista，Fireball 的出现要稍晚一些。不过，当时的计算机杂志经常会提供一些有趣的链接，这是一个发现有趣网站的途径。你也可以在某个网站上挨个儿点开一排超链接，直到找到一个自己感兴趣的页面，许多网站还会就某一个主题列出其他相关推荐链接。当然你也可以与朋友、家人或同事分享各种链接。置身于当时的网络，确实还不太容易获得方向感，但这样也为独立探索留了很大的余地，时不时发现宝藏，也是一件非常快乐的事。留言板诞生后，你就可以与世界各地的人交流想法了。不久之后就出现了第一个聊天室，在那里你就可以线上与其他人实时交谈了。

当第一批像亚马逊这样的邮购公司在网络上开业时，人们首先考虑的问题，是这些店家是否值得信任。eBay 问世时的情况也是如此。但大家在极短的时间里就克服了内心的障碍，通过互联网进行的商业交易很快就变成了司空见惯的事。

1999 年，鲍里斯 · 贝克尔在美国在线的广告里说了一句家喻户晓的台词："我已经在网络里了吗？"这个广告为互联网在德国的兴盛再添了一把火，突然之间，德国真正地"进入"了互联网。

---

[1] 综合业务数字网（Integrated Services Digital Network）是一个数字电话网络国际标准，是欧洲普及的电话网络形式。因为 ISDQN 是全部数字化的电路，所以它能够提供稳定的数据服务和连接速度，不像模拟线路那样受干扰的影响比较明显。

10.4　可搜索的互联网

当我刚开始独自在互联网上探索的时候，Altavista 是我使用的第一个搜索引擎。今天，谷歌成为衡量一切的标准。在 2004 年，“googeln”（谷歌搜索）一词甚至被收录进了《杜登德语大词典》。像“我去谷歌一下”这样的句子在今天就等同于在互联网上查找信息。在这里，我们就来简要了解一下搜索引擎的发展史。

10.4.1　Archie——第一个 FTP 服务器搜索工具（1990 年）

第一个真正的互联网搜索引擎或许可以追溯到 Archie。1990 年 11 月，Archie 1.0 版问世，通过 Telnet 协议远程登录，可以查询文件。Archie 由蒙特利尔麦吉尔大学开发，用于在 FTP 目录中搜索文件和文件夹。因此，Archie 服务器包含了所有 FTP 服务器的文件目录以及其中的数据。服务器位置会与搜寻到的内容一同列出，所以可以通过选择距离较近的 FTP 服务器来缩短下载文件的耗时。这样做的另一个好处是减轻了单个 FTP 服务器所承受的负担。Archie 使用了数据库，各个 FTP 服务器的目录都包含在库中。当时已经存在不同的搜索方式，比如与搜索词完全匹配、区分大小写或者不区分大小写的子字符串以及正则表达式。

随着万维网的引入，Archie 服务器逐渐淡出了人们的视野。

10.4.2　Gopher 的 Veronica 搜索引擎（1991 年）

Gopher 是一种用于互联网检索文档的网络协议，由明尼苏达大学的马克・麦卡希尔于 1991 年创建。它是继 FTP 之后另一个出现在万维网诞生前的协议。开发者希望 Gopher 能够替代（当时）较为烦琐的 FTP 操作，着力突出它在内容展示和内容查找方面的优势。Gopher 协议就像后来的 HTTP 协议一样，已经可以使用超链接关联到网上的其他 Gopher 站点。你可以将 Gopher 视为一种耗用带宽较少且基于文本的内容演示。目前，互联网上还留存着为数不多的几个 Gopher 服务器。

在 Gopher 服务器上显示 Gopher 站点当然还需要一个 Gopher 客户端。当时有同名客户端 Gopher，基于文本的网络浏览器 Lynx 也是合适的选择。那个时候的不少网络浏览器都能够使用 Gopher 协议，而新的网络浏览器则不再如此。但是你可以找到一些所谓的浏览器插件，例如“The Overbite Project”，通过它们就可以在各种网络浏览器中打开 Gopher 站点了。

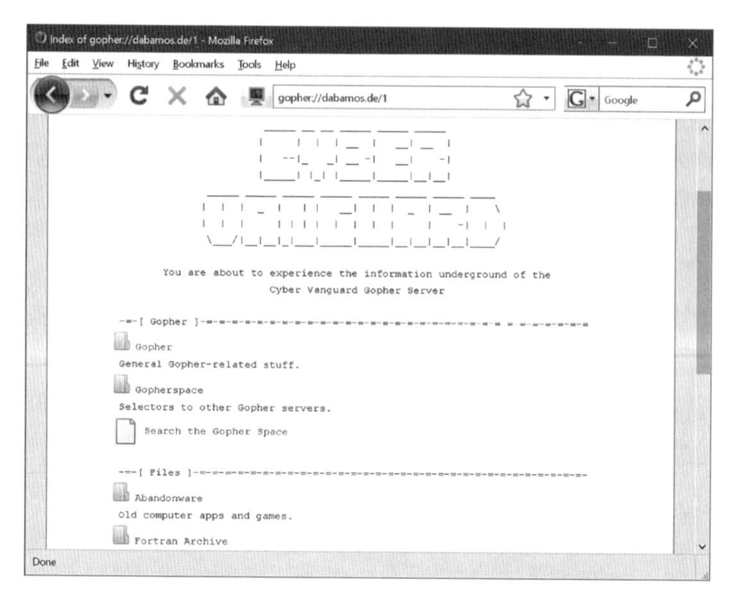

图 10.14　Gopher 使用纯文本，对硬件要求不高。这个系统非常适合纯信息的传送。我在这里使用了旧的 Mozilla Firefox 3 浏览器，它可以处理 Gopher 协议。如今在各种 Gopher 站点上浏览一番，是非常有趣的事情

1992 年，内华达大学里诺分校开发了搜索服务 Veronica。这是一个基于菜单的搜索服务，它对 Gopher 的作用与 Archie 对 FTP 的作用基本相同。Veronica 这个名称是“Very Easy Rodent-Oriented Netwide Index to Computer Archives”（容易操作的全网络计算机文档索引）的缩写，它为所有 Gopher 服务器上的文件标题和目录编制了索引。不同于 Archie 搜索引擎，用户在搜索时不仅可以使用文件标题，还可以使用完整的句子。Veronica 一共推出过两个版本。随着万维网的引入，Gopher 的吸引力和重要性不断下降。FTP 程序也变得更加易于使用，Gopher 相对于它的优势越来越不明显。此外，出于商业目的，使用这个服务也需要支付一定的费用。因此，使用 Gopher 的人越来越少。

10.4.3　百花齐放的万维网搜索引擎（1993 年）

随着万维网的诞生和网站的不断涌现，更方便快捷地找到内容对用

户来说就变得更为重要，在这种背景下，第一款搜索引擎上线了。要使万维网更加条理清晰，有两种方法可以选择。有部分搜索引擎利用所谓的机器人搜索网站，根据用户输入的搜索词，提供由机器生成的结果。另一部分则依赖于人工制作的网络目录，各种网站被分门别类地收录其中。

在 1993 年到 20 世纪 90 年代末之间究竟出现了多少种搜索引擎、谁先谁后，没有人能为这个问题给出确切的答案。搜索引擎仿佛是一夜之间纷纷从土壤中钻出来的。在这段时间之前，除了蒂姆·伯纳斯－李在 1991 年创建的网站目录“万维网虚拟图书馆”（world wide web virtual library，WWWVL），万维网上并不存在任何类似的东西。

1993 年，搜索引擎 Excite 问世，当时的名称是 Architext。开发人员几乎清一色是斯坦福大学计算机专业的学生。20 世纪 90 年代，它与网景、雅虎并驾齐驱，在各大互联网公司中名列前茅。Excite 开发了一个非常出色的搜索算法，搜索结果的准确性超越了诸多竞争对手。2000 年互联网泡沫破灭之后，搜索引擎也随之由盛转衰。Excite 被 Ask Jeeves 公司（后来的 Ask.com）收购。这个结果其实并不是完全无法扭转：Excite 在 1999 年曾有机会收购谷歌。那时的谷歌还没有成为搜索引擎帝国。联合创始人拉里·佩奇打算出价 100 万美元转让谷歌，价格甚至可能降至 75 万美元，但遭到了 Excite 的拒绝。Excite 的拒绝在当今最大的几次投资失误中可以排上名次了。

万维网的第一个网络爬虫型搜索引擎（搜索机器人、网络机器人）是马休·格雷的万维网漫游器（World Wide Web Wanderer，通常被简写为 WWWW）。它是用 Perl 语言编写的，原本用于统计互联网上的服务器数量和增长发展规模。这个网络爬虫在 1993 年到 1996 年间每 6 个月进行 1 次工作。它的第一次统计工作还是十分轻松的：总共统计了 130 个网站。

Aliweb（Archie-like Indexing of the Web，类似于 Archie 的网络索引）同样是万维网中的搜索先驱之一。这个搜索引擎也为网站编制了索引，但是网站索引信息必须由网站运营商自己提交到 Aliweb 上。因为没有足够多的用户和网站管理员来录入信息，Aliweb 搜索引擎的规模一直十分有限。

万维网蠕虫如今常常被称为第一个真正的搜索引擎，它同样是基于网络爬虫技术，通过自动收集网页标题和 URL 地址编制索引。搜索结果会根据一个排名系统分类展示。WWWW 可能算不上最早出现的搜索引擎，但它确实最早为人所熟知。

一年后的1994年，第一个带有全文索引的公共万维网搜索引擎——WebCrawler问世了，WebCrawler就是今天“网络爬虫”这个名称的由来。这款搜索引擎后来被美国在线收购，1996年底被转卖给Excite。

Lycos同样在1994年上线。除了网站内搜索关键词的出现频率外，这款搜索引擎还兼顾了词与词之间的间距。它在商业上也花了不少心思，首次借助了广告进行宣传。40岁以上的读者应该对广告中的Lycos拉布拉多犬还记忆犹新。当时，Lycos与雅虎、Altavista势均力敌，在新世纪前甚至一度超越当时的领头羊。可惜互联网泡沫破灭等因素突然之间扭转了它的上升趋势。

雅虎（Yet Another Hierarchical Officious Oracle，另一种非官方的层级化智慧库）也在1994年上线。它使用目录式检索，人工维护收录的网站信息。然而，自动索引网站的搜索引擎显然能够提供更好的搜索结果。因此，雅虎后来直接购买了从竞争中脱颖而出的搜索技术，并以此为基础推出了自己的搜索引擎。值得一提的是，雅虎也曾有机会收购谷歌。谷歌创始人对于成立自己的公司始终没有太大兴趣，他们在1997年就提出转让自己的网络爬虫项目。雅虎并没有回应。直到2002年，雅虎出价30亿美元收购谷歌，但这次谷歌拒绝了雅虎。

1995年，搜索引擎Altavista上线，它脱胎自DEC公司的一个研究项目。它是同类搜索引擎中第一个能对相关页面进行全文搜索的引擎，长期以来一直是极受欢迎。它具有一个十分出色的排名算法，还会对HTML页面上的元标记（Meta-Tag）进行评估，在索引网站和生成排名的过程中会把HTML页面的文本部分考虑在内。简而言之，Altavista拥有最好的搜索算法。Infoseek搜索引擎同样诞生于1995年，后被网景网络浏览器用作标准搜索引擎。

除了Altavista，Fireball也是当时我最喜欢的搜索引擎。这是一个德国制造的搜索引擎，1996年在柏林工业大学诞生，最初被命名为Flipper，后来又改为Kitty。开发团队在受到古纳亚尔出版集团的委托后，进一步发展了这个搜索引擎，并以Fireball这个名称发布上线。它为超过650万份德语文档编制了索引，并与Altavista合作进行国际检索。T-Online一度把它用作网页搜索工具。Fireball后来被Lycos接管。自2018年起，这款德国本土经典搜索引擎再次启用，并带来了新的口号：“你的匿名搜索引擎。”

HotBot是1996年上线的搜索引擎，在问世之初几乎动摇了

Altavista 的市场领导者地位，一度与之势均力敌。1998 年，HotBot 被 Lycos 收购。

1997 年，Ask.com 进入了公众的视野，当时它还被称为 Ask Jeeves。这是一个自然语言搜索引擎，支持自然语言提问，用户可以输入完整的问题搜索答案。不过在不少人的记忆里，Ask.com 是一个名声可疑的搜索引擎，因为在网络浏览器中安装其他软件时，如果没有注意到在选项中取消这个搜索程序，它就会自动安装进系统，还为删除程序设置了一定的障碍。

微软也凭借作为 MSN 服务一部分的 MSN Search 涉足了搜索引擎市场。它后来更名为 Windows Live Search，在 2009 年被必应（Bing）取代。

除我以上列出的这些搜索引擎之外，当然还存在大大小小许多其他搜索引擎，其中一些只与其他搜索引擎一起工作。20 世纪 90 年代末期，并购浪潮席卷而来，接着便是谷歌的登场。在谷歌迅速进入市场继而异军突起之后，几乎所有其他搜索引擎都在极短的时间内失去了大量的市场份额，变得无足轻重。

10.4.4　谷歌搜索引擎的历史

今天，谷歌不再只是一个搜索引擎，它已经构成了一个疆域辽阔的庞大帝国。而本节中的简短介绍只涉及谷歌的搜索引擎，并不包含这个互联网巨人涉足的其他领域。

谷歌的故事难免让人联想到苹果的发迹史，谷歌从一家车库公司变成了一家全球企业。成为科技巨头几乎是每个极客的梦想。不过谷歌的两位创始人拉里·佩奇和谢尔盖·布林原本真的只想创建一个搜索引擎，并没有想过要打造世界上最为实力雄厚的公司。

在关于谷歌的构想具体化之前，还在斯坦福大学读书的两人就在 1996 年开发了一个搜索引擎 BackRub，作为研究项目的一部分。这个用 Java 和 Python 语言编写的搜索引擎已经可以利用链接来计算万维网上各个网站的受关注程度。这个算法被拉里·佩奇称为网页排名算法。谷歌的其他开发人员后来为这个算法添加了许多新的要素。当时，相互竞争的各家搜索引擎供应商仍旧根据关键字对网站进行评级，这意味着关键字出现的次数越多，网站的排名就越靠前。当时每个为企业制作网页的设计师都知道如何利用这一点，这就是为什么人们经常得不到合理搜索结果的原因，往往被引导到与搜索查询无关的网站。

在斯坦福大学运营了近两年之后，BackRub 能够访问大约 6 500 万个被索引收录的网站，这个数字在当时已经是相当可观了。但同时斯坦福大学的服务器容量也接近极限。于是，拉里·佩奇和谢尔盖·布林开始寻找投资人。他们把这款搜索引擎重新命名为“Google”。这个词来自“Googol”，在数学上，1 后面跟 100 个零的数字被称为 Googol。据说，当时之所以拼写成“Google”只是因为发音错误，而不是出于营销上的考虑。

作为斯坦福大学的精英学生，他们的项目非常具有说服力，不久就成功地筹集到了资金。太阳微系统创始人安迪·贝托尔斯海姆在一次展示会上听了他们的简要介绍之后，就立刻认识到了这个项目的潜力，直接向 Google 公司开了一张 10 万美元的支票。而事实上，Google 公司还并不存在。为了兑现支票，两位创始人只得在 1998 年 9 月 4 日用这个名字注册了自己的公司。获得了启动资金之后，公司从学生宿舍搬进了第一个办公室——苏珊·沃西基的车库。这位女房东后来成为谷歌公司的第 16 号员工，也是谷歌子公司 YouTube 的老板。

竞争对手们正越来越多地扩展成为包罗万象的门户网站，而谷歌早在 1999 年的测试阶段就已经凭借简单的设计、较短的加载时间和出色的搜索结果从中脱颖而出。当时的搜索查询量就已经达到了每天 50 万条。一年后，谷歌收录索引超过 10 亿个网站，一跃成为遥遥领先的搜索引擎。

雅虎是谷歌发展史上的重要一站：2000 年，谷歌取代 Inktomi，成为雅虎门户网站的官方搜索引擎，并且在这个位置上坐了 4 年。即便如此，授权搜索技术并没有给谷歌带来很大的收益，竞争对手 Teoma 和 WiseNut 也出现在了市场上。Teoma 在 2001 年发布，迅速成为美国第三大最常用搜索引擎，后来被 Ask.com 收购。WiseNut 的开局相当出色，一度被称为谷歌杀手，不过它在昙花一现之后被 LookSmart 收购。其他搜索引擎诸如 Inktomi 和 Overture，也探索出了自己的盈利模式，已经可以通过搜索命令和商业广告的组合来赚取收益。

不过谷歌也没有因为已经获得的荣耀而故步自封，仍旧继续着自己探索发展的脚步。红杉资本和凯鹏华盈向谷歌投资了 2 500 万美元，他们可能不想把决策权完全交给年轻的开拓者拉里·佩奇和谢尔盖·布林，2001 年任命经验丰富的埃里克·施密特为首席执行官。他在接下来的十年里掌管公司，直到拉里·佩奇再次接过管理大权。

商业广告也成为谷歌的主要收入来源。这始于 Google AdWords（现在称为 Google Ads）服务：搜索页面上的各种广告位会根据一种巧妙的机制进行竞价，并通过广告的点击计算费用。用户几乎注意不到什么变化，谷歌却能利用其巨大的搜索规模赚取数十亿美元。之后，谷歌又引入了 Google AdSense，使得广告可以在谷歌搜索引擎之外的任何合作网站上展示。算法在选择广告时会考虑目标网站的内容。

2004 年，谷歌的上市标志着新一阶段的开始，终于迎来了财务上的突破。多年来，谷歌已经收购了 150 多家公司，购买了许多高价值的专利，并且不断启动新项目。除了互联网市场、Gmail、谷歌地图、谷歌地球、自创的在线办公套件、谷歌翻译和许多其他服务之外，安卓项目可能是谷歌除搜索引擎之外最重要的项目了。

当然，谷歌也不总是能够点石成金，它的一些项目也遭到了大众的质疑，比如图书项目：图书被大规模扫描成数字化版本——甚至没有得到作者和出版商的授权，随后在万维网上被提供给了谷歌图书搜索。这直接导致了德法两国在 2004 年合作启动了 Quaero 搜索引擎项目，希望有朝一日能赶超谷歌。这个项目还得到了欧盟的支持，至少获得了 4 亿欧元的资助，据称有 2.4 亿欧元来自联邦政府。但是德国和法国分别于 2006 年和 2013 年退出了该项目。

免费传播的新闻和头条对于许多网络媒体来说也不公平，这些内容毕竟是媒体运营商基础业务的一部分。但网络上充斥着剽窃和侵犯版权之类的行为。这对其他在计算机世界中占据主导地位的大公司（例如微软、苹果或 Facebook）来说，也早已不是什么新鲜事。而雄厚的实力允许他们一如既往地用金钱解决这些问题。

10.4.5　谷歌是不可替代的吗？

谷歌在存储和使用数据方面向来不屑于遮遮掩掩，不过自从美国国家安全局监听丑闻以来，这个世界上最大的数据巨怪也卷入了风波，一度成为众矢之的。11.7 亿用户每天在谷歌上输入超过 30 亿次搜索查询，搜索结果的排名先后等等直接影响了人们对这个世界的看法，所以谷歌的力量是不容忽视的。人们也应该思考这样的问题：如果不是谷歌，那么搜索结果的顺序又该由谁来决定呢？在写这本书的过程中，我也频繁地使用了谷歌，相比之下，必应等其他搜索引擎并不能提供令人满意的搜索结果。

此外，这个巨人几乎没有任何真正的竞争对手。我们能想到一些重视保护隐私的搜索引擎，比如 Quant、DuckDuckGo、MetaGer 或者 Unbubble；我们还能列举一些注重环保的搜索引擎，比如 Ecosia，它承诺把全部盈余用于巴西热带雨林的保护事业，目前已经种植了 1 亿棵树。然而，这些搜索引擎对谷歌来说都不可能造成任何真正的威胁。拿 DuckDuckGo 作为例子，这是一个相当受欢迎的谷歌“竞争对手”，它每天产生 5 000 万次的搜索查询。但这依然完全无法与谷歌每分钟近 400 万次的搜索查询相提并论。可以说，谷歌已经深入了解了每个网络用户的生活，而且大家还不得不承认，谷歌的搜索结果确实是最好的。

此外，上文提到的这些可供选择的搜索引擎往往建立在与其他搜索引擎合作的基础上，它们也被称为元搜索引擎。DuckDuckGo 的搜索结果由维基百科等多种来源组成，也包括来自必应、雅虎和 Yandex 等其他搜索引擎的数据。它们的关注重点是数据保护，主张维护使用者的隐私权，这就是它们区分于其他搜索引擎的关键特征。除谷歌之外，真正的独立搜索引擎世界上只有 4 个：使用相同索引的雅虎和必应、俄罗斯的 Yandex 以及中国的百度。

第十一章
电子商务简史

> 如果你把注意力放在你的竞争对手身上，那么你就必须等待他们采取行动。但是如果你以顾客为出发点，你就可以先行一步。
>
> ——杰夫·贝佐斯（亚马逊创始人）

电子商务的历史还十分短暂，所以这一章的篇幅也相对较短。我仍然记得新千年刚刚到来的时候，万维网的商业潜力还没有得到大家的重视，甚至有人把它视为贸易公司的威胁，因为顾客们可以使用网络来比较价格，然后选择出价最低的商家。到了今天，网上购物已经成为再正常不过的事情了。而一谈到电子商务，亚马逊和 eBay 可能是大家最先想到的品牌。这两家公司确实堪称短暂的电子商务历史上的最大赢家与经典范例。

11.1 电子商务的开端（始于 1979 年）

在进入万维网时代之前，英国人迈克尔·奥尔德里奇就在 1979 年开发了在线事务处理系统（Online Transaction Processing），也叫实时事务处理系统。针对这个系统，他发明了一种电视计算机，经过改进的图文电视系统，融合了个人计算机、电视和电信网络技术。有了这个系统，人们就可以毫不费力地直接通过电视和电话实现远程购物。它的出现，标志着电子商务的诞生。第一笔家庭网络交易出现在 1984 年，一位英国老人简·斯诺鲍尔按下了电视遥控器上的按钮，通过图文电视技术在英国食品零售商特易购那里购买了一些杂货。

网上银行的雏形则可以追溯到 1981 年。花旗银行和其他三家银行（大通曼哈顿银行、化学银行和汉华实业银行）通过图文电视技术首次开通了家庭银行交易业务。同样在 1981 年，英国旅游公司第一次借助图文电视技术进行了企业与企业之间的电子商务交易（B2B）。

我与电子商务的首次被动接触，也是在万维网引入之前：我在当时最好的朋友的 C64 上使用了德意志联邦邮政的 BTX 系统（屏幕文本系统），它利用智能用户电报技术，可以为用户实现远程购物，包括订购书籍、预订旅行或者购买剧院门票。不过当时还是小学生的我们，并没有什么钱去购物，只是觉得这种形式非常有趣。奥托公司和客万乐[1]还允许顾客订购超出它们商品目录之外的货品。这便是电子商务这种形式在德国的第一次亮相。这项服务始于1983年，但它的表现始终没有达到人们的预期，而万维网的引入则使得BTX更加边缘化。用户必须购买昂贵的硬件，每月支付可观的基本费用，浏览某些页面还可能产生额外的费用，这些都大大削弱了这个系统的吸引力。法国Minitel的情况也非常相似，但它的表现略优于德国的BTX。早在1985年，法国就有100万台设备投入使用。同一时期，德国的数据仅为6万台。甚至到了2000年，Minitel系统中仍存在900万台活跃的设备。

1985年的另一桩里程碑式事件是：日产针对汽车销售业务开启了信用卡在线验证。软件公司SWREG也是互联网交易的先驱，它在1987年开始在线销售软件，至今仍然活跃在市场上。

Peapod.com在美国开设了第一家在线杂货店。安德鲁·帕金森和托马斯·帕金森两兄弟为MS-DOS系统开发了一款商店系统，用户从软盘安装软件之后，便可通过拨号调制解调器在线订购货品。Peapod最早的服务范围在芝加哥，此后扩展到美国的23个城市和地区。

11.2　万维网带来了真正的电子商务（20世纪90年代）

电子商务的第二轮发展，始于1990年蒂姆·伯纳斯–李创建万维网。美国国家科学基金会从1992年起不再反对万维网与商业用途相结合，借助万维网发展电子商务的真正障碍彻底消除了。1986年，基金会曾出台规定，把NSFNET（万维网的前身）的用途限制在学术研究领域之内，商业活动是被禁止的。

1992年，一个销售图书的在线市场Book Slacks Unlimited开张，这便是第一家网络书店，比亚马逊早了三年。它从拨号上网的电子公告牌系统开始，两年后在万维网建立了Books.com网站，每月的访问量高达50万人次。

1994年是各路巨头诞生的一年。计算机专家杰夫·贝佐斯在大卫·艾略特·肖的资助下，于这一年创立了亚马逊——一家在线书店。

[1]　奥托公司成立于1949年，客万乐公司成立于1927年，皆为活跃至今的德国老牌邮购公司。

1995 年，Amazon.com 上卖出了第一本书，此后，它的经营范围渐渐扩大到包括生活用品在内的各个领域。1998 年，亚马逊已经成为德国最大的在线零售商。同一时期，eBay 也开始在网络上崭露头角，逐渐发展成为规模最大的在线市场和拍卖平台。计算机制造商也不甘落后。戴尔计算机开展了线上业务。网景公司网络浏览器的问世同样是万维网发展的催化剂，因为网络浏览器就是用户们在万维网上的“出行工具”。网景公司还引入了 SSL 技术（Secure Sockets Layer，安全套接层），使得在线购物更加安全可靠。在美国，你还可以在必胜客尝到你的第一个网购比萨。

1997 年，德国电子商务先驱之一的奇堡诞生，并迅速成为德国最大的咖啡店运营商。Otto.de 在 1995 年进入互联网，目前已成为德国影响力最大的在线商店之一，仅次于 Amazon.de 和 eBay.de。

在电子商务中使用移动设备，最早出现在 1997 年，即通过短消息服务在自动售货机上购买可口可乐。1998 年，销售拉美音乐为主的在线音乐商店 Ritmoteca.com 上线，它通过提供下载来销售数字音乐，可以说是为之后的苹果 iTunes 音乐商店提供了灵感。同样在 1998 年，在线支付服务平台 PayPal 成立。它支持用户在不传递财务信息的情况下完成交易。客户可以选择使用 PayPal 账户余额、任意银行账户、PayPal 信用卡或者任意其他信用卡进行支付。如今，PayPal 已经成为一种无处不在的在线支付方式和应用程序。eBay 在 2003 年收购了 PayPal，把它作为官方支付系统。

11.3　互联网泡沫的破灭（2000 年）

对万维网和电子商务的炒作，促使越来越多的企业和互联网初创公司进入市场、发行股票。这种新千年之前的互联网公司被称为新市场。出于对新商业模式的向往，投资者向这些公司投入了大量的真金白银，使得它们的股价像火箭般蹿升。许多人因此在一夜之间成为百万富翁，不少公司以令人难以置信的方式和速度获得了巨大利润。当然不少专家在当时也意识到，许多公司在证券市场上被严重地高估了——这些新兴的互联网公司完全不同于传统企业，缺乏了实质性的产品，它们的实际价值往往难以评估。

短期的兴奋和虚假的承诺不断推着市场往前走。新公司无论如何都需要资金，而获得资金的最快渠道便是讲故事。当然，新市场公司的宣传也不可一律斥为谎言。他们抛出的新理念、新计划、新的任何东西，在受到淘金热情绪影响的投资者眼里就等同于现金。与过去不同，吸引投资者的不再是传统工业公司的那些物理价值（例如机器、建筑物），而是初创公司的想法以及尚未诞生的项目和产品。许多股票在上市之前就已经超额认购，不得不通过抽签程序为投资者分配份额。

这样的投资热潮对于银行来说也是喜闻乐见的，他们从客户不断增大的投资需求中获得了更多的收益。即使是小额个人投资者也迫不及待地把手中的少量资金投入这个市场。当时，我的开户行同样建议我投资新市场，赚一笔所谓的快钱。那时我还天真地相信，真的可以通过这种方式飞快地赚到钱。所谓的股票市场专家和投资杂志也纷纷给出买入建议，为市场继续添柴加火。知名演员们在广告里露脸，鼓动大众购买股票。个别公司甚至不惜发布误导性信息，隐藏实际损失，甚至伪造资产负债表 [例如康路（Comroad）[1]]。

史无前例的高速增长在创造互联网神话的同时，也催生了巨大的经济泡沫。投资者开始意识到，这些被高估了的公司的真实业绩与他们的期待大相径庭，他们不仅无法实现自己的盈利预期，还有可能血本无归。于是，越来越多的投资者抛售股票，试图尽早跳出这块高危地区。连锁反应接踵而至，投机泡沫在 2000 年 3 月宣告破灭。这便是历史上臭名昭著的互联网泡沫，这个名称来自域名后缀“.com”。转眼之间，数以百万计的投资者损失了惊人的资金。前程远大的公司突然走到了穷途末路，破产的公司不计其数。幸存下来的公司也遭受了严重的价值亏损，通常只能通过大规模裁员来挽救自己。

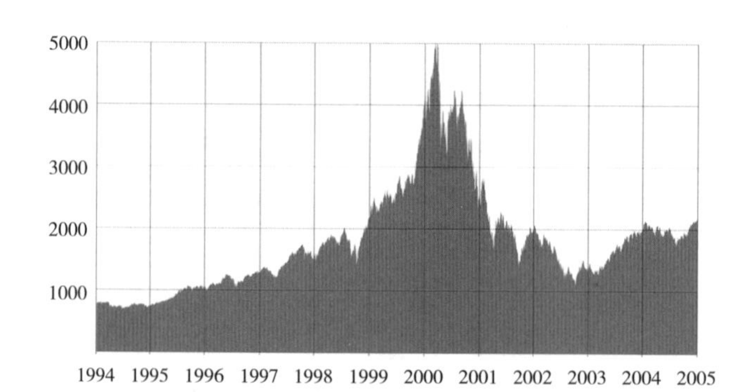

图 11.1　纳斯达克综合指数中的互联网泡沫

[1]　这家德国企业在 2000 年前后大规模开展虚假业务、虚构销售额，致使股价虚高。丑闻败露后，公司股价从 65 欧元暴跌至 6 欧分，公司董事会主席因欺诈等罪名入狱。

泡沫破灭后，幸存下来的公司再次让自己的价值逐渐回升。许多公司如今的估价又达到了数十亿美元，尽管他们并不提供真正的产品。不少小型初创公司也被高价收购。另一些在线公司持续处于亏损状态，却仍然获得很高的评价。专家们已经开始预警新一轮的泡沫破灭，所幸到目前为止他们的担心还没有成为现实，但风险确实是难以避免的。把任何新想法转化为现实，需要的就是资金。缺少了投资者，一切都没有可能。

互联网时代的故事，似乎要在比特币等加密货币身上重演。由于疯狂地炒作，很多小投资者也向里面投入了大量资金。通过加密货币一夜致富的成功故事又开始广为流传，淘金热的氛围再次使人们头脑发热。这个泡沫的破灭只是时间问题，能及时卖出套现的人才能成为赢家。

11.4 电子商务的繁荣（始于 2000 年）

互联网泡沫破灭后，大批公司接连倒闭，另一些则被并购。然而，电子商务的繁荣仍在继续。2000 年，网上购物步入了鼎盛时期，新生在线商店的数量几乎呈爆炸式增长。

谷歌在 2000 年推出了 AdWords（现在的 Google Ads），通过这种点击式付费广告系统赚取了数十亿美元，成为公司的主要收入来源。亚马逊于 2001 年掀起了移动购物革命，并发布了第一个适用于智能手机的移动商店版本。

在德国，2002 年的网络销售额比前一年翻了一番。不过，由于违反《电信服务法》和《德国民法典》条款的案例层出不穷，联邦消费者协会出面进行了干预，要求诸多网上商店进行整改，其中也包括亚马逊和奇堡等大公司。

苹果的 iTunes Store 在 2003 年进入市场，并迅速成为最大的在线音乐商店。苹果不仅以此为数字下载市场注入了活力，甚至还重振了当时停滞不前的音乐市场。在德国，电子商务的前景仍然被低估：卡尔斯鲁厄研究中心预言，它的销售额在未来也不会超过零售的 10%。事实上，2013 年，德国线上销售额达到了 310 亿欧元，而 2019 年更是达到了创纪录的 720 亿欧元。

早在 1996 年，亚马逊就推出了评价系统。到了 2005 年，电子商务和社交媒体产生了各种融合，顾客的意见和推荐变得越来越有影响力。在各大社交媒体上，朋友和熟人的体验会被分享转发，用户完全可以通过 Facebook 和推特等平台推荐产品。

当前，电子商务越来越多地转向移动设备，如今三分之一的订单是通过智能手机或平板计算机下达的。名列前茅的电商平台有亚马逊、eBay 和 Zalando[1]。社交媒体作为吸引顾客的门户变得越来越重要。人工智能也进入了电子商务领域，比如借助聊天机器人向客户提供虚拟咨询，提出专业建议。此外，像亚马逊 Alexa 这样的智能语音助手在未来也将发挥更大的作用，眼下顾客已经可以通过呼叫助手直接在网上下订单。总之，电子商务的历史还相当短暂，它面对的是未来无穷的可能性。

11.5　亚马逊的故事

就像苹果和谷歌一样，这个故事又要从车库开始讲起。真正优秀的公司都是从车库公司成长起来的，这似乎已经成了一条人尽皆知的规律了。然而，杰夫·贝佐斯并不是那种从洗碗工奋斗到世界首富的书呆子类型。30 岁时，他已经是华尔街投资银行德邵公司的副总裁了。这家投资银行的老板大卫·艾略特·肖本身就是计算机领域的专家，他借助复杂的算法和计算机技术制订投资决策，为自己的对冲基金公司赢得了高额收益。

杰夫·贝佐斯毕业于普林斯顿大学的电气工程和计算机科学。在加入德邵之前，他曾在一家名为 Fitel 的创业公司工作。这家公司主要为贸易公司创建全球电信网络。由于公司在两年内并没有什么起色，杰夫·贝佐斯便离开 Fitel，去了美国信孚银行（现为德意志银行的一部分）工作。

总而言之，杰夫·贝佐斯深知证券交易所的力量，对互联网的发展也十分着迷。而互联网的爆炸性增长令他萌生了参与互联网经济的想法。1994 年，他与妻子麦肯齐共同制订了开设在线书店的计划，第一步就是离开华尔街，搬进西雅图的一个车库。这对他来说并不是容易踏出的一步，毕竟他得放弃华尔街光鲜的职业前景。据说，他在把各种适合网上销售的产品列了一个长长的清单之后，才决定在网上销售图书。在线书店最初被命名为 Cadabra.com，这个名称来自大家都非常熟悉的

[1]　Zalando 成立于 2008 年，是一家总部设在德国柏林的在线零售商城，主营服装、鞋子、美容产品等。

咒语“Abracadabra”。杰夫·贝佐斯的律师则表示，这个名字让人摸不着头脑，还容易联想到“尸体”（cadaver）。为了寻找一个新名字，杰夫·贝佐斯把字典上A开头的单词查了个遍，最终选定了地球上最长的河流的名字——“Amazon”。1994年11月1日，域名Amazon.com注册成功。

值得一提的是，杰夫·贝佐斯的父母杰吉和迈克（继父）将他们的大部分积蓄作为启动资金托付给了儿子，尽管他并不否认这项投资的风险非常高。

1995年7月16日，Amazon.com上卖出了第一本书：《流体概念和创意类比》。它的买家是约翰·温赖特。今天你仍然可以在亚马逊上买到这本关于思考的书，当然现在还有了Kindle版本。

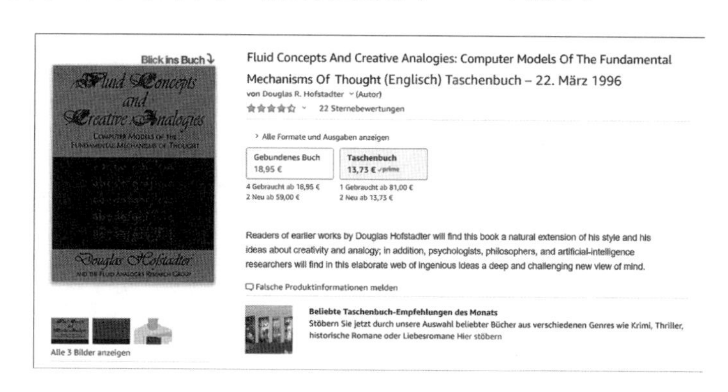

图11.2 用户在亚马逊购买的第一本书是《流体概念和创意类比》，今天仍然可以购买

成功来得相当之快，这家网上书店不久就在消费者当中流传了开来。到了1996年，它所公布的销售额就达到了近1 600万美元。这对杰夫·贝佐斯本人和当时还在负责记账的妻子来说，也是出乎意料的。据说第一批订单还是杰夫·贝佐斯亲自去邮局寄送的。

1997年，当时最大的线下书商巴诺公司进军在线图书市场。面对这样的强劲对手，很多专家就此预言了亚马逊的灭亡。但是杰夫·贝佐斯并不仅仅专注于竞争，而是号召员工更多地考虑顾客的满意度。亚马逊在1997年成为上市公司，销售额飙升至将近1.5亿美元。1998年，亚马逊在全球范围内已拥有100万客户，并且以上千万美元的价格收购了当时德国最成功的在线书商Telebuch.de（它早在1991年BTX时代就非常活跃，1995年进入因特网），终于在德国开设了在线书店

Amazon.de。虽然当时对破坏式竞争的批评已经日益尖锐，但亚马逊并没有停下并购和扩张的步伐，销售额在接下来的几年持续增长。

和大多数公司一样，亚马逊也受到了互联网泡沫破灭的沉重打击，一度濒临破产。贝佐斯在互联网泡沫破灭前投入了大量资金，运营成本也始终居高不下，致使公司亏损高达30亿美元。亚马逊股价暴跌，贝佐斯不得不裁员1 300人。但接下来，贝佐斯走出了一步好棋，令公司起死回生。他原本就一直有涉足其他领域的想法，于是决定向第三方零售商和卖家开放电子商务平台并收取费用，推出Amazon Marketplace业务。在不少专家看来，这种为竞争对手提供平台的做法，并不是明智的决定。事实上，贝佐斯的公司又开始盈利了，并且逐渐成功地进入了越来越多图书之外的领域，亚马逊从在线书商转变成了领先市场的在线“万货商店”。

但贝佐斯并没有就此止步。他不断扩展服务，始终强调以客户的满意度为中心。这也是亚马逊成功的秘诀之一：始终牢记客户的需求。如今，亚马逊是世界上市值第二的公司，仅次于苹果，拥有超过84万名员工，销售额达2 800亿美元。它将如何续写自己的历史，我们拭目以待。

第十二章
社交媒体简史

如果你认为你没有什么可隐瞒的，所以不需要隐私，那就好比在说：你不需要言论自由，因为你没什么需要表达。

——爱德华·斯诺登

社交媒体如今已成为一个家喻户晓的概念。它为人们提供了一个网络平台，供用户创建和发布各种内容并且与其他用户相互关联。人们以这种形式建立起了自己的在线社区，并通过点赞、评论或分享帖子等方式融入其中。如今，Facebook、Instagram、Twitter 等平台已经具有了不可忽视的巨大影响力。因此，我想借此机会来回顾一下社交网络发展史上的一些里程碑事件。

12.1 前万维网时期的社交媒体

其实早在万维网诞生之前，互联网上就出现了某种形式的社交互动。它们虽不是我们今天所熟知的 Facebook 那样真正的社交平台，但已经为某些小群体交流想法提供了一个虚拟场地。所以，在我看来，完全可以把雷·汤姆林森在 1971 年发明的电子邮件作为社交媒体发展史的起点。虽然如今电子邮件已经不是私人领域的主流沟通方式，但它仍然是职业领域中最重要的通信工具之一。

社交媒体进入下一个阶段后，新的先驱要数论坛。世界各地的用户都可以在论坛中通过评论、推荐、提问、回答等形式针对特定的主题开展数字化的交流。我原本就想从 1978 年的电子公告板系统（Bulletin Board System，BBS）说起，但在查询资料的时候，我发现了在计算机历史上几乎不被提起的 PLATO 系统。

12.1.1 “计算机系统” PLATO（20 世纪 60 年代）

PLATO 是 20 世纪 60 年代初在伊利诺伊大学创建并经过数十年不断发展的计算机辅助学习平台。PLATO 这个词是自动化教学程序逻辑（Programmed Logic for Automated Teaching Operation）的缩写，它的目的是提供一个学生可以独立学习数学、拉丁语、化学、音乐等各种课程的平台，听起来更像是今天的数字化教学。唐纳德·比泽尔是这个计算机教学系统的开发者。早在1960年，第一个PLATO系统PLATO I就已经在本地计算机上运行了。它有一个用于显示的屏幕和一个用于控制的专用键盘。当时使用的计算机是伊利诺伊大学自己创建的大型计算机ILLIAC（Illinois Automatic Computer，伊利诺伊自动计算机）；之后相继推出了PLATO Ⅱ和Ⅲ。

1972年，带有橙色等离子显示器的PLATO IV称得上是一个突破。1975年，PLATO IV系统已经覆盖了许多地方，部分依赖大型机相互连接。所以，它就像当时的阿帕网一样，成为一个自成一体的网络系统。

PLATO系统起初只有一个终端，到了20世纪70年代后期，这个系统中已有数千个图形终端在许多台不同的大型机上相互联网。而且它已经从一个单纯的学习平台转变为一个真正的社交平台。在线聊天系统和即时消息等功能早在1974年就已经启用。还有一个由雷·奥茨编写的名为Plato Notes的论坛——雷·奥茨是Lotus Notes的开发者，后来也成为微软的首席技术官。此外，在这个平台上还诞生了第一批较为复杂的表情符号。

你可能没想到的是，针对PLATO系统，还开发出了数量惊人的游戏。我可以轻松列举出几个大名鼎鼎的例子。比如可供多名玩家线上共

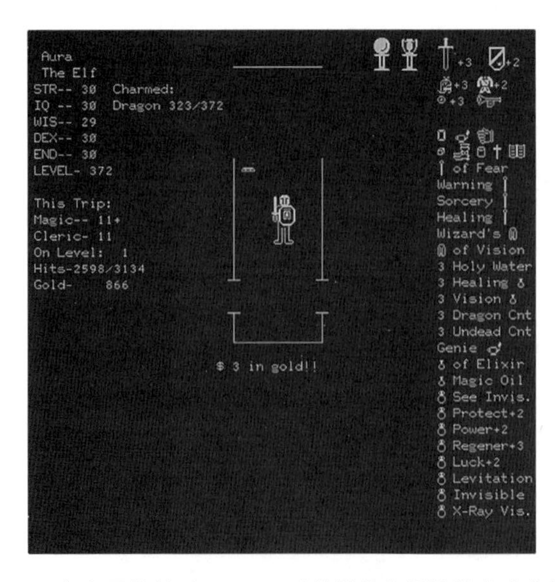

图12.1　1974年出品的针对PLATO系统的角色扮演游戏《龙与地下城》

同参与的《帝国 1973》，这是一款多人竞技场射击游戏，可与《迷宫战争》并列称为最早的网络多人动作游戏。1974 年出品的另一款经典游戏是《龙与地下城》，最古老的角色扮演计算机游戏之一。一年后出现的 *pedit5* 也是古董级的角色扮演游戏。可以毫不夸张地说，游戏是 PLATO 系统中非常重要的一部分。

总之，PLATO 系统几乎提供了当今多用户信息处理中已知的一切：留言板、论坛、在线测试、电子邮件、聊天室、图片语言、即时消息和多人游戏。所有这一切都独立于阿帕网，并且先于万维网许多年。那么这个系统在今天为什么如此默默无闻呢？

答案很容易确定，罪魁祸首就是失败的商业化。1976 年，CDC（Control Data Corporation，控制数据公司）获得了 PLATO 的授权，意图把这个系统更大规模地应用于学校和企业。然而，他们低估了这个系统的高昂开发成本——为了收回这些成本，公司必须向系统使用者收取非常高的费用。CDC 制定的收费标准是每小时 50 美元，这对于上课来说实在是过于昂贵了。PLATO IV 的终端价格也在 5 000—7 000 美元之间。而且，它所使用的大型机也已经渐渐落后于时代。因此，PLATO 系统没有走上成功的商业化道路。也许，PLATO 项目的某一部分确实具有相当高的商业化价值，比如当时用作触摸屏的等离子显示器说不定就可以成为市场上的宠儿。

20 世纪 80 年代后期，开发者推出了一个适用于各种家用计算机的微型 PLATO 系统，尝试将它推向大众市场。它包含为雅达利系列（8 位）、TRS–89，以及 IBM-PC 创建的不同版本，并且以低得多的价格提供服务。

但这些举措并没有起到作用，仍旧居高不下的使用成本，使它对用户来说根本没有吸引力，PLATO 系统最终也没有成为第一个美国在线。从 1986 年开始，PLATO 计划渐渐搁置下来。随着家用计算机和 IBM-PC 的兴起，以及之后万维网的诞生，这个系统被彻底地遗忘了。

12.1.2　（计算机）电子公告板系统（1978 年）

第一个公告板系统（BBS）是一个计算机程序：CBBS（Computerized Bulletin Board System，计算机电子公告板系统）。它由沃德·克里斯坦森和兰迪·休斯开发，在 1978 年 2 月 16 日投入使用。通过电话和调制解调器，计算机极客们能够拨入一台可访问的中央计算机，在这个公告板上发布消息、交流想法，为即将到来的在线社区奠定了基础。

这个世界上最早的电子公告板几乎把全球的计算机爱好者、黑客和计算机俱乐部成员都汇聚到了一起，差不多形成了一种论坛文化。当时的互联网还很小，用户通过调制解调器直接连接到 CBBS。而运行 CBBS 的计算机只是电话线上的一台私人计算机，因此同一时间只能容一个人接入并留言。前一个人断开连接，后一个人才能再次访问系统。纯文本界面由键盘命令控制。在万维网出现之后，类似的电子公告板都失去了重要性。但 BBS 中引入的很多元素，后来在论坛中得到了应用。

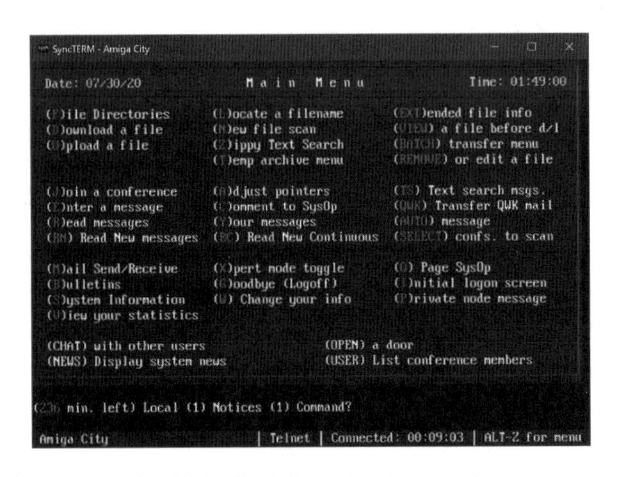

图 12.2　图中为 Amiga City BBS

12.1.3　Usenet 及其新闻组（1979 年）

在万维网诞生之前，Usenet 及其新闻组也是一种自成一体的全球性网络应用。它与 BBS 几乎同时出现，工作方式也非常相似。唯一的区别是，新闻组是在多个服务器上运行，可容不同用户在同一时间访问。通过专用的客户端——一种新闻阅读器，可以把讨论的发言和各种文件下载到计算机上，当然也可以回复或者新建发言。由于新闻组不是集中存储在一台服务器上，而是会同步到各个服务器，所以发布的内容就不容易丢失。许多电子邮件应用程序也都包含了新闻阅读器客户端。就我个人的经历来说，在我开始学习编程的时候，像 de.comp.lang.c 或 de.comp.lang.c ++ 这样的新闻组都是非常重要的资源。

Usenet 上的一些经典新闻组一直存活到了今天，其中的一部分至今依然十分活跃。例如，免费的电子邮件客户端 Mozilla Thunderbird 会提供一个新闻阅读器，用户只需连接到新闻服务器（例如 news.mozilla.org），然后订阅各个组即可，你还可以在不安装任何软件的情况下通过 Google Groups 直接在网络上找到过去的 Usenet 档案。

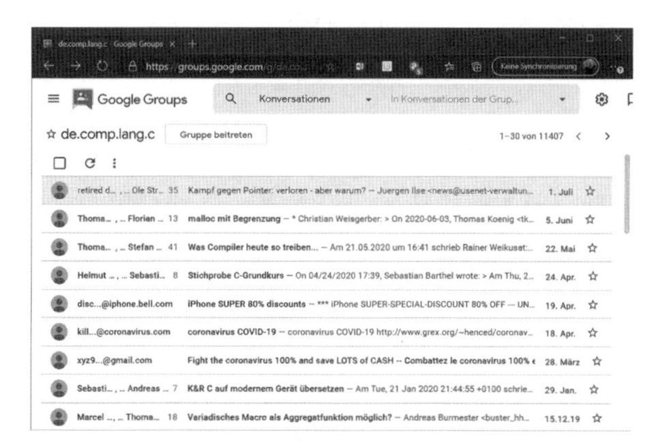

图 12.3　Usenet 档案和许多活跃的新闻组可以在 Google Groups 上找到

当今的许多新闻组本质上都是商业性质的，专门从事数据交换，通常用来共享非法内容。长期以来，人们一直在寻求限制这类 Usenet 运营商的方法，但由于 Usenet 运营者本身并没有违反版权法，也不对参与其中的成员的行为负责，因此很难对其采用约束手段。欧洲最大的运营商是 UseNeXT，号称包含了 20 万个新闻组和超过 3 万 TB 的数据。

邮件列表

1986 年由埃里克·托马斯开发的应用程序 LISTSERV 也经常被忽视。它源于 IBM 大型机，是第一个用于管理邮件列表的软件，最初在 BITNET 中运行。借助邮件列表，用户可以把一封电子邮件发送给列表中的所有参与者，以此发起以电子邮件为基础的线上讨论。LISTSERV 今天仍然存在，维护着超过 40 万个邮件列表。

12.1.4　IRC（互联网中继交谈）（1988 年）

IRC（Internet Relay Chat）聊天系统也是在万维网之前出现的。第一个 IRC 聊天网络诞生于 BITNET 中，名为 Relay Chat。它是由计算机专业的学生贾科·奥卡瑞伦在 1988 年开发的。用户借助客户端软件就可以在这个聊天系统中进行实时交流。他们可以进入按照特定话题而开设的频道参与谈话，也可以创建自己的频道或者同另一个人私下聊天。所谓的频道操作员（IRCop）负责监管各个频道，能通过命令有意忽略捣乱分子或者干脆把他们从聊天中踢出。虽然这个聊天系统是基于文本的，但借助某些命令也可以进行数据交换。一开始，这个聊天平台的参与者主要是通过 UNIX 系统访问的大学生，但随着网络的普及，它很快大面积流行起来。

之后渐渐出现了许多较小规模的 IRC 网络。这种通过 IRC 的聊天通常不需要借助图形方面的技术，只需要一个 IRC 客户端应用程序（如 mIRC）就可以参与，有些甚至直接可以在网络浏览器中访问，比如登录网站，在连接到 IRC 网络之后，可以键入 “/list” 命令列出现有聊天，然后键入 “/ join #chatname” 命令就可以加入聊天了。

在线服务

Compuserve、美国在线、Genie[1] 等运营商提供的在线服务，除了因特网接入之外，还包括论坛和聊天功能。但问题在于，用户通常只能与选择相同运营商的参与者进行通信，这样就导致了美国在线的客户无法与 Compuserve 的客户聊天。

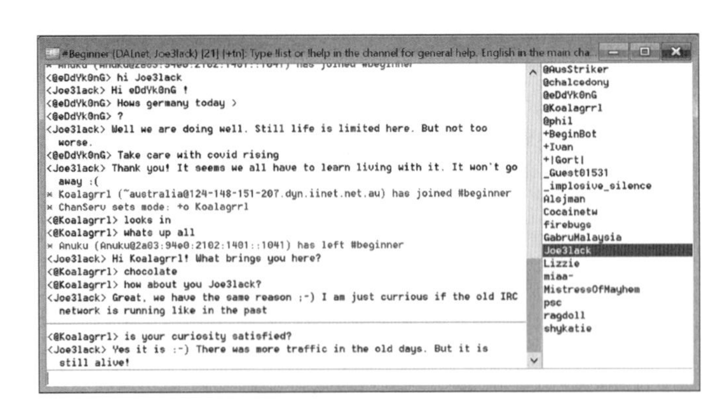

图 12.4　IRC 网络今天仍然存在。图为使用客户端软件 mIRC 参与聊天

12.2　万维网社交媒体的里程碑

蒂姆·伯纳斯－李创建了超文本媒体万维网，一下子为社交网络打

[1]　Compuserve、美国在线、Genie 均为美国当时的商业在线服务运营商。

开了全新的局面。在一段探索期之后，与之相适应的新构想相继出现，社交媒体在万维网中加速发展起来。不过，如今蒂姆·伯纳斯－李显然对自己的万维网中已经孕育出的各大社交媒体颇有微词，正全力打造一个全新的第三代社交网络，希望使因特网包括万维网再次成为一个自由、开放且充满活力的场所。然而这个话题已经不在我们这本书的讨论范围之内了。

12.2.1 地球村——维护邻里关系（1994 年）

地球村（GeoCities）成立于 1994 年，专门为个人主页提供免费的网络托管。用户可以获得 15MB 的存储空间、一个适合初学者的网页制作工具包、一个用于管理页面和图像的文件管理器以及一个针对高阶用户的 HTML 编辑器。所以它本质上是一种简化了的网站创建工具服务，与我们今天熟悉的 Squarespace、Wix、Weebly 等自助建站工具类似。但同时地球村也是一种特殊形式的网络社区。它根据特定的主题建立分组，让志同道合的人们相互联结，营造了一种良好的虚拟邻里关系。搜索引擎在当时还没有普及，这种按主题社区对网站进行分类的做法，为各种领域的爱好者带来了极大的便利。

1999 年，也就是在互联网泡沫破灭之前，地球村被雅虎以超过 35 亿美元的价格收购。但随后它就每况愈下，用户数量持续减少，网站内容质量也不断下降。10 年后，即 2009 年，雅虎彻底关闭了地球村社区。不过日本是个例外，地球村社区在那里一直运营到了 2019 年，毕竟这个社区上有超过 3 800 万个网站。

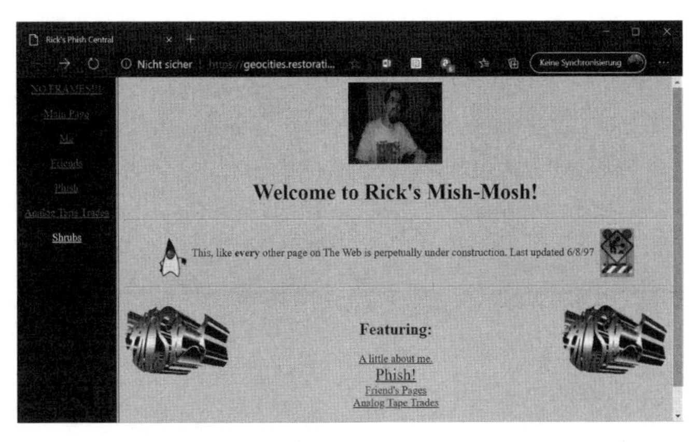

图 12.5 网站建设在地球村里并不是第一要务，最重要的是参与其中

12.2.2 博客——万维网中的日记（20 世纪 90 年代）

关于博客（Blog）我们要多说几句，因为这是与社交媒体并存的另一种流行于网络的内容创作形式。但两者之间的界限并不清晰，它们都为用户提供了一个可以分享内容的平台。博客用户相对来说更加独立，对自己的博客有着更大的自主权，博客内容留存的时间也比社交媒体平台上的内容更长久，并且更为注重质量，而社交媒体上则以快速更新的简短讯息为主。

万维网创始人蒂姆·伯纳斯 – 李在 1990 年 11 月 13 日发布的第一个网站，其实就是最早的博客，尽管“博客”这个名称当时还不存在。到了 20 世纪 90 年代中期，网络中已经出现了许多类似博客的网站。记者贾斯汀·霍尔是公认的博客先驱之一，他的个人网站被称为网络上的第一个博客。他从 1994 年开始经营自己的网站“贾斯汀来自地下的链接”（Justin’s Links from the Underground），分享一些网络世界的信息和日常生活及旅行中的个人逸事，吸引了非常多的关注者。

瓦尔特·劳芬贝格的网站 www.netzine.de 在 1996 年 1 月 3 日上线，是最早的德语博客之一。他的博客类似于一种政治文学讽刺性互联网期刊，直到今天仍然定期更新。当时还不存在“博客”这个词，所以人们往往借用一些英语中的单词，把这类网站称为“网络期刊”（Netzines、Webzines、Fanzines）。

1997 年 12 月，约恩·巴格尔在他的博客“机器人智慧”中首次使用了“Weblog”一词。1999 年，彼得·莫霍尔兹在他个人网站的侧边栏中使用了某种形式的“Weblog”，并创造了缩略词“Blog”。

渐渐地，帮助互联网用户轻松建立个人博客的服务出现了。知名博客托管服务平台有 Xanga.com、LiveJournal.com 、Blogger.com。Blogger.com 在 2003 年被谷歌收购。这些服务平台的涌现，使得博客这种形式在 20 世纪 90 年代后期真正兴盛起来。眼下，博客托管服务依然存在，但管理网络博客已经更依赖于内容管理系统（CMS）。其中最著名的代表要算开源项目 WordPress，它在所有使用 CMS 的网站中占了约 50%的市场份额，并且为互联网上约 28% 的网站提供支持。

12.2.3 ICQ——我找你（1996 年）

如前文所述，IRC 聊天网络的主要参与者是对计算机技术比较在行的用户，而 Usenet 新闻组在当时也不能算是面向广大公众的平台。网上冲浪经验并不丰富的人们，仍旧找不到合适的聊天程序。1996 年，四名以色列学生创建了一个名叫 Mirabilis 的公司，合作编写了一种即时通信服务 ICQ。它在极短的时间内成为世界上使用最广泛的聊天软件。ICQ 在当时的影响力，相当于 WhatsApp 在当今移动领域的意义。它使用了一种单独的 OSCAR 协议，可以在已有的 TCP 连接上起作用。

1998 年，美国在线以 4.07 亿美元的价格收购了 ICQ，并且推出了具有更多功能的新版本。2010 年，美国在线又将 ICQ 出售给了一家俄罗斯公司。在诸如 Facebook 这样的社交网络和诸如 WhatsApp 这样的即时通信软件出现之后，ICQ 就很难再有用武之地了。当前的版本被称为 ICQ New，已不再使用 OSCAR 协议。如今它只是 WhatsApp 的众多竞争者之一，还因为不对传输的数据进行加密而被人诟病。

12.2.4　第一批网络论坛（20 世纪 90 年代）

前文提到的 BBS 或者 Usenet 上的新闻组，是前万维网时代的网上讨论平台。Telnet、FidoNet 等其他网络中也产生过某种形式的论坛。这些论坛的主要参与者都是对计算机及网络技术十分熟悉的计算机爱好者。

20 世纪 90 年代末，第一个进入万维网的论坛是 UBB（Ultimate Bulletin

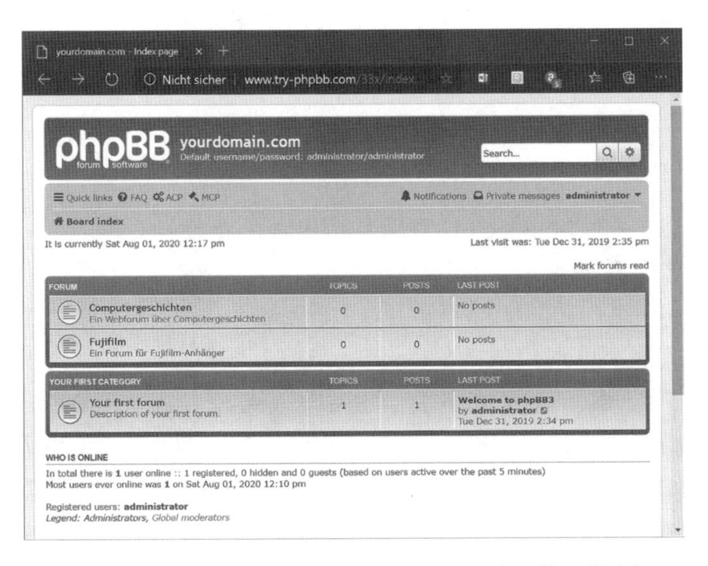

图 12.6　phpBB 在今天仍然是一个非常受欢迎的网络论坛

Board，终极公告板）。这是一个使用 Perl 脚本语言编写的论坛程序，利用文本文件记录信息。随着访问人数的增加，这个论坛很快就显得不堪重负。1999 年，詹姆斯·林姆和约翰·帕西瓦尔在某个关于 Visual Basic 的网站上使用了论坛软件 UBB.classic，并且发现了它的问题。于是两人在 PHP 编程语言和 MySQL 数据库引擎的基础上，开发了论坛软件 vBulletin。它的第一个版本只是对 UBB 的改进，而第二个版本则寄托了两位开发者更大的抱负。两人招募了新成员，组成了新的开发团队，果然使 vBulletin 2 一经推出就大获成功。除了 vBulletin，当时还诞生了许多其他网络论坛，其中开源的自由软件 phpBB 在今天仍然很受欢迎。

12.2.5 SixDegrees.com——第一个真正的社交媒体平台（1997 年）

SixDegrees 由安德鲁·韦因里希创立，在 1997 年作为第一个社交网络登场，它的面貌已经与我们今天的 Facebook 相当接近了。用户可以设置自己的个人资料页面，维护各种好友关系，还可以搜索其他用户的朋友列表。互加好友的成员能够通过一个消息系统相互交流。这个平台的名称来自斯坦利·米尔格拉姆提出的小世界现象：所谓“六度分隔”就是指两个陌生人之间所间隔的熟人不会超过六个。这个平台在美国最为流行，鼎盛期一度聚集了超过 350 万名成员。2001 年，青年流媒体网络以 1.25 亿美元的价格收购了 SixDegrees。然而在一年之后，这个网站便被暂时关闭了。几年之后，公司试图重振这个平台，但这个时候，其他平台都已经过于强大了。

12.2.6 Friendster、MySpace 和领英（2002—2003 年）

Friendster 和 MySpace 是紧随其后出现的重要社交网站。Friendster 在 2002 年由乔纳森·艾布拉姆斯开发，并于 2003 年上线。它在几个月内，就吸引了 300 万名注册用户。Friendster 这个名字是由 Friend 和 Napster 这两个单词组成。Napster 是当时互联网上备受争议的文件共享平台。Friendster 率先采用了“朋友圈”模式，通过这种形式把个体用户联系起来，构成一个虚拟社区。同年，谷歌提出以 3 000 万美元收购 Friendster，但遭到拒绝——或许今天 Friendster 会为这个决定感到后悔。2008 年，Friendster 的注册人数超过 1.15 亿人，并开始在亚洲市场走红。但随着 Facebook 和 MySpace 的崛起，它的用户数量迅速下降。

2009年，Friendster被出售给马来西亚的MOL Global，经过重大改版之后于2011年作为社交游戏平台重新上线。此前公司曾宣布，将清空平台上的所有内容。

Friendster之后，汤姆·安德森创建的MySpace上线了。这个平台迅速成为最热门的音乐社交网络。许多音乐人和乐队在上面展示自己的歌曲，歌迷与歌手也有了接触和交流的机会。MySpace的个人主页可以根据需求进行个性化调整，还能够嵌入音乐和视频，这在当时是相当具有革命性的。MySpace在2006年底进驻德国，几个月后就拥有了250万名注册会员。2007—2010年期间，与谷歌AdSense的合作为它带来了大约9亿美元的收入。2006年，MySpace成为美国访问量最大的网站，领先于谷歌和雅虎。然而从2008年开始，MySpace的注册人数被竞争对手Facebook超越了。如今MySpace的影响力已经不值一提，但它仍然存活于网络之中。

领英也是在2003年上线的。与其他社交网络的区别在于，它聚焦于职业生涯。领英试图为用户及其同事和商业伙伴构筑起一张线上关系网，那么它就可以成为在职场和商界中建立新关系的最佳平台。领英现在属于微软旗下，至今仍然是一个非常受欢迎的职场社交网络。德国本土也有一个类似网络同样在2003年上线，它就是Xing。与面向全球的领英不同，Xing主要针对德语区国家。

说到这里，我不得不再强调一下，以上提到的只是几个有标志性意义的社交网络。从2004年开始，新兴的社交平台数不胜数，且个个都野心勃勃地想要征服世界，比较著名的有Care2、Muliply、Ning、Orkut、Mixi、Piczo和Hyves，其中的一些，今天仍然活跃于网络。

图片社区（Fotocommunitys）和MMORPG

2003年上线的Photobucket、Flickr等图片储存分享社区在当时也拥有极高的人气。另一种流行的网络社交平台是MMORPG（Massively Multiplayer Online Role–Playing Games，大型多人在线角色扮演游戏）。游戏玩家可以通过图形界面（以及后来的论坛）与其他人聊天、组成联盟，甚至建立恋爱关系。《网络创世纪》《无尽的任务》都是大家耳熟能详的MMORPG游戏。大名鼎鼎的虚拟社交游戏《第二人生》也在2003年上线，它构建了一个在线3D虚拟世界，让玩家们在其中相互沟通交流，体验另一种人生。

12.2.7 YouTube 和《我在动物园》（2005 年）

视频门户 YouTube 由前 PayPal 员工查德·赫利、陈士骏和贾德·卡林姆于 2005 年创立。各种类型的视频，如自制剪辑、电影电视剧节选、综艺节目、预告片和新闻等等都可以上传到这个平台。参与者可以免费查看这些视频，当然也可以评分、评论或者上传自己的视频。插播商业广告是平台的主要收入来源。YouTube 这个名字是由“You”（你）和“Tube”（阴极射线管）这两个单词组成，可以理解为“任由你来播送”的意思。YouTube 上的第一个视频叫《我在动物园》，是联合创始人贾德·卡林姆本人在 2005 年 4 月 23 日上传的。视频记录了他站在圣地亚哥动物园的大象围栏前的情景。2006 年，YouTube 被谷歌以 13.1 亿欧元的价格（以股份的形式）收购。

YouTube 在上线后迅速成为最受欢迎的网站之一，现在依然把市场引领者的地位牢牢握在手里。但它并不是最早的视频门户网站。视频网站 Vimeo 和 Metacafe 都早于 YouTube 出现。前者专注于质量较高的原创内容，如今依然活跃于网络。后者创立于 2003 年，如今的内容以短视频为主。另一个规模较大的视频平台是 Dailymotion，它是与 YouTube 同年推出的。

图 12.7　贾德·卡林姆在 YouTube 上传的第一个视频仍然可以在 https://youtu.be/jNQXAC9IVRw 上观看

12.2.8　从 Facemash 到 Facebook（2003—2006 年）

要讲 Facebook 的故事，就得先讲讲马克·扎克伯格的故事。他出生于 1984 年，有德国和奥地利（以及波兰）血统，是牙医爱德华和心理治疗师凯伦的第二个孩子，有一个姐姐、两个妹妹。他在哈佛大学学习了计算机科学和心理学，是犹太大学生组织 AEPi（Alpha Epsilon Pi）的成员——这是一个 1913 年成立于纽约的犹太兄弟会。不过他并没有完成大学学业，而是把所有精力都放在了打造 Facebook 上。他的投入确实获得了丰厚的回报，2010 年，他凭借 Facebook 成为有史以来最年轻的白手起家的亿万富翁。据说，他把 Facebook 的色调定为蓝色，是因为他是红绿色盲。

Facemash.com ——是否够辣（2003 年）

2003 年，在哈佛大学学习期间，马克·扎克伯格创建了一个叫 Facemash 的网站。它每次随机挑出两名哈佛大学女生的照片，让浏览者根据外表来判断谁更热辣。由于马克·扎克伯格在未经同意的情况下从宿舍数据库中盗取了图像，这个网站因抗议而不得不在发布几天之后下线。

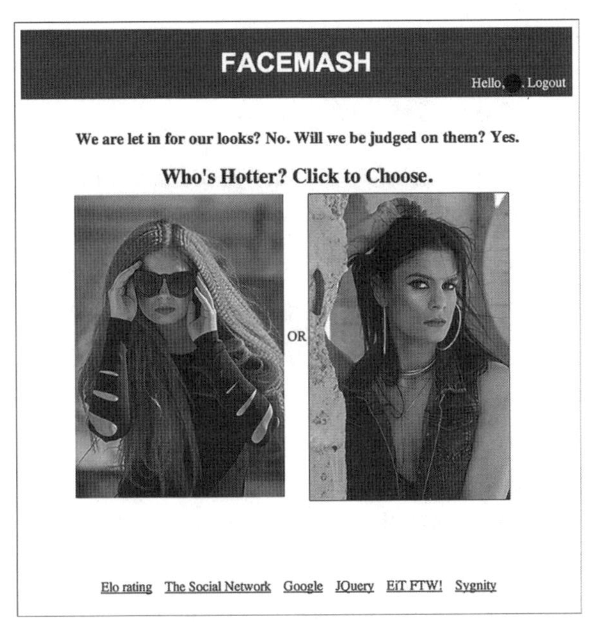

图 12.8　这是马克·扎克伯格在 2003 年开发的 Facemash.com

TheFacebook.com（2004 年）

“Face Book”通常可以指美国大学里的一种收录了学生照片和个人信息的年鉴。而马克·扎克伯格就想创建一种在线数字化（非官方）年鉴。他的新网站 TheFacebook.com 在 2004 年 2 月 4 日上线。会员资格最初仅限于哈佛的学生。

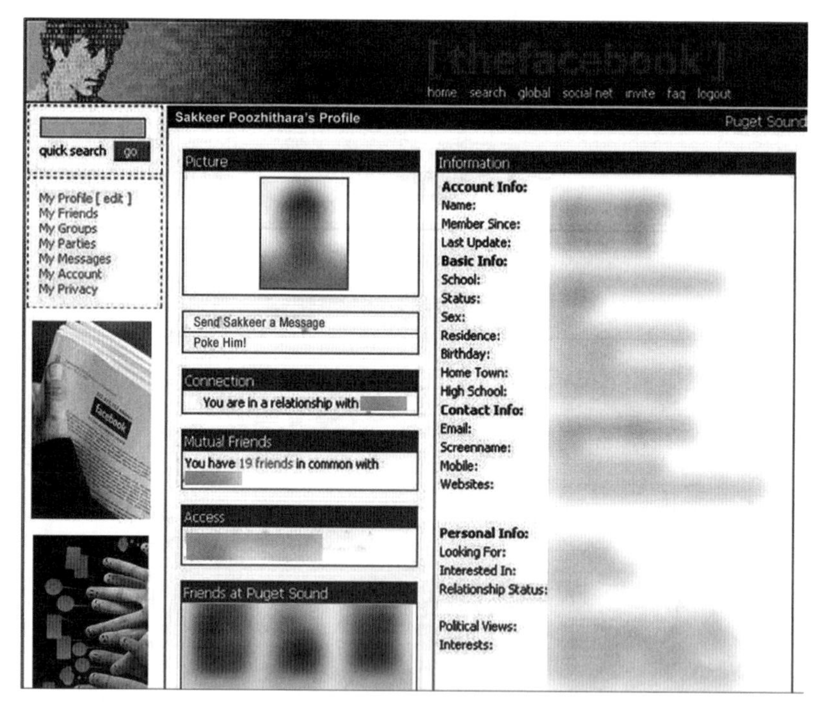

图 12.9　这是 TheFacebook.com 在 2004 年刚推出时的个人主页

TheFacebook.com 发布后，马克·扎克伯格的三位同窗，卡梅隆·温克莱沃斯、泰勒·温克莱沃斯以及迪夫亚·纳伦德拉指责马克·扎克伯格欺骗了他们，声称他原本是应邀为他们建立一个供哈佛学生交流想法的社交网络 HarvardConnection.com，结果却窃取了这个创意，开发了自己的产品。之后，这三位校友还将马克·扎克伯格告上了法庭，双方在 2008 年就价值 3 亿美元的 120 万股股票达成了和解协议。

在 TheFacebook.com 推出后的一个月内，就有超过一半的哈佛学生在这个平台注册。达斯汀·莫斯科维茨、安德鲁·麦科克伦和克里斯·休斯加入了马克·扎克伯格的团队，协助他推进这个项目。到了 3 月份，已经有许多其他大学的学生成为这个网站的会员，它很快就在美国和加拿大的所有大学中流传开来。

Facebook 发展得非常快，马克·扎克伯格在当年就从大学辍学，全身心投入 Facebook 的经营。他的团队从宿舍搬到了帕罗奥图的新办公室，同时，诸多投资者也慕名而来，包括 PayPal 创始人彼得·泰尔和埃隆·马斯克。纳普斯特的联合创始人肖恩·帕克成为 Facebook 第一任总裁。2005 年，原先域名中"The"被删除，Facebook.com 诞生。同年 9 月，针对高中的特殊版本上线。微软和苹果等公司的员工也可以访问这个社交网络。

Facebook.com 征服世界（2006 年）

2006 年 9 月 26 日，Facebook 向 13 岁及以上人群开放之后，用户数量急剧增加，在这一年里，注册人数就达到了 1 200 万人。雅虎对收购 Facebook 表现出了极大的兴趣，但马克·扎克伯格拒绝了这一提议——今天我们已经看到这是一个正确的决定。2007 年 10 月，Facebook 宣布向广告客户开放，为其投放有针对性的个性化广告。英文版 Facebook 也不断被本地化，出现了各种语言版本，用户数量持续飙升。在德国，facebook.de 于 2008 年问世。

2009 年，Facebook 引入了经典的点赞按钮（Like 按钮）。这种机制能够探查用户的喜好和偏向，为网站带来更大流量，为商家带来更多收入。2012 年，Facebook 的注册会员突破 10 亿人。拥有 10 亿名用户与一个运作良好的基于个性化广告的商业模式，Facebook 于这一年在纳斯达克股票交易所公开上市。股票发行价为 38 美元，但在接下来的几周内暴跌到了 19 美元。尽管股票行情不佳，马克·扎克伯格还是在 2012 年以 10 亿美元的价格收购了 Instagram，两年后又以 4 倍的价格收购了 WhatsApp。2015 年，Facebook 的股价已经突破了 100 美元大关。2017 年，Facebook 宣布注册用户数量达到 20 亿人。

丑闻

很显然，所有社交网络都饱受各种漏洞和丑闻困扰。Facebook 也不例外。作为规模最大、参与人数最多的社交网络，它所遭受的损失当然也是最惨重的。马克·扎克伯格在各处捐助了几百万美元也挽回不了陷入泥沼的名声，毕竟大部分已经产生的损失是无法用金钱弥补的。围绕着 Facebook 丑闻的故事不是三言两语能够说完的，如果你对此感兴趣，我向你推荐史蒂文·利维（Steven Levy）的《Facebook——悬崖边的帝国》[1]一书。虽然把一切都归咎于马克·扎克伯格本人是不公平的，要掌控一个拥有超过20亿成员的网络平台毕竟不是容易的事，但对于那些因有意操控或故意忽略而产生的负面事件，他确实难辞其咎。

12.2.9 studioVZ——德国社交媒体平台（2005年）

德国社交网络studioVZ是埃桑·达里安尼和丹尼斯·贝曼的“创意”。它创建于2005年11月，目标群体是德语国家的大学生，它上线之后很快就流传开来。之所以给“创意”二字打了引号，是因为studiVZ的页面几乎与Facebook毫无差别，只是色调由蓝色换成了红色，它因此而遭到Facebook起诉。之后，两家达成了庭外和解。

为了吸引更多国家的用户，studiVZ相继为法国、意大利、西班牙和波兰的大学生开设了本地的平台。但这些平台并没有交出令人满意的成绩，最终都在2009年关闭。考虑到越来越多非大学生身份的用户，studioVZ为德国中学生和社会人士建立了两个额外的平台，即schülerVZ和meinVZ。meinVZ从2008年开始运营，面向所有人群。它与studioVZ通过一个接口互相连接，因此只要用户允许，他的主页就同时对两个平台开放。而出于保护青少年的原因，schülerVZ并不具备这个功能。

这个平台在德国本土始终具有极高的人气，但自从Facebook在2008年推出了德语版本，情况就发生了转变。对于studiVZ来说，Facebook实在是一个过于强劲的对手。它提供了更多功能，更加国际化，也显得更加“酷炫”。所以德国用户也逐渐投奔了这个蓝色的巨人。

原来的studiVZ和meinVZ如今仍然存在，只是使用者寥寥无几。但如果你打算注册一个新账户，就会被链接到新网站VZ.net。只有那些拥有旧studiVZ账户的人才可以在原来的地址登录。

12.2.10 从短信服务中诞生的推特（2006年）

推特（Twitter）创立于2006年3月，当时被称作twttr。与其他社交媒体平台略有不同，推特是一种迷你博客服务，可供用户发布类似电

---

[1] 作者提供的德语书名为：*Facebook—Weltmacht am Abgrund*。

报的短消息，即所谓推文。而且它并不像 Facebook 等平台那样聚焦于熟人和朋友之间的联系。个人、公司、政客、艺术家和大众媒体都热衷于使用这个平台来传播自己的短新闻。

推特的创意来自一场危机中的急中生智。它的发明者杰克·多西当时正在为初创公司 Odeo 开发一个播客平台。但苹果公司率先在 iTune 的更新版本中内置了互联网电台的订阅和管理功能，这让 Odeo 的开发人员处于十分被动的境地。这个时候，杰克·多西提出了他的构想：编写一个程序，让用户可以通过短信服务向朋友们展示自己的最新动态。这个程序在 Odeo 的员工中试用之后，得到了不错的反响，然后便被列为了 Odeo 的官方新项目。

这个服务的核心原先是短信服务。虽然短信很快就变得无足轻重，但它 140 个字符的字数限制却被保留了下来。直到 2017 年 11 月，每条推文的最大长度才增加到 280 个字符。

第一条消息是由联合创始人兼开发者杰克·多西在 2006 年 3 月 21 日发送的，内容是“Just setting up my twttr”。

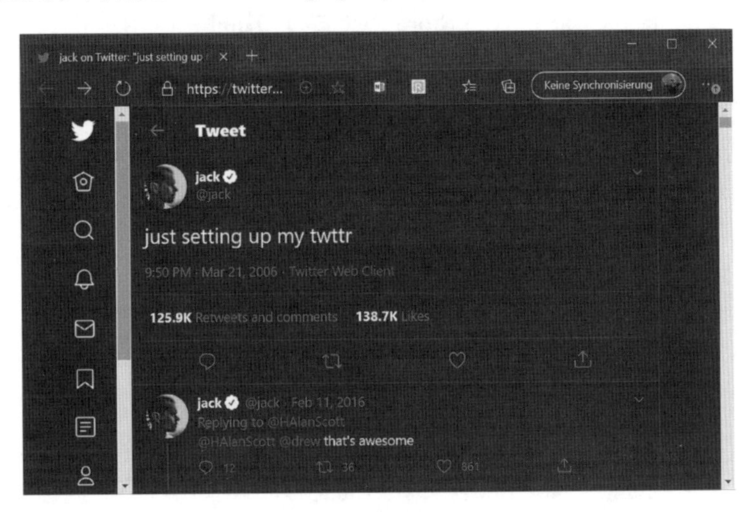

图 12.10　杰克·多西发送的第一条推文仍被保留在 https://twitter.com/jack/status/20 上

这种不超过 140 个字符（如今是 280 个字符）的服务曾（现在仍然）遭到许多人嘲笑。尽管如此，这种简单朴素的简讯形式还是盛行起来，成为一种非常重要的交流媒介。推特因此得以与 Facebook 和谷歌齐名，成为万维网的重要组成部分。

除了杰克·多西，推特之父还包括埃文·威廉姆斯、比兹·斯通和诺亚·格拉斯，诺亚·格拉斯由于内部意见分歧，直到 2011 年才被公开宣布为联合创始人。德国人弗洛里安·韦伯也是首席开发人员之一，曾参与了推特原型的编写工作。

12.2.11 Tumblr（2007 年）

Tumblr 由戴维·卡普和马克·阿门特在 2007 年创立，它走了一条与众不同的道路，并没有照搬任何已经存在的服务模式。Tumblr 把 Facebook、推特和博客的各种特征都融合在了一起，用户可以用自己的账户写博客，也可以轻松地往里面填充文本、视频、照片、录音等各种内容。这个社交平台上的德国用户所占比例并不高，年轻人是其中的主力。2013 年，Tumblr 被雅虎以 11 亿美元收购。

在许多国家，Tumblr 因色情、性少数群体以及宗教极端主义方面的内容而遭到禁止。从总体上看，Tumblr 确实有渐渐沦为色情平台的倾向。直到苹果在 App Store 中下架了 Tumblr 应用程序，运营者才意识到问题的严重性，他们删除了色情内容，并且宣布不再允许发布此类内容。不过这样的做法直接导致 Tumblr 失去了三分之一的用户。2019 年，这个平台被出售给了博客平台 WordPress.com 的运营商 Automatic。低得惊人的价格（仅为 2 000 万美元）使得这桩收购立刻上了各大媒体的头条。

12.2.12 Instagram（2010 年）

如今网络上最大的社交媒体网站之一 Instagram，是在 2010 年上线的。它本质上是提供一种照片视频共享服务，由凯文·赛斯特罗姆和迈克·克里格创建。Instagram 首要针对的是移动设备用户，通过移动设备上的 App 才能使用它的所有功能，比如编辑和上传图片或视频，以及在其中添加文本、标签、位置信息。

这个平台以极快的速度流行起来，在推出后的几个月里就新增了 200 万名订阅者。Facebook 很快意识到了这个社交媒体平台的潜力，在 2012 年斥巨资收购了它，据说金额高达 7.37 亿美元。如今，无数私人用户、个体经营者、企业、艺术家、演员纷纷选择 Instagram 作为展现自己、自我营销或者发布广告的平台。目前全球访问者最多的账户是克里斯蒂亚诺·罗纳尔多，拥有超过 2.3 亿名粉丝。在德国，足球运动员托尼·克罗斯排名第一，拥有至少 2 500 万名粉丝。社交媒体网红丽莎和莉娜是德国最受关注的女性账号，拥有 1 500 万名关注者。

12.2.13 微信（2011 年）

微信出现于 2011 年。这个 App 在德国可能并没有引起太多关注，但它确实是世界上最常用的社交媒体应用程序之一，每月订阅人数超过 10 亿人。当然，主要原因是，微信在中国人的生活中扮演了极其重要的角色，几乎所有日常事务都可以通过它来解决。除了作为社交媒体工具，购物和支付是它最重要的功能。我有过多次中国旅行的经历，所以我亲眼见识过微信在中国的普及度和便捷度。从蔬菜水果商贩到出租车司机，再到航班或酒店，到处都可以使用微信付费（主要是通过二维码）。老年人同样受到鼓励而选择无现金支付。不过，由于微信支付在很多地方是唯一的支付方式，无法使用它的外国人便常常被拒之门外。

微信也存在与其他社交媒体平台相同的弊端，体现在个人数据保护、使用上。世界上的任何一个地方都可能面对这样的问题。我们的个人数据具有不可估量的价值。谷歌、Facebook（连同 Instagram 和 WhatsApp）、亚马逊等平台掌握了大量关于我们的信息。Facebook 也推出了数字化货币 Libra 项目，凭借它就可以在 Facebook、WhatsApp 和 Instagram 内进行支付，与微信支付类似。我不想发表阴谋论或者任何带有偏见的言论，只是想着重指出个人数据的重要性。至少爱德华·斯诺登的出现，已经让我们知道，像美国国家安全局这样的机构会定期访问来自 Facebook、Google 和其他服务的数据。

12.2.14 Snapchat（2011 年）

Snapchat 是另一个非常受欢迎的平台，由罗伯特·墨菲和埃文·斯皮格尔于 2011 年创立。Facebook 在 2013 年曾想以 30 亿美元的价格收购 Snapchat，但遭到了拒绝。Snapchat 实现了一种主要以图片为沟通媒介的聊天。这些图片会在短时间内自动删除，即所谓的“阅后即焚”，所以用户不得不对联系人发送的内容倾注更多的关注。之后，单纯的图片聊天转变为一种更广泛的即时通信服务，用户可以在与朋友的私下聊天里交换文字或短视频。不过图片和视频的自动删除功能仍然保留，如果有人试图截图，发送人便会收到一条提醒。

除了私下聊天，Snapchat 还提供了一种故事功能。用户可以发布一系列的照片或视频，来讲述当天的故事。公开的故事在 24 小时之内可以反复访问。这个功能成为平台发展的强大推动力，也很快被其他平台效仿。Instagram 和 WhatsApp 相继推出了类似功能。尤其是在 Instagram 上，故事功能大受欢迎，直接刺激了注册人数的增长。Instagram 的老板凯文 · 赛斯特罗姆也并没有否认，他在这一点上借鉴了 Snapchat。

12.2.15 Google+（2011 年）

谷歌也在 2011 年推出了自己的社交网络——Google+，并很快取得了巨大成功。它在 88 天里就吸引了 4 000 万名注册用户，要知道 Facebook 花了 1 325 天的时间才交出这样的成绩。2013 年 5 月，Google+ 成为仅次于 Facebook 的第二大社交网络，甚至超过了推特。但是，Google+ 并没有长久地维持住这样的地位。谷歌在这个产品上综合了过多五花八门的功能，其中的一大部分随后因为遭人诟病而不得不再次从中分离出去。不过 Google+ 的“圈子”功能特别受欢迎，用户可以把朋友和家人放进一个或多个“圈子”里，这样就能够一目了然地对联系人进行分类。此外，谷歌环聊提供的视频会议和即时通信服务，也得到了用户的青睐。

Google+ 也一度致力于消除互联网上的匿名化，推出过实名制政策。这也是如今 Facebook 十分关注的话题，他们也在尝试引导用户使用真实身份。

2018 年，谷歌承认 Google+ 存在隐私漏洞，导致超过 50 万个用户账户的大量数据被泄露给了应用程序开发人员。据称，这种数据泄露自 2015 年起就已经存在。同年，谷歌二度爆出数据泄露事件，这一次涉及了 5 250 万个用户的个人资料数据。由于这几起数据泄露事件，以及用户人数的持续减少，Google+ 服务在 2019 年彻底关闭，所有数据都被清除。

12.2.16 抖音（TikTok）（2016 年）

眼下，人人都津津乐道且下载量仅次于 Facebook 和 WhatsApp 的平台是 TikTok（即中国的抖音）。这一次，它终于不是美国制造的产品，而是一个来自中国的具有社交网络功能的视频门户。TikTok 与 Instagram 有些类似，供用户上传娱乐性的内容，通常是非常短小的视频，因为这样的媒体消费模式才能迅速吸引用户的注意。用户还可以借助应用程序为这些视频配上背景音乐和特殊效果，或者进行剪辑。

这个 App 之所以引来如此之大的关注，不仅是由于极高的受欢迎程度，还因为它引发了对数据保护、未成年人保护、审查、网络霸凌的种种担忧。美国总统（在发稿时仍然是唐纳德·特朗普）甚至威胁要在美国全面禁止这个平台。

尾　声：
我们会很快变成半机械人吗？
机器会统治世界吗？

2054年8月7日

我在睡梦中回到了过去，年轻的我正在周游世界，还见到了许多亲切可爱的故人面孔。就在这个时候，我的个性化语音助手艾伦用柔和的声音叫醒了我："起床了，于尔根！"我睡眼惺忪地问他："艾伦，今天有什么安排吗？""今天你的孙子史蒂夫和比尔要来看你。"他回答我。"好，是该起来做点事情了。"我喃喃自语道。"艾伦，告诉冰箱，接下来两天里我们有三个人在这里，让它订购足够的食物。"我吩咐艾伦。"好了，已经告诉它了。还有什么事吗？"艾伦问我。"把海藻比萨的烹饪说明交给煤气灶。"我继续指示他。"用小麦粉还是昆虫粉？"艾伦问。"当然是昆虫粉啦！我们得节约资源。"我回答艾伦。

"艾伦，告诉床把靠背抬高，这样就更方便我起床了。"话音刚落，我便随着靠背抬起坐直了身体，然后下了床走向浴室。清扫机器人从我身边经过，正赶去为我整理卧室。浴室的灯随着我的进入自动亮了起来，它还会根据天光和我的心情调试合适的色调。这会儿为了让我更快清醒，灯光透出更多蓝色。我在马桶上坐了下来，面前的墙上显示出了最新的新闻和天气。"贾斯汀·比伯成了美国新总统。"它告诉我。

然后我来到了全身镜面前，到了与巴尔莫医生每周例行会面的时候了。巴尔莫是一个高度发达的聊天机器人，负责以数字化的方式照管我的健康。"早上好，于尔根！你今天感觉怎么样？"巴尔莫医生问。"一切都很好。虽然这儿那儿有些小问题，不过到底79岁啦，没什么好抱怨的了。"我回答他。"我给你做一个全身扫描，来测量一下你的体型和体脂率。"巴尔莫医生说。我心想，这种24小时的远程医疗，真是很实用了。不一会儿，巴尔莫医生就把检查结果告诉了我："结果很好！你的体脂率保持不变，肌肉量也没有减少。"看来我的虚拟训练和量身定做的食谱起到了作用。根据我的个人健康数据，计算机给我发来了适合我的训练计划和相应的菜单。"你还想向人类医生咨询一下吗？"巴尔莫医生最后总会程式化地问我一句。我说不用，然后和他告别。

这个时候，我的儿子乔纳森打来了电话。我戴上了微软的增强现实眼镜全息镜头V，在Skype上和他通话。他的视野通过数字眼镜立即显示在了我的眼前。我看到了他的两个孩子，史蒂夫和比尔。“爸爸，你今天准备好迎接你的两个孙子了吗？”乔纳森问我。“当然，我都迫不及待了。”我回答。两个孩子提着包站在一旁，史蒂夫向我挥手致意：“爷爷，今天是复古之夜！要拿出你的老游戏机哦。”“好的，一定会很有趣的！我已经挑选好了一些特别的游戏。”我回答他。年长一些的比尔一如既往地埋头摆弄他的数字眼镜。好吧，今天的年轻人，想当年我们整天握着智能手机也并没有比他们好多少。

我们刚结束了通话，厨房就传来哔哔哔的声音，是我的咖啡煮好了。我端着咖啡坐到了露台上，手里还握着一根为我定制的蛋白棒，里面添加了药剂和促进健康的成分。从公寓21楼向外望去，景色非常怡人。每天早晨的这个时候，一架架无人机在空中来来往往。亚马逊刚发出第一批包裹，连锁超市正在配送订单。在下面的街道上，一天的生活正慢慢在你的眼前展开。自动驾驶的电动汽车几乎悄无声息地行驶着，城市的噪音问题早已得到了根治。速度极快的量子计算机可以实时计算交通，为每辆车制订各自的路线。因此，交通堵塞也已经不复存在。

不过我们的居住空间萎缩得更加厉害了。气候变化来得比预期的要快，人类的活动范围越来越小。由于缺水和干旱，世界上许多地区不再适合居住。另一些地区则被洪水淹没，因为极地冰盖也比预期融化得更早。但高度发达的城市化和以需求为导向的高层建筑，让我们能够舒适地紧密生活在一起。这使我想起了年轻时在香港旅行时看到的非常逼仄的居住空间。得益于5G网络以及之后产生的6G网络，“物联网”也能满足我们在日常生活中对物质的各种需求。

总而言之，悲观主义者的预言错了，机器并没有占领我们的世界。恰恰相反，它们令我们生活得更加轻松便捷。多亏了各种智能算法，我们变得更加健康。作为一位老年人，我也可以独立生活得更久了，而不是在养老院度过余生。机器始终在场，在我们的人生和日常生活中扮演着重要的角色，我们的世界因此而变得更加规整与美好。由于基本收入和基本养老金的保障，人们对工业4.0的排斥心理有所转变，对机器取代人力的担忧也有所减弱。虽然一部分岗位确实已经被机器所取代，但许多新的职业也应运而生。

当然，我们这个时代已经出现了半机械人。他们是生物体和机器的混合体，但他们并没有成为破坏性的终结者。可喜的是，失去四肢的人可以通过人造组件再一次积极地参与社会生活。盲人和聋哑人也从这样的科技中受益，有时甚至可以重新拥有视觉和听觉。其实，当人们开始使用诸如心脏起搏器之类的人造植入物时，半机械人就已经诞生了。

安全技术也经历了新的突破。我们可以用电子文身开门、锁车或者支付货款，也可以在周游世界的时候把它用作身份证明。因为集成在文身中的芯片存储着我们的数据，连同 DNA 一起，这样就可以精确地识别身份。即使芯片被黑客入侵和复制，我们的 DNA 也是独一无二的，伪造几乎是不可能的。

如今的互联网 3.0 还要求对社交网络的成员进行身份识别，目的是遏制网络中的仇恨和极端主义、种族主义、游说和虚假新闻。通过发达的加密技术和数字签名，个人用户仍旧可以保持匿名，但 W3C 和其他机构有能力精确地识别违反法律的人，并将他们排除在互联网之外。同时，现在的社交媒体有义务明确标记来自政府、政党或依赖政府的新闻机构的文章。W3C 和其他独立机构也会履行监督的职责。

至于旅行，微软的全息镜头数字眼镜能让我们在虚拟世界里探索任何想去的地方。在工作中，我们也能借助这种眼镜在纯虚拟办公室里处理各种事务。对于一些必须亲自动手的任务，人们可以通过一个超大的控制面板，操控世界上任何一个角落的任意一台联网机器。除了触摸控制面板，还有手势控制。

很多年以来，地球的人口一直在显著减少。一度有各种各样的病毒在长达 10 年的时间里造成了人口数量的持续下降。好在性能日益强大的量子计算机帮助人类研制出了攻克这些病毒的药物。但人们相爱的方式也因此而发生了变化。从酒吧里和聚会上的艳遇，到互联网 2.0 中的开放关系，如今在互联网 3.0 中，“独身婚姻”开始兴盛。今天的人们主要通过数字眼镜虚拟地体验爱情，几乎没有人选择和别人结婚，只会在某个特定的时期寻找特定的伴侣。记得未来研究学者马蒂亚斯·霍克斯曾经提出过液态爱情模式，越来越发达的算法更加促进了这种模式。妓女这个古老职业也消失了，性爱机器人接替了她们的工作。也有人爱上了机器人，并决定和它结婚的。

2020 年 8 月 7 日

你不用把以上我对未来生活的描述太当一回事儿。这只是我个人对未来的一种想象。在今天这样一个瞬息万变，有时甚至称得上动荡不安的世界里，没有人能够确切预言以后的事情。总之，到了 2054 年，我会好好检验一下，我的愿景到底在多大程度上变成了现实，如果我有机会的话。